一元函数微积分学习指导教程

主　编　梁元星　黄永彪
副主编　杨社平　沈彩霞　农　正　刘巧玲
　　　　　苏　韩　魏小军　贺仁初　吕　莉

U0234784

北京理工大学出版社
BEIJING INSTITUTE OF TECHNOLOGY PRESS

内 容 简 介

本书是根据黄永彪、杨社平主编的《一元函数微积分》编写的配套辅导教材,主要是为普通高等院校少数民族预科生编写的.全书包括函数、函数极限、函数的连续性、导数与微分、中值定理与导数的应用、不定积分和定积分等内容.

全书体例严谨、脉络清晰、层次分明、结构完整、各类题型设计合理,有助于提高学生学习兴趣,增强学生的解题运算能力.本书既可作为普通高等院校经济类、管理类等各专业用书,又可作为高职高专类学生学习的参考书,还可供其他自学者使用.

图书在版编目（ＣＩＰ）数据

一元函数微积分学习指导教程 / 梁元星,黄永彪主编. --北京:北京理工大学出版社,2022.8
　　ISBN 978 - 7 - 5763 - 1606 - 3

Ⅰ.①一… Ⅱ.①梁… ②黄… Ⅲ.①微积分-高等学校-教学参考资料　Ⅳ.①O172

中国版本图书馆 CIP 数据核字(2022)第 144900 号

出版发行 /	北京理工大学出版社有限责任公司
社　　址 /	北京市海淀区中关村南大街 5 号
邮　　编 /	100081
电　　话 /	(010)68914775(总编室)
	(010)82562903(教材售后服务热线)
	(010)68944723(其他图书服务热线)
网　　址 /	http://www.bitpress.com.cn
经　　销 /	全国各地新华书店
印　　刷 /	三河市华骏印务包装有限公司
开　　本 /	787 毫米×1092 毫米　1/16
印　　张 /	15.25
字　　数 /	356 千字
版　　次 /	2022 年 8 月第 1 版　2022 年 8 月第 1 次印刷
定　　价 /	42.00 元

责任编辑 / 孟祥雪
文案编辑 / 孟祥雪
责任校对 / 周瑞红
责任印制 / 李志强

前　　言

　　本书是根据黄永彪、杨社平主编的《一元函数微积分》(以下简称"主教材")编写的配套辅导教材,可作为使用主教材的学生同步学习的参考书,也可供讲授该课程的教师作为教学参考书.

　　编写本书主要源于以下两方面思考:

　　一是加强对主教材内容的认知.由于篇幅有限,主教材不能完全覆盖并诠释每个知识点的内涵和适用范围.

　　二是弥补课堂教学的不足.由于教学时数的限制,导致课堂教学内容多、速度快,许多解题方法和技巧不能在课堂上得到完善的讲解和演练,不少大学新生不能系统掌握所学知识,不能适应大学数学教学方式和方法.

　　本书按照主教材的章节顺序编排内容,便于学生同步学习使用,各章节的基本框架为:

基本要求　　确定出对学生学习本节知识的要求和需要掌握的程度及考查的要点.

知识要点　　梳理本节经常考查的知识点的重要部分,通过表格形式对每节涉及的基本概念、基本定理和公式进行系统梳理,并指出在理解与应用基本概念、定理、公式时需注意的问题.

答疑解惑　　对本节重点难点进行剖析,并针对学生对本节概念定理等容易产生的普遍疑惑给出详细解答,以澄清概念定理疑惑,厘清思路.

典型例题解析　　选择若干基本题型并作题型分析,每题型下精选一些典型例题,每个例题有思路分析、归纳和总结,给出详细解答过程.

同步练习　　精选若干选择题、填空题和解答题作为本节需要掌握的内容进行同步练习,以便学生强化对教学基本要求的理解,巩固本节基本知识.

本章总复习　　每章后有该章的总复习(包括重点难点、知识图解、自测题),这些内容对每章的知识进行了概括、总结、综合和提高,有助于学生从总体上掌握每章相对独立的知识体系.

参考答案与提示　　每章最后给出每节同步练习及本章自测题的参考答案与提示,供学生练习参考.

　　本书包括函数、函数极限、函数的连续性、导数与微分、中值定理与导数的应用、不定积分和定积分等内容,主要是为普通高等院校少数民族预科生编写的,也可作为普通高等院校经济类、管理类等各专业以及高职高专类学生学习的参考书,也可供其他自学者使用.

　　本书的编写分工为:魏小军负责第1章,杨社平、苏韩负责第2章,黄永彪负责第3章,刘巧玲、农正负责第 4 章,梁元星负责第 5 章,沈彩霞负责第 6 章,贺仁初、吕莉负责第 7 章.全书由梁元星、黄永彪具体策划和统稿及定稿.

　　限于编者水平,教材中难免有不足之处,殷切希望广大读者批评指正.

编　者

2022 年 4 月

目　　录

第 1 章

函 数

◆ 1.1 预备知识 ◆

1.1.1 基本要求

1. 理解有限区间和无限区间的区别与联系.

2. 理解绝对值的概念与绝对值不等式的性质,并会解绝对值不等式.

3. 理解邻域的概念,并会用集合或区间的符号来表示邻域.

1.1.2 知识要点

1. 常量和变量,如表 1.1.1 所示.

表 1.1.1 常量和变量

常量	变量
在某个过程中,总是保持不变而取确定值的量	在某个过程中,总是不断地变化而取不同值的量

2. 有限区间和无限区间,如表 1.1.2 所示.

表 1.1.2 有限区间和无限区间

有限区间	无限区间
①设 a 和 b 都是实数,且 $a<b$,则称实数集合 $\{x \mid a \leqslant x \leqslant b\}$ 为闭区间,记作 $[a,b]$	实数集合 $\{x \mid a \leqslant x < +\infty\}$
②称实数集合 $\{x \mid a < x < b\}$ 为开区间,记作 (a,b)	$\{x \mid -\infty < x < b\}$
③称实数集合 $\{x \mid a \leqslant x < b\}$ 和 $\{x \mid a < x \leqslant b\}$ 为半开半闭区间,分别记作 $[a,b)$ 和 $(a,b]$	$\{x \mid -\infty < x < +\infty\}$

3. 绝对值的概念.

实数 a 的绝对值是一个非负实数,记作 $|a|$,即 $|a| = \begin{cases} a, & a \geqslant 0 \\ -a, & a < 0 \end{cases}$.

4. 绝对值性质.

性质 1:对任何实数 a,有 $-|a| \leqslant a \leqslant |a|$.

性质 2:设 $k>0$,则 $|a| \leqslant k \Leftrightarrow -k \leqslant a \leqslant k$,$|a| \geqslant k \Leftrightarrow a \geqslant k$ 或 $a \leqslant -k$.

性质 3:$|a+b| \leqslant |a| + |b|$.

性质 4:$|a-b| \geqslant \big| |a| - |b| \big|$.

性质 5:$|ab| = |a| \cdot |b|$,$\left| \dfrac{a}{b} \right| = \dfrac{|a|}{|b|} (b \neq 0)$.

5.带心邻域和去心邻域的概念,如表1.1.3所示.

表1.1.3　邻域概念

设a和δ是两个实数,且$\delta>0$,则数轴上与点a距离小于δ的全体实数的集合,即$(a-\delta,a+\delta)$称为点a的δ邻域,记作$U(a,\delta)$,即$$U(a,\delta)=(a-\delta,a+\delta)=\left\{x\mid\mid x-a\mid<\delta\right\}$$	邻域的中心去掉,点a的δ邻域去掉中心点a后,称为点a的去心δ邻域,记作$$\mathring{U}(a,\delta)=\left\{x\mid0<\mid x-a\mid<\delta\right\}$$

1.1.3　答疑解惑

1.正数负数和零的绝对值怎么理解?

答:正数的绝对值是它本身,负数的绝对值是它的相反数,零的绝对值是零.对于零的绝对值,包括两层意思:其一,零的绝对值是它本身;其二零的绝对值是它的相反数.

2.如何去掉绝对值符号?

答:去绝对值取决于不等号的方向.

(1)对任意实数a,有$-\mid a\mid\leqslant a\leqslant\mid a\mid$,这是去绝对值后$a$的范围.

(2)设$k>0$,则
$$\mid a\mid\leqslant k\Leftrightarrow-k\leqslant a\leqslant k$$
$$\mid a\mid\geqslant k\Leftrightarrow a\geqslant k \text{ 或 } a\leqslant-k$$

3.去心邻域如何用符号表示?

答:点a的δ邻域去掉中心点a后,称为点a的去心δ邻域,记作$\mathring{U}(a,\delta)$(见图1.1.1).

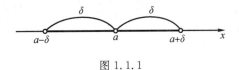

图1.1.1

1.1.4　典型例题分析

题型1　邻域的表示

【例1-1-1】　用集合记号表示:

(1)点-2的2邻域;(2)点-2的去心2邻域.

解　(1)$a=-2,\delta=2$,故"点-2的2邻域"为
$$U(-2,2)=\left\{x\mid\mid x+2\mid<2\right\}=\left\{x\mid-4<x<0\right\}$$

(2)$a=-2,\delta=2$,故"点-2的2去心邻域"为
$$\mathring{U}(-2,2)=\{x\mid0<\mid x+2\mid<2\}=\{x\mid-4<x<4,x\neq-2\}$$

题型2　绝对值的性质的运用

【例1-1-2】　如果$mn\neq0$,那么$\dfrac{m}{\mid m\mid}+\dfrac{n}{\mid n\mid}-2\dfrac{m}{\mid m\mid}\cdot\dfrac{n}{\mid n\mid}$的值是多少?

分析：对于 $mn \neq 0$，我们不能确定 m,n 的正负时，可以按以下分四种情况讨论.

解 (1)当 $m>0,n>0$ 时，$\dfrac{m}{|m|}+\dfrac{n}{|n|}-2\dfrac{m}{|m|}\cdot\dfrac{n}{|n|}=1+1-2\times1\times1=0$；

(2)当 $m<0,n<0$ 时，$\dfrac{m}{|m|}+\dfrac{n}{|n|}-2\dfrac{m}{|m|}\cdot\dfrac{n}{|n|}=-1-1-2\times(-1)\times(-1)=-2-2=-4$；

(3)当 $m>0,n<0$ 时，$\dfrac{m}{|m|}+\dfrac{n}{|n|}-2\dfrac{m}{|m|}\cdot\dfrac{n}{|n|}=1+(-1)-2\times1\times(-1)=2$；

(4)当 $m<0,n>0$ 时，$\dfrac{m}{|m|}+\dfrac{n}{|n|}-2\dfrac{m}{|m|}\cdot\dfrac{n}{|n|}=-1+1-2\times(-1)\times1=2$.

【例 1-1-3】 化简：$\left|\dfrac{1}{3}x+2\right|-|3-2x|$.

分析：首先找到函数的分界点，即绝对值分别为 0 的点$\left(\text{本例为 }x=-6,x=\dfrac{3}{2}\right)$，然后分段进行化简.

解 (1)当 $x<-6$ 时，原式 $=-\left(\dfrac{1}{3}x+2\right)-(3-2x)=\dfrac{5}{3}x-5$；

(2)当 $-6\leqslant x\leqslant\dfrac{3}{2}$ 时，原式 $=\left(\dfrac{1}{3}x+2\right)-(3-2x)=\dfrac{7}{3}x-1$；

(3)当 $x>\dfrac{3}{2}$ 时，原式 $=\left(\dfrac{1}{3}x+2\right)+(3-2x)=-\dfrac{5}{3}x+5$.

题型 3 解不等式

【例 1-1-4】 解不等式 $x^2-5x\leqslant24$.

解 原不等式等价于 $x^2-5x-24\leqslant0$，即等价于 $(x-8)(x+3)\leqslant0$，故原不等式的解为 $-3\leqslant x\leqslant8$.

【例 1-1-5】 解不等式 $\dfrac{x-2}{x-1}\geqslant0$.

解 原不等式等价于 $\begin{cases}(x-1)(x-2)\geqslant0\\x-1\neq0\end{cases}$，

即原不等式的解为 $x<1$ 或 $x\geqslant2$.

【例 1-1-6】 解绝对值不等式 $|2x+5|>7$.

解 去绝对值，得 $2x+5>7$ 或 $2x+5<-7$，

即 $x>1$ 或 $x<-6$.

区间表示为 $(1,+\infty)\bigcup(-\infty,-6)$，

集合表示为 $\{x|x>1$ 或 $x<-6\}$.

【例 1-1-7】 解绝对值不等式 $|x-4|-|2x+5|<2$.

分析：解此类绝对值不等式，要分段讨论，即分 $x<-\dfrac{5}{2},-\dfrac{5}{2}\leqslant x\leqslant4,x>4$ 三段进行求解.

解 ①当 $x<-\dfrac{5}{2}$ 时，原不等式等价于 $-(x-4)+(2x+5)-2<0$，解得 $x<-7$，即此时绝对值不等式的解集为 $x<-7$；

②当 $-\dfrac{5}{2}\leqslant x\leqslant 4$ 时,原不等式等价于 $-(x-4)-(2x+5)-2<0$,解得 $x>-1$,即此时绝对值不等式的解集为 $-1<x\leqslant 4$;

③当 $x>4$ 时,原不等式等价于 $(x-4)-(2x+5)-2<0$,解得 $x>-11$,即此时绝对值不等式的解集为 $x>4$.

综上所述,绝对值不等式 $|x-4|-|2x+5|<2$ 的解为 $(-\infty,-7)\cup(-1,+\infty)$.

1.1.5 同步练习

一、选择题

1.点 x_0 的 $\sigma(\sigma>0)$ 邻域是指( ).

A. $(x_0-\sigma,x_0+\sigma]$ 　　　　　　B. $[x_0-\sigma,x_0+\sigma)$

C. $(x_0-\sigma,x_0+\sigma)$ 　　　　　　D. $[x_0-\sigma,x_0+\sigma]$

2.以 -2 为中心,2 为半径的去心邻域,用区间符号表示正确的是( ).

A. $(-4,0)$ 　　　　　　　　　B. $[-4,0)$

C. $(-4,-2)\cup(-2,0)$ 　　　　D. $[-4,-2]\cup[-2,0]$

3.下列说法正确的是( ).

A. 若 $a>b>c$,则 $ab>bc$ 　　　　B. 若 $|ab|=|a|\,|b|$,则 $\left|\dfrac{a}{b}\right|=\dfrac{|a|}{|b|}$

C. 对于任意的正实数 a,b 都有 $\dfrac{a+b}{2}\geqslant\sqrt{ab}$,当且仅当 $a=b$ 时等号成立

D. 比较大小: $(x^2+1)^2>(x^4+x^2+1)$

4.不等式 $|x-1|+|x-2|<3$ 的解集是( ).

A. $0<x<3$ 　　　B. $x<1$ 　　　　C. $0<x\leqslant 2$ 　　　D. $x<3$

5.已知 $a>0,b>0,c>0$,那么( ).

A. $(a+b)(b+c)(c+a)<8abc$ 　　　B. $(a+b)(b+c)(c+a)\geqslant 8abc$

C. $\dfrac{a}{b}+\dfrac{b}{c}+\dfrac{c}{a}\geqslant 6$ 　　　　　　D. $\dfrac{a}{b}+\dfrac{b}{c}+\dfrac{c}{a}<3$

二、填空题

1.不等式 $|7-3x|>0$ 的解集是＿＿＿＿＿＿＿＿＿＿＿.

2.不等式 $5<|2x-1|<9$ 的解集是＿＿＿＿＿＿＿＿.

3.不等式 $|2x-2|-|x+3|>0$ 的解集是＿＿＿＿＿＿＿＿＿＿.

4.用区间符号表示不等式 $|2x-1|<\dfrac{\varepsilon}{4}(\varepsilon>0)$ 中 x 的范围,为＿＿＿＿＿＿＿＿＿＿.

5.绝对值不等式 $|3x-4|<2$ 的整数解的个数为＿＿＿＿＿＿＿＿＿＿＿.

三、解答题证明题

1.解不等式 $|x+2|>x+2$.

2.解不等式 $-x^2+5x-6\geqslant 0$.

3.解不等式 $|x+2|<|x-1|+4$.

◆◆ 1.2 函数 ◆◆

1.2.1 基本要求

1.理解函数的概念.

2.理解函数的表示法.

3.理解分段函数的概念.

1.2.2 知识要点

1.函数概念.

设 D 是非空实数集,若对 D 中任意数 $x(\forall x \in D)$,按照对应关系 f,总有唯一 $y \in \mathbf{R}$ 与之对应,则称 f 是定义在 D 上的一个一元实函数,简称一元函数或函数,记为 $f:D \to \mathbf{R}$ 数 x 对应的数 y 称为 x 的函数值,表为 $y=f(x)$,x 为自变量,y 称为因变量.数集 D 称为函数 f 的定义域,所有相应函数值 y 组成的集合 $f(D)=\{y \mid y=f(x),x \in D\}$ 称为这个函数的值域.

2.函数的表示法.

函数的表示包括表格法、图示法、解析式法.

3.分段函数的概念.

一般地,用公式法表示函数时,有时自变量在不同的范围需要用不同的式子来表示一个函数,这种函数称为分段函数.

1.2.3 答疑解惑

1.如何求解函数的定义域?

答:(1)对于具体函数式来说,一般分三种情形考虑:①分式的分母不为 0;②偶次根式要大于等于 0;③对数函数的真数要大于 0 且不等于 1.

(2)对于实际问题,依据实际情况而定.

(3)对于抽象函数,依据函数的定义和条件而定.

2.如何判断两个函数是否为同一函数?

答:首先看两个函数的定义域相同是否,其次看两个函数值域是否相同,最后看两个函数的对应关系是否一致.

3.如何区分分段函数是一个函数还是几个函数?

答:分段函数不能理解为几个不同的函数,而只是用几个解析式合起来表示的一个函数,求分段函数的定义域应该看的是分段函数的并集,而求分段函数的函数值,要注意自变量的范围,应把自变量的值代入所对应的式子中去计算.

1.2.4 典型例题分析

题型1 求函数的定义域

【例1-2-1】 求函数 $f(x)=\dfrac{(x+1)^0}{\sqrt{|x|-x}}$ 的定义域.

解 由题意可知,要想题目有意义,必须满足 $\begin{cases}1+x\neq 0\\|x|-x>0\end{cases}$,即 $\begin{cases}x\neq -1,\\x<0.\end{cases}$

解上述不等式组的函数定义域为 $(-\infty,-1)\bigcup(-1,0)$.

题型2 求分段函数的函数值

【例1-2-2】 已知 $f(x)=\begin{cases}\log_2 x, & x>0,\\ \left(\dfrac{1}{3}\right)^x, & x\leqslant 0,\end{cases}$ 求 $\left[f\left(\dfrac{1}{4}\right)\right]$ 的值.

解 因为 $\dfrac{1}{4}>0$,所以 $f\left(\dfrac{1}{4}\right)=\log_2\dfrac{1}{4}=-2<0$,所以 $\left[f\left(\dfrac{1}{4}\right)\right]=f(-2)=\left(\dfrac{1}{3}\right)^{-2}=9$.

题型3 相同函数的判断

【例1-2-3】 判断下列各对函数是否为相同函数.

(1) $f(x)=\ln(x^2-4),g(x)=\ln(x+2)+\ln(x-2)$;

(2) $f(x)=\ln\dfrac{1-x}{1+x},g(x)=\ln(1-x)-\ln(1+x)$;

(3) $f(x)=\sqrt{x^2-2x+1},g(x)=x-1$.

解 (1)根据对数性质,有

$$\ln(x^2-4)=\ln(x+2)+\ln(x-2)$$

由 $\begin{cases}x+2<0\\x-2<0\end{cases}$ 或 $\begin{cases}x+2>0\\x-2>0\end{cases}$ 得 $f(x)$ 的定义域为 $(-\infty,-2)\bigcup(2,+\infty)$,而 $g(x)$ 的定义域是 $(2,+\infty)$,因此它们不是相同函数.

(2)根据对数性质,有

$$\ln\dfrac{1-x}{1+x}=\ln(1-x)+\ln(1+x)$$

由 $\begin{cases}x+1<0\\1-x<0\end{cases}$ 或 $\begin{cases}x+1>0\\1-x>0\end{cases}$ 得 $f(x)$ 的定义域为 $(-1,1)$,$g(x)$ 的定义域也是 $(-1,1)$,因此它们是相同函数.

(3)由题意可知,$f(x)$ 与 $g(x)$ 的定义域都是 **R**,但是 $f(x)$ 的值域是 $\geqslant 0$,$g(x)$ 的值域是 **R**,因此它们不是相同函数.

题型4 函数值域

【例1-2-4】 当 $x\in[0,2]$ 时,函数 $f(x)=ax^2+4(a-1)x-3$ 在 $x=2$ 时取得最大值,试求 a 的取值范围.

分析:函数 $f(x)$ 的对称轴为 $x=-2-\dfrac{2}{a}$,当 $a=0$ 时,函数 $f(x)$ 无最大值,不满足;

当 $a>0$ 时,对称轴 $x<-2$,函数 $f(x)$ 在 $[1,2]$ 上单调递增,在 $x=2$ 时,取得最大值,即 $x=-2-\dfrac{2}{a}\leqslant 1$,解得 $a\geqslant\dfrac{2}{3}$;

当 $a<0$ 时,函数 $f(x)$ 在 $[1,2]$ 上单调递增,则对称轴 $x=-2-\dfrac{2}{a}\geqslant 2$,解得 $a\geqslant-\dfrac{1}{2}$,与 $a<0$ 矛盾.

综上所述,a 的取值范围为 $\left[\dfrac{2}{3},+\infty\right]$.

1.2.5 同步练习

一、选择题

1. 函数 $f(x)=\ln(2x-1)^2+\sqrt{2x-1}$ 的定义域是( ).

A. $x\neq\dfrac{1}{2}$ B. $x\geqslant\dfrac{1}{2}$ C. $x>\dfrac{1}{2}$ D. $x\in\mathbf{R}$

2. 若函数 $y=x^2-2x+3$ 在区间 $[0,a]$ 内有最大值 3,最小值 2,则 a 的取值范围是( ).

A. $[1,3]$ B. $(-\infty,2]$ C. $[1,2]$ D. $[1,+\infty)$

3. 函数 $\begin{cases}x+2, & -1\leqslant x\leqslant 0 \\ x^2-3, & 0<x\leqslant 2\end{cases}$ 的值域是( ).

A. $[-3,2]$ B. $(-3,2]$ C. $[-3,-2]$ D. $(-3,-2)$

4. 设 $f(x)=\begin{cases}x^2, & x\leqslant 0 \\ x^2+x, & x>0\end{cases}$,则 $f(-x)=$( ).

A. $f(-x)=\begin{cases}-x^2, & x\leqslant 0 \\ -(x^2+x), & x>0\end{cases}$ B. $f(-x)=\begin{cases}-(x^2+x), & x<0 \\ -x^2, & x\geqslant 0\end{cases}$

C. $f(-x)=\begin{cases}-x^2, & x\leqslant 0 \\ x^2-x, & x>0\end{cases}$ D. $f(-x)=\begin{cases}x^2-x, & x<0 \\ x^2, & x\geqslant 0\end{cases}$

5. 设 $f(x)=\dfrac{x^2+2kx}{kx^2+2kx+3}$ 的定义域为 $(-\infty,+\infty)$,则 k 的取值范围是( ).

A. $(0,3)$ B. $[0,3)$ C. $(3,+\infty)$ D. $(-\infty,0)\bigcup(3,+\infty)$

二、填空题

1. 函数 $y=ax^2+2x+1$ 的图像与 x 轴有交点,则 a 的取值范围是_____.

2. 若 $f(x)=\dfrac{e^x-1}{e^x+1}$,则 $f(x)$ 的值域为_____.

3. 已知 $f(x)$ 的定义域为 $[0,2]$,则 $f(x+1)$ 的定义域是_____.

4. 已知 $f(x+1)$ 的定义域为 $[0,2]$,则 $f(x)$ 的定义域是_____.

5. 已知 $f(x+1)$ 的定义域为 $[0,2]$,则 $f(x-1)$ 的定义域是_____.

三、解答题

1. 把函数 $f(x)=3|x-2|+|x+1|$ 表示成分段函数,并画出它的图像.

2. 设 $f(x)=\begin{cases}-1, & x<1 \\ x, & -1\leqslant x\leqslant 1 \\ 1, & x>1\end{cases}$,求解 $f(x^2+5)\cdot f(\sin x)-5f(4x-x^2-6)$.

3. 函数 $f(x)=-x^2+2mx-m+1$ 在区间 $[0,1]$ 上有最大值 2,求 m 的范围.

◆◆ 1.3 函数的特性 ◆◆

1.3.1 基本要求

1.理解和掌握函数的有界性.

2.理解和掌握函数的单调性.

3.理解和掌握函数的奇偶性.

1.3.2 知识要点

1.函数的有界性.

设函数 $f(x)$ 的定义域为 D,区间 $I \subset D$,如果存在数 P 或 Q,对于一切 $x \in I$,都有 $f(x) \leqslant P$(或 $Q \leqslant f(x)$)成立,则称 $f(x)$ 在区间 I 上有上界(有下界),并称 P 是函数 $f(x)$ 在区间 I 上的一个上界(或 Q 是函数 $f(x)$ 在区间 I 上的一个下界).

2.函数的单调性.

设函数 $f(x)$ 的定义域为 D,区间 $I \in D$,x_1,x_2 是 I 上的任意两点,且 $x_1 < x_2$,如果恒有 $f(x_1) < f(x_2)$(或($f(x_1) > f(x_2)$))成立,则称函数 $f(x)$ 在区间 I 上是单调增加(或单调减少)的.单调增加和单调减少的函数统称为单调函数.

3.函数的奇偶性如表 1.3.1 所示.

表 1.3.1 函数的奇偶性

定义	图像	
设函数 $f(x)$ 的定义域 D 关于原点对称,如果对于任意 $x \in D$,都有 $f(-x) = f(x)$,则称函数 $f(x)$ 为偶函数;如果对任意 $x \in D$,都有 $f(-x) = -f(x)$,则称函数 $f(x)$ 为奇函数	偶函数的图像关于 y 轴对称	奇函数的图像关于原点对称

1.3.3 答疑解惑

1.怎么判断函数是否有界?

答:函数的有界性一定要在确定的区间来讨论,若题中没指定区间,则先求函数的定义域.

2.如何判断函数单调性?

答:①单调性可以依靠定义来判定,还可以利用高中学习过的求导来判定;②利用单调函数的性质;③两个递增(减)函数的复合是递增函数;④一个函数递增、另一个函数递减的函数的复合函数是递减函数.

3.如何判断函数的奇偶性?

答:一般有以下三种判断方法:

（1）定义判断.

①$f(x)+f(-x)=0$判断函数是奇函数；②$f(x)-f(-x)=0$判断函数是偶函数.

（2）运算性质判断.

①奇函数与奇函数的和（差）是奇函数；②奇函数与奇函数的积（商）是偶函数（分母不为0）；③偶函数与偶函数的和（差）是偶函数；④偶函数与偶函数的积（商）是偶函数（分母不为0）；⑤奇函数与偶函数的和（差）既不是奇函数也不是偶函数；⑥奇函数与偶函数的积（商）是奇函数（分母不为0）.

（3）图像判断.

偶函数$f(x)$图像关于y轴对称；奇函数$f(x)$的图像关于原点对称.

1.3.4　典型例题分析

题型 1　函数的有界性

【例 1-3-1】　判断函数$f(x)=\dfrac{-x^2}{x^2+1}$是否有界？

解　由题意得$x\in\mathbf{R}$，$x^2+1\geqslant 1$，$x^2\geqslant 0$，则$f(x)=\dfrac{-x^2}{x^2+1}\leqslant 0$，即$f(x)=\dfrac{-x^2}{x^2+1}$有上界没有下界.

题型 2　函数的单调性

【例 1-3-2】　求证函数$f(x)=x+\dfrac{a}{x}(a>0)$在$(\sqrt{a},+\infty)$内是增函数.

证明　令$x_1>x_2>\sqrt{a}$，那么

$$f(x_x)-f(x_2)=\left(x_1+\frac{a}{x_1}\right)-\left(x_2+\frac{a}{x_2}\right)=(x_1-x_2)\left(1-\frac{a}{x_1x_2}\right)=(x_1-x_2)\left(\frac{x_1x_2-a}{x_1x_2}\right).$$

当$x_1>x_2>\sqrt{a}$时，$x_1-x_2>0$，$x_1x_2>0$，$x_1x_2>a$，所以$f(x_1)-f(x_2)>0$，

即函数$f(x)=x+\dfrac{a}{x}(a>0)$在$(\sqrt{a},+\infty)$内是增函数.

【例 1-3-3】　已知函数$f(x)$对任意$x,y\in\mathbf{R}$有$f(x+y)=f(x)+f(y)$且当$x>0$时，有$f(x)<0$，$f(1)=-\dfrac{2}{3}$.判断函数$f(x)$在$\mathbf{R}$上的单调性并加以证明.

证明　任取定义域$\mathbf{R}$上的x_1,x_2且$x_1<x_2$，则$x_2-x_1>0$，

因为 $f(x_1)-f(x_2)=f(x_1)-f(x_2-x_1+x_1)$

$\qquad\qquad\qquad =f(x_1)-f(x_2-x_1)-f(x_1)$

$\qquad\qquad\qquad =-f(x_2-x_1)>0,$

所以$f(x_1)>f(x_2)$，即$f(x)$在$(-\infty,+\infty)$上单调递减.

题型 3　函数的奇偶性

【例 1-3-4】　若$f(x)$是偶函数，当$x\in[0,+\infty)$时，$f(x)=x-1$，则$f(x-1)<0$的解集是（　　）.

分析：偶函数的图像关于y轴对称，先作出$f(x)$的图像，可判断出解集为$\{x\mid 0<x<2\}$.

【例 1-3-5】　判断函数$f(x)=\begin{cases}x^2 & (x\geqslant 0)\\ -x^2 & (x<0)\end{cases}$的奇偶性.

解　因为 $f(0)=0^2=-f(x)$,

当 $x>0$,即 $-x<0$ 时,有 $f(-x)=-(-x)^2=-x^2=-f(x)$;

当 $x<0$,即 $-x>0$ 时,有 $f(-x)=(-x)^2=x^2=-f(x)$.

即函数 $f(x)$ 是奇函数,所以 $f(-x)=-f(x)$.

1.3.5　同步练习

一、选择题

1.定义在 **R** 上的奇函数 $f(x)$ 在 $(0,+\infty)$ 上是增函数,又 $f(-3)=0$,则不等式 $xf(x)$ 的解集是(　　).

A. $(-3,0)\bigcup(0,3)$ 　　　　　　　B. $(-\infty,-3)\bigcup(3,+\infty)$

C. $(-3,0)\bigcup(3,+\infty)$ 　　　　　D. $(-\infty,-3)\bigcup(0,3)$

2.已知函数 $y=f(x)$ 是偶函数,$y=f(x-2)$ 在 $[0,2]$ 上是单调减函数,则(　　).

A. $f(2)<f(-1)<f(0)$ 　　　　　　　B. $f(-1)<f(0)<f(2)$

C. $f(-1)<f(2)<f(0)$ 　　　　　　　D. $f(0)<f(-1)<f(2)$

3.下列说法中正确的是(　　).

A. 函数 $f(x)=\dfrac{1}{x}$ 是奇函数,且在定义域内为减函数

B. 函数 $f(x)=x^3(x-1)$ 是奇函数,且在定义域内为增函数

C. 函数 $f(x)=x^2$ 是偶函数,且在 $(-3,0)$ 内为减函数

D. 函数 $f(x)=x^2+1$ 是偶函数,且在 $(0,1)$ 内为减函数

4.已知函数 $f(x)$ 是奇函数,$g(x)$ 是偶函数,则 $f(x)g(x)$ 是(　　).

A. 偶函数 　　　　　　　　　　　　B. 奇函数

C. 非奇非偶函数 　　　　　　　　　D. 既是奇函数又是偶函数

5.$f(x)=\dfrac{1}{2}+\dfrac{1}{2^x-1}$ 是(　　).

A. 非奇非偶函数 　　　　　　　　　B. 偶函数

C. 既是奇函数又是偶函数 　　　　　D. 奇函数

二、填空题

1.函数 $f(x)=x^2\cdot\sin x$ 是＿＿＿＿＿＿＿＿＿＿函数(奇偶性).

2.函数 $f(x)=\dfrac{x}{1+x^2}$ 在定义域内为＿＿＿＿＿＿＿＿＿＿(有界或无界)函数.

3.函数 $f(x)=x^2+\tan x$ 是＿＿＿＿＿＿＿＿＿＿函数(奇偶性).

4.当 $|x|<1$ 时,$f(x)=\log(1-x^2)$ 的最大值是＿＿＿＿＿＿＿＿＿＿.

5.设 $f(x)=\dfrac{a^x-a^{-x}}{2}$,则函数 $f(x)$ 的图像关于(　　)对称.

三、解答题

1.判断下列函数在定义域内是否有界,如果有,写出它的界.

(1)$f(x)=\dfrac{1}{x^2}$;

(2)$f(x)=\tan x$.

2. 试判断下列函数的奇偶性:

(1) $f(x) = |x+2| + |x-2|$;

(2) $f(x) = \dfrac{\sqrt{1-x^2}}{|x+3|-3}$.

3. 用定义证明:函数 $f(x) = \dfrac{1}{x} + x$ 在 $x \in [1, +\infty)$ 上是增函数.

◆ 1.4 反函数 ◆

1.4.1 基本要求

1. 理解反函数的概念.

2. 掌握反函数的求法.

1.4.2 知识要点

1. 反函数的概念.

对于函数 $y = f(x)$,设它的定义域为 D,值域为 A,如果对 A 中任意一个值 y,在 D 中总有唯一确定的 x 与它对应,且满足 $y = f(x)$,这样得到的 x 关于的 y 函数叫作 $y = f(x)$ 的反函数,记作 $x = f^{-1}(y)$. 习惯上,自变量常用 x 表示,而函数用 y 表示,所以把它改写为 $y = f^{-1}(x), x \in A$.

1.4.3 答疑解惑

1. 下列关于反函数的说法是否正确?

(1) 如果函数 $y = f(x)$ 有反函数 $y = f^{-1}(x)$,那么函数 $y = f^{-1}(x)$ 的反函数就是 $y = f(x)$.

(2) 函数 $y = f(x)$ 的定义域还是它的反函数 $y = f^{-1}(x)$ 的定义域;函数 $y = f(x)$ 的值域还是它的反函数 $y = f^{-1}(x)$ 的值域.

答:(1) 正确,因为函数 $y = f(x)$ 与函数 $y = f^{-1}(x)$ 互为反函数.

(2) 不正确,函数 $y = f(x)$ 的定义域是它的反函数 $y = f^{-1}(x)$ 的值域;函数 $y = f(x)$ 的值域是它的反函数 $y = f^{-1}(x)$ 的定义域.

2. 所有函数都有反函数吗?

答:不一定,只有那些属于一一映射的函数才有反函数;因为单调函数属于一一映射,所以单调函数必有反函数,但是有反函数的函数却不一定是单调函数,如 $y = \dfrac{1}{x}$.

3. 反函数的具体求解步骤有哪些?

答:(1) 求函数 $y = f(x)$ 中 y 的取值范围,得其反函数中 x 的取值范围.

(2) 反解由 $y = f(x)$,解出 $x = f^{-1}(y)$(即用 y 表示 x).

(3) 交换 $x = f^{-1}(y)$ 中的字母 x、y,得 $f(x)$ 反函数的表达式 $y = f^{-1}(x)$.

(4)定义域标出 $y=f^{-1}(x)$ 中 x 的取值范围.

1.4.4　典型例题分析

题型1　求反函数

【例1-4-1】　若函数 $f(x)=\sqrt{x-1}-1(x\geqslant 1)$,则它的反函数是(　　).

A. $f^{-1}(x)=x^2+1(x\in \mathbf{R})$ 　　　　B. $f^{-1}(x)=(x+1)^2+1(x>-1)$

C. $f^{-1}(x)=x^2+1(x\leqslant 0)$ 　　　　D. $f^{-1}(x)=(x+1)^2+1(x>0)$

分析:$x\geqslant 1$、$y\leqslant -1$ 分别为反函数的值域和定义域,再解方程,易知选 B.

【例1-4-2】　设 $f(x)=\dfrac{3x+1}{x+a}\left(x\neq -a,a\neq \dfrac{1}{3}\right)$,求 $f^{-1}(x)$.

解　令 $y=\dfrac{3x+1}{x+a}$,因为 $x\neq -a$,所以 $y(x+a)=3x+1$,$(y-3)x=1-ay$,

这里的 $y\neq 3$,当 $y=3$ 时,$a=\dfrac{1}{3}$,这与已知条件 $a\neq \dfrac{1}{3}$ 矛盾,所以 $x=\dfrac{1-ay}{y-3}$,即反函数

$f^{-1}(x)=\dfrac{1-ax}{x-3}$.

【例1-4-3】　设 $f(x)=\dfrac{x-1}{2+x}(x\neq -2)$,求 $f^{-1}(\sqrt{2})$.

解　先求函数 $f(x)=\dfrac{x-1}{2+x}$ 的反函数,$f^{-1}(x)=\dfrac{1+2x}{1-x}$.所以 $f^{-1}(\sqrt{2})=\dfrac{1+2\sqrt{2}}{1-\sqrt{2}}=-5-3\sqrt{2}$.

1.4.5　同步练习

一、选择题

1.若函数 $f(x)=x^2-1(x\leqslant -1)$,则 $f^{-1}(4)$ 的值为(　　).

A. $-\sqrt{5}$ 　　　　B. $\sqrt{5}$ 　　　　C. $\sqrt{3}$ 　　　　D. 15

2.如果 $y=f(x)$ 存在反函数,那么方程 $f(x)=m$ 的实数根的个数为(　　).

A. 至少有一个实数根 　　　　B. 至多有一个实数根

C. 没有实数根 　　　　D. 只有一个实数根

3.下列说法中正确的是(　　).

A. 单调函数不一定存在反函数 　　　　B. 不是单调的函数一定不存在反函数

C. 函数 $y=f(x)$ 的图像和它的反函数 $y=f^{-1}(x)$ 的图像关于直线 y 轴对称

D. 单调函数一定存在反函数

4.若 $f(x)=\sqrt{25-4x^2}$,则 $f^{-1}(x)=(\qquad)$.

A. $-\dfrac{1}{2}\sqrt{25-x^2}(0\leqslant x\leqslant 5)$ 　　　　B. $\dfrac{1}{2}\sqrt{25+x^2}(0\leqslant x\leqslant 5)$

C. $\dfrac{1}{2}\sqrt{25-x^2}(0\leqslant x\leqslant 5)$ 　　　　D. $\sqrt{25-x^2}(0\leqslant x\leqslant 5)$

5.设点 (a,b) 在函数 $y=f(x)$ 的图像上,那么 $y=f^{-1}(x)$ 的图像上一定有点(　　).

A. $(b,f^{-1}(b))$ 　　B. $(f^{-1}(a),a)$ 　　C. $(f^{-1}(b),b)$ 　　D. $(a,f^{-1}(a))$

二、填空题

1. 已知 $y = \dfrac{1}{1-x^2}(x < -1)$，则 $f^{-1}\left(-\dfrac{1}{3}\right) = $ _____.

2. 函数 $y = x^2 - 2x + 1$ 的值域为 _____.

3. $y = \dfrac{10^x + 10^{-x}}{10^x - 10^{-x}} + 1$ 的反函数为 _____.

4. 若 $f(x) = \dfrac{3x-1}{2}$，则 $f^{-1}(x) = $ _____.

5. 已知 $f(x) = \dfrac{2x+3}{x}$，则 $f^{-1}(x) = $ _____.

三、解答题

1. 已知符号函数 $\operatorname{sgn} x = \begin{cases} 1, & x > 0 \\ 0, & x = 0，\text{求 } y = (1 + x^2)\operatorname{sgn} x \text{ 的反函数.} \\ -1, & x < 0 \end{cases}$

2. 求 $f(x) = \sqrt{x+2} + 1$ 的反函数.

3. 证明：$f(x) = 2x^3 - 1$ 和 $g(x) = \sqrt[3]{\dfrac{x+1}{2}}$ 互为反函数.

◆ 1.5 基本初等函数 ◆

1.5.1 基本要求

1. 理解常数、指数、对数、幂、三角、反三角函数的定义.
2. 会画常数、指数、对数、幂、三角、反三角函数的图像.
3. 掌握常数、指数、对数、幂、三角、反三角函数的性质.

1.5.2 知识要点

基本初等函数知识要点，如表 1.5.1 所示.

表 1.5.1　基本初等函数

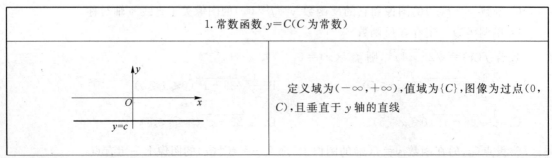

1.常数函数 $y = C$（C 为常数）
定义域为 $(-\infty, +\infty)$，值域为 $\{C\}$，图像为过点 $(0, C)$，且垂直于 y 轴的直线

续表

2.幂函数 $y=x^a$（α 为实数）	
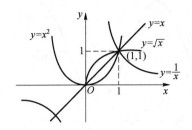	由幂 x^a 确定的函数 $y=x^a$（α 为实数）称为幂函数
3.指数函数 $y=a^x$（$a>0$,$a\neq1$ 为实数）	
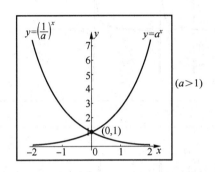	由指数式 a^x 确定的函数 $y=a^x$（a 是常数，且 $a>0$, $a\neq1$）称为以 a 为底的指数函数
4.对数函数 $y=\log_a x$（a 是常数，且 $a>0$,$a\neq1$）	
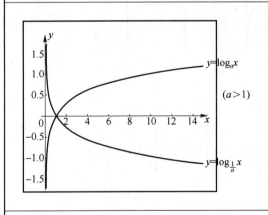	函数 $y=\log_a x$（a 是常数，且 $a>0$,$a\neq1$）称为以 a 为底的对数函数，它的定义域是 $(0,+\infty)$,对数函数 $y=\log_a x$ 与指数函数 $y=a^x$ 互为反函数
5.三角函数	
正弦函数 $\sin x$	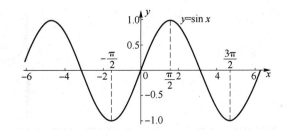

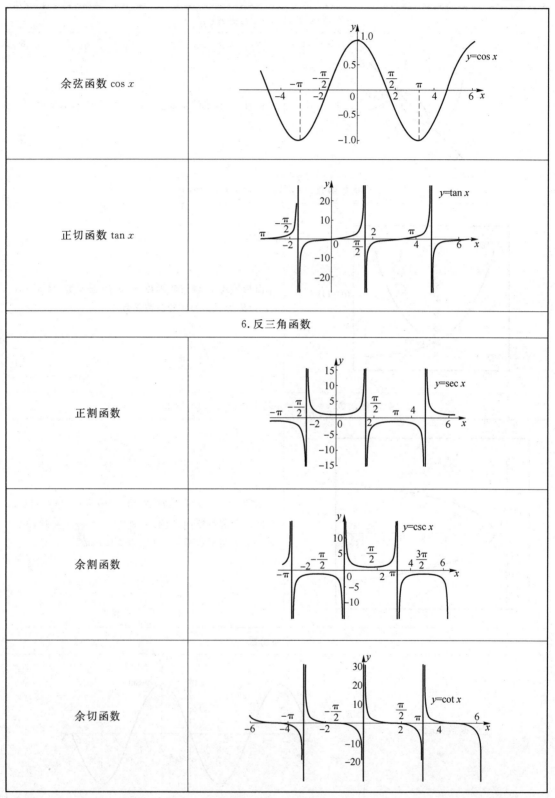

余弦函数 cos x	
正切函数 tan x	
6.反三角函数	
正割函数	
余割函数	
余切函数	

1.5.3 答疑解惑

1.什么样的函数才叫基本初等函数?

答:常数函数 $y=C$,幂函数 $y=x^a(a\neq0)$,指数函数 $y=a^x(a>0,a\neq1)$,对数函数 $y=\log_a x(a>0,a\neq1)$,三角函数 $\sin x$、$\cos x$、$\tan x$、$\sec x$、$\csc x$、$\cot x$,反三角函数 $\arcsin x$、$\arccos x$、$\arctan x$.

2.常用的三角函数的平方关系有哪些?

答:$\sin^2 x+\cos^2 x=1$,$\tan^2 x+1=\sec^2 x$,$\cot^2 x+1=\csc^2 x$.

3.解决函数问题的一般思路有哪些?

答:(1)画出基本初等函数的图像,通过观察图像找出所要求的基本初等函数知识.

(2)熟记基本初等函数运算的一些性质以及公式等.

1.5.4 典型例题分析

题型1 利用基本初等函数的图像解题

【例1-5-1】 函数 $y=a^{x+2}+1(a>0$,且 $a\neq1)$ 的图像必经过点( ).

A.$(-2,2)$ B.$(2,0)$ C.$(1,1)$ D.$(0,0)$

分析:根据指数函数的性质可知,指数函数 $y=a^x$ 过$(0,1)$,则当 $x+2=0$ 时,$y=2$,所以函数 $y=a^{x+2}+1(a>0$,且 $a\neq1)$ 的图像必经过点$(-2,2)$,故选 A.

【例1-5-2】 在同一平面直角坐标系中,函数 $f(x)=ax$ 与 $g(x)=a^x$ 的图像可能是( ).

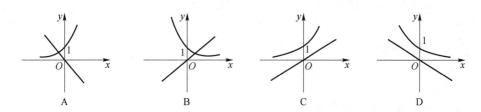

A B C D

分析:当 $a>1$ 时,函数 $g(x)=a^x$ 的图像为过$(0,1)$的单调递增函数,$y\in(0,+\infty)$,$f(x)=ax$ 的图像过一、三象限;

当 $0<a<1$ 时,函数 $g(x)=a^x$ 图像为过$(0,1)$的单调递减函数,$y\in(0,+\infty)$,$f(x)=ax$ 的图像过一、三象限.

综上可知,只有 B 选项符合题意.

【例1-5-3】 已知 $\log_a\dfrac{1}{3}>\log_b\dfrac{1}{3}>0$,则 a、b 的关系是( ).

A.$1<b<a$ B.$1<a<b$ C.$0<a<b<1$ D.$0<b<a<1$

解析:因为 $\log_a\dfrac{1}{3}>\log_b\dfrac{1}{3}>0$,且 $0<\dfrac{1}{3}<1$,

所以 $0<a<1,0<b<1$,由对数函数的图像在第一象限内从左到右底数逐渐增大知,

$b < a$,所以 $0 < b < a < 1$,故选 D.

题型 2　求基本初等函数不等式

【例 1-5-4】　解不等式 $y = \log_{\frac{1}{2}}(3-x) < \log_{\frac{1}{2}}(x+2)$.

解　因为 $y = \log_{\frac{1}{2}}x$ 在 $(0, +\infty)$ 上单调递减,

所以 $\begin{cases} 3-x > x+2 \\ 3-x > 0 \\ x+2 > 0 \end{cases}$,即 $\begin{cases} x < \dfrac{1}{2} \\ x < 3 \\ x > -2 \end{cases}$,所以不等式的解集是 $\left(-2, \dfrac{1}{2}\right)$.

题型 3　求基本初等函数的值

【例 1-5-5】　已知 $\sin\left(\dfrac{\pi}{2}-\alpha\right) + \cos\left(\dfrac{3\pi}{2}+\alpha\right) = -\dfrac{\sqrt{2}}{5}$,则 $\sin 2\alpha = $ _____.

解　因为 $\cos\alpha + \sin\alpha = -\dfrac{\sqrt{2}}{5}$,且 $\sin^2\alpha + \cos^2\alpha = 1$,

所以 $(\sin\alpha + \cos\alpha)^2 = 1 + 2\sin\alpha\cos\alpha = \dfrac{2}{25}$,从而得

$\sin 2\alpha = 2\sin\alpha\cos\alpha = \dfrac{2}{25} - 1 = -\dfrac{23}{25}$.

【例 1-5-6】　计算 $\dfrac{1}{5}\left(\lg 32 + \log_4 16 + 6\lg\dfrac{1}{2}\right) + \dfrac{1}{5}\lg\dfrac{1}{5}$.

解　原式 $= \dfrac{1}{5}\left[\lg 32 + 2 + \lg\left(\dfrac{1}{2}\right)^6 + \lg\dfrac{1}{5}\right]$

$= \dfrac{1}{5}\left[2 + \lg\left(32 \cdot \dfrac{1}{64} \cdot \dfrac{1}{5}\right)\right] = \dfrac{1}{5}\left(2 + \lg\dfrac{1}{10}\right)$

$= \dfrac{1}{5}[2 + (-1)] = \dfrac{1}{5}$.

1.5.5　同步练习

一、选择题

1. 下列函数中属于基本初等函数的是(　　).

A. $y = -5x + 2$　　　B. $y = e^{-x}$　　　　　C. $y = \log_{\sqrt{2}}x$　　　D. $y = \sin 2x$

2. 若 $\tan\alpha = \dfrac{1}{2}$,则 $\tan(2\alpha + \pi) = ($　　$)$.

A. $\dfrac{4}{3}$　　　　　　B. $\dfrac{3}{4}$　　　　　　C. $\dfrac{9}{5}$　　　　　　D. 1

3. 下列函数不相同的是(　　).

A. $f(x) = \sqrt[3]{x^3}, g(x) = x$　　　　　　　B. $f(x) = \sqrt{x^2}, g(x) = |x|$

C. $y = \sin^2(3x+1), u = \sin^2(3t+1)$　　　D. $g(x) = x+1, f(x) = \sqrt{(x+1)^2}$

4. 函数 $f(x) = \left(\dfrac{1}{2}\right)^{x^2+2x}$ 的值域是(　　).

A. $(0, +\infty)$　　　B. $(-\infty, 2]$　　　C. $\left(\dfrac{1}{2}, 2\right]$　　　D. $(0, 2]$

5.下列函数是奇函数的是（　　　）.

A. $y=\dfrac{e^x-1}{e^x+1}\ln\dfrac{1-x}{1+x}\;(-1<x<1)$ 　　　　　B. $y=\ln\,(x+\sqrt{1+x^2}\,)$

C. $y=\dfrac{e^x-e^{-x}}{2}+\cos x$ 　　　　　D. 　$y=\dfrac{e^x+e^{-x}}{x^2}+\sin x$

二、填空题

1.使得 $\log_{(x-1)}(3-x)$ 有意义的 x 的取值范围是 ＿＿＿＿＿＿＿＿＿＿＿.

2.函数 $y=\begin{cases}\sin\dfrac{1}{x},&x\neq0\\[2mm]0,&x=0\end{cases}$ 的定义域为 ＿＿＿＿＿＿＿,值域为 ＿＿＿＿＿＿＿.

3.已知 $x>0$ 时,函数 $y=(m^2-8)^x$ 的值恒大于 1,则实数 m 的取值范围是 ＿＿＿＿＿.

4.函数 $f(x)=\dfrac{\lg(3-x)}{\sin x}+\sqrt{5+4x-x^2}$ 的定义域为 ＿＿＿＿＿＿＿＿＿＿.

5.$\sin\dfrac{25\pi}{3}-\cos\dfrac{31\pi}{4}-\tan\left(\dfrac{5\pi}{4}\right)=$ ＿＿＿＿＿＿＿＿＿.

三、解答题

1.邮局规定国内的平信,每 20 g 付邮资 0.80 元,不足 20 g 按 20 g 计算,信件重量不得超过 2 kg,试确定邮资 y 与重量 x 的关系.

2.设 $f(x)=\begin{cases}1,&0\leqslant x\leqslant1\\-2,&1<x\leqslant2\end{cases}$,求函数 $f(x+3)$ 的定义域.

3.计算 $2\log_3 2-\log_3\dfrac{32}{9}+\log_3 8-25^{\log_5 3}$ 的值.

◆ 1.6 　复合函数和初等函数 ◆

1.6.1 　基本要求

1.理解复合函数的概念.

2.会将复合函数分解成简单函数.

3.理解初等函数的概念.

1.6.2 　知识要点

1.复合函数的概念.

若函数 $u=\varphi(x)$ 定义在 D_x,其值域为 W_φ,又函数 $y=f(u)$ 定义在 D_u 上,且 $D_x\bigcap W_\varphi\neq\varnothing$,则 y 可通过变量 u 而定义在 D_x 上关于 x 的函数,这样的函数叫作 $u=\varphi(x)$ 与 $y=f(u)$ 的复合函数,记为 $y=f[\varphi(x)]$,x 是自变量,u 称为中间变量,$u=\varphi(x)$ 称为内层函数,$y=f(u)$ 称为外层函数.

2.简单函数的定义.

一般是指基本初等函数或由不同基本初等函数四则运算而得到的函数.

3.复合函数的分解的定义.

把一个复合函数分成不同层次的简单函数,叫作复合函数的分解.

4.初等函数的定义.

由基本初等函数经过有限次的四则运算或有限次的复合运算而得到,且用一个解析式表示的函数,称为初等函数.

1.6.3 答疑解惑

1.下列关于复合函数的说法是否正确?

(1)任意两个函数都可以复合成一个复合函数;

(2)复合函数 $y=f[\varphi(x)]$ 的值域是它的简单函数 $u=\varphi(x)$ 定义域的子集;

(3)复合函数可以由两个以上的函数经过复合构成.

答:(1)不正确,不是任意函数都可以复合成一个复合函数的.

(2)不正确,复合函数 $y=f[\varphi(x)]$ 的定义域才是它的简单函数 $u=\varphi(x)$ 定义域的子集.

(3)正确,复合函数可以由两个以上的函数经过复合构成,如 $y=\sqrt{\cot\dfrac{x}{2}}$ 是由 $y=\sqrt{u}$, $u=\cot v$, $v=\dfrac{x}{2}$ 复合而成.

2.如何求解抽象函数的定义域?

答:根据外层函数的定义域,结合中间变量的具体表达式,求出自变量取值范围.例如,已知 $f(x)$ 的定义域为 $(-1,1)$,求函数 $f(x-1)$ 的定义域.

分析:因为 $f(x)$ 的定义域为 $(-1,1)$,所以 $-1<x<1$,而 $f(x-1)$ 中的 $-1<x-1<1$,即 $f(x-1)$ 的定义域为 $0<x<2$.

3.求复合函数的方法有哪些?

答:(1)代入法.某一个函数的自变量用另一个函数的表达式来替代,这种构成复合函数的方法,称为代入法,该法适用于初等函数的复合,解题关键在于分清内外函数.

(2)分析法.根据外层函数定义的各区间段,结合中间变量的表达式及中间变量的定义域进行分析,从而得出复合函数的方法,该方法用于初等函数与分段函数或分段函数与分段函数的复合.

(3)复合函数分解法.把一个复合函数分成不同层次的简单函数,叫作复合函数的分解.例如,函数 $y=\sqrt{\lg(x^2+1)}$ 分解的各层函数依次为 $y=\sqrt{u}=u^{\frac{1}{2}}$, $u=\lg v$, $v=x^2+1$ 分别为幂函数、对数函数和多项式.

1.6.4 典型例题分析

题型1 复合函数的复合与分解

【例1-6-1】 下列函数是由哪些简单函数复合而成的?

(1)$y=\tan^2(x^2-1)$; (2)$y=\ln\tan\dfrac{(x^3-x^2)}{2}$.

解 （1）函数 $y=\tan^2(x^2-1)$ 是由 $y=u^2$、$u=\tan v$、$v=x^2+1$ 复合而成的.

（2）函数 $y=\ln\tan\dfrac{(x^3-x^2)}{2}$ 是由 $y=\ln u$、$u=\tan v$、$v=\dfrac{x^3-x^2}{2}$ 复合而成的.

【例 1-6-2】 求下列所给函数复合而成的复合函数.

（1）$y=u^2$，$u=\log_2 v$，$v=(x^2-1)$；　　（2）$y=\arcsin u$，$u=a^v$，$v=x^2+1$.

解 （1）复合的函数为 $y=[\log_2(x^2-1)]^2$.

（2）复合的函数为 $y=\arcsin a^{(x^2+1)}$.

题型 2　复合函数的运算

【例 1-6-3】 设 $f(x)=\begin{cases}1, & -1\le x\le 1\\ 0, & x<-1\ \text{或}\ x>1\end{cases}$，求 $f[f(x)]$.

解 （1）当 $-1\le x\le 1$ 时，$f(x)=1$，$f[f(x)]=f(1)=1$.

（2）当 $x<-1$ 或 $x>1$ 时，$f(x)=0$，$f[f(x)]=f(0)=1$，即 $f[f(x)]=1$.

题型 3　求抽象函数的定义域

【例 1-6-4】 已知函数 $f(x-5)$ 的定义域为 $(-1,1)$，求 $f(x+5)$ 的定义域.

分析：因为 $f(x-1)$ 的定义域为 $(-1,1)$，所以 $-1<x<1$，而 $f(x-5)$ 中的 $-6<x-5<-4$，而 $f(x+5)$ 的 $-6<x+5<-4$，即 $f(x+5)$ 的定义域为 $(-11,-9)$.

【例 1-6-5】 已知函数 $f(x+9)$ 的定义域为 $(-1,1)$，求 $f(x)$ 的定义域.

分析：因为 $f(x+9)$ 的定义域为 $(-1,1)$，所以 $8<x+1<10$，即 $f(x)$ 的定义域为 $(8,10)$.

【例 1-6-6】 已知函数 $f(x)$ 的定义域为 $(-1,1)$，求 $f(x+9)$ 的定义域.

分析：因为 $f(x)$ 的定义域为 $(-1,1)$，所以 $-1<x+9<1$，即 $f(x+9)$ 的定义域为 $(-10,-8)$.

题型 4　利用换元法求函数的解析式

【例 1-6-7】 已知 $f(x-1)=2x+5$，求 $f(x)$.

解 令 $t=x-1$，则 $x=t+1$，$f(t)=2(t+1)+5=2t+2+5=2t+7$.

1.6.5　同步练习

一、选择题

1.如果函数 $f(x)$ 的定义域是 $[-2,4]$，那么函数 $f(x+2)$ 的定义域为（　　）.

A．$[-4,2]$　　　　B．$[0,6]$　　　　C．$(-4,2)$　　　　D．$(0,6)$

2.如果函数 $f(x+2)$ 的定义域是 $[-2,4]$，那么函数 $f(x)$ 的定义域为（　　）.

A．$[-4,2]$　　　　B．$[0,6]$　　　　C．$(-4,2)$　　　　D．$(0,6)$

3.如果函数 $f(x+2)$ 的定义域是 $[-2,4]$，那么函数 $f(x-2)$ 的定义域为（　　）.

A．$[2,8]$　　　　B．$[0,6]$　　　　C．$(2,8)$　　　　D．$(0,6)$

4.下列函数中可以构成复合函数的是（　　）.

A．$y=\log_a u$，$u=-\sqrt{x^2+3}$

B．$y=\sqrt{u}$，$u=-(x+1)$

C．$y=\mathrm{e}^u$，$u=\cos v$，$v=x+1$

D. $y=\sqrt{u}$, $u=-\sin^2 x$

5. 函数 $f(x)=\sqrt{16-4^x}$ 的值域为(　　).

A. $[2,4]$　　　　　　B. $[0,4]$　　　　　　C. $[0,4)$　　　　　　D. $(2,4)$

二、填空题

1. 由 $y=e^u$, $u=\sin v$, $v=\sqrt{x}$ 复合而成的函数是_____.

2. $y=\tan e^{\log_2(x+1)}$ 是由_____复合而成的.

3. 已知 $f(x)=\ln(x-1)$, $f[g(x)]=x$, 则 $g(x)=$_____.

4. 已知 $f(x)=\begin{cases} x+2, & x\leqslant-2 \\ 2^x, & -2\leqslant x<3 \\ \ln x, & x\geqslant 3 \end{cases}$, 则 $f[f(-2)]=$_____.

5. 设 $f\left(x+\dfrac{1}{x}\right)=x^2+\dfrac{1}{x^2}$, 则 $f(x+1)=$_____.

三、解答题

1. 求函数 $f(x)=x+\sqrt{2x-1}$ 的最小值.

2. 设 $f\left(\dfrac{x+1}{x-1}\right)=3f(x)-2x$, 求 $f(x)$.

3. 已知函数 $f(x)=\dfrac{x^2+2x+3}{x}$, $x\in[2,+\infty)$, 求 $f(x)$ 的最小值.

◆ 本章总复习 ◆

一、重点

1. 函数的概念

在函数定义中,"对数集 D 中的任意数 x($\forall x\in D$),按照对应关系 f,总有唯一 $y\in\mathbf{R}$ 与之对应",这里给出的函数定义是指单值函数. 如果改为"总有多个确定的 y 值与之对应",那么就是指多值函数. 现在我们一般只讨论单值函数. 当遇到多值函数时,可以分成几个单值函数来讨论. 例如,由方程 $x^2+y^2=1$ 解出 y 时得 $y=\pm\sqrt{1-x^2}$,这时可分为两个单值函数 $y=\sqrt{1-x^2}$ 和 $y=-\sqrt{1-x^2}$ 来讨论.

2. 函数的特性

对于函数的特性——有界性、单调性、奇偶性和周期性. 除要了解它们的数学定义外,还应知道它们的几何特性,并会根据定义验证或判别函数是否具有某种特性,特别是函数的奇偶性. 应注意,并不是每个函数都具有某种特性的.

3. 复合函数

引进复合函数概念的主要目的是把一个较复杂的函数,通过适当地引入中间变量后,分解成若干个简单函数的复合,从而使对复杂函数的研究转化为对简单函数的研究.这里所说的简单函数,是指基本初等函数或是由基本初等函数经过加、减、乘、除四则运算所得到的函数.

4.在自然科学与工程技术中所遇到的函数绝大多数是初等函数,初等函数将是今后研究的主要对象.初等函数是由基本初等函数所构成,因此作为构成初等函数基础的基本初等函数显得尤其重要.必须对基本初等函数中的六大类函数的表示式定义域、值域、主要性质及图像等较熟练地掌握.

不是初等函数的函数,统称为非初等函数.一般,分段函数是非初等函数.

二、难点

1.函数定义域的求解

确定函数的定义域,可分两种情形考虑:

(1)在实际问题中,由问题的实际意义来确定.

(2)对于用数学式子表达的函数,一般约定:函数定义域是使式子有意义的一切实数集合.此时,往往要用到一些数学的基本知识,例如,分式中的分母不能为零;开偶次方根时,被开方式不能取负值;在对数中,真数必须大于零;反正弦、反余弦符号下的式子的绝对值必须不大于1;等等.最终归结为解不等式或不等式组.

2.函数值域

如果已知函数的表达式,要求定义域内某点处的函数值,只需将该点的值代入函数的表达式中,即可算出函数在该点处的函数值.但要注意的是,若是分段函数,求函数值时,则要根据自变量值所在的区间,找出对应的式子来计算该点处的函数值.

3.讨论函数的某些特性

讨论函数的有界性、奇偶性和周期性,一般都是由定义出发.判别函数的单调性除了对于某些较简单的函数可直接根据定义判别外,一般可用导数的符号来判别.

4.关于反函数

求函数 $y=f(x)$ 的反函数的方法,是把 $y=f(x)$ 看作一个方程,从此方程中解出 $x=f^{-1}(y)$,再把 y 改写为 x,把 x 改写为 y,即得所求的反函数 $y=f^{-1}(x)$.

但需要注意的是:按照反函数的概念,若函数 $y=f(x)$ 的反函数 $x=f^{-1}(y)$ 存在,则 x 与 y 必须是一一对应的,否则就说反函数不存在.

三、知识图解

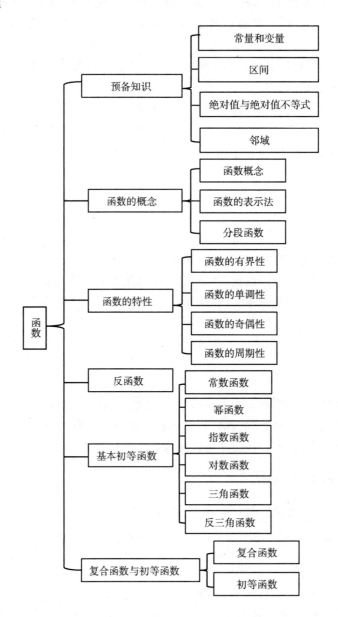

四、自测题

自测题 A（基础型）

一、选择题（每题 3 分，共 24 分）

1. 点 a 的 δ 邻域（$\delta>0$）是指（　　）.

　A. $(a-\delta,a+\delta]$　　　B. $[a-\delta,a+\delta]$　　　C. $(a-\delta,a+\delta)$　　　D. $[a-\delta,a+\delta]$

2. 不等式 $|x+2|-|x|<3$ 的解集为（　　）.

　A. $x\in\mathbf{R}$　　　B. $x<-2$　　　C. $0\leqslant x$　　　D. $-2<x<0$

3. 设函数 $f(x-5)$ 的定义域为 $[0,1]$，则 $f(x+2)$ 的定义域为（　　）.

　A. $[-7,-6]$　　　B. $[0,1]$　　　C. $[-2,-1]$　　　D. $[3,4]$

4.下列各对函数中,相同的是( ).

  A. $y=\ln x^2,y=2\ln x$ B. $y=\ln\sqrt{x},y=\dfrac{1}{2}\ln x$

  C. $y=\cos x,y=\sqrt{1-\sin^2 x}$ D. $y=\dfrac{1}{x+1},y=\dfrac{x-1}{x^2-1}$

5.若函数 $f(x)=\begin{cases}2+x^3,&x\leqslant 0\\x^2-3,&x>0\end{cases}$,则 $f[f(1)]$ 的值为( ).

  A. 6   B. 0   C. -6 D. -8

6.下列说法中正确的是( ).

  A. $y=\sqrt{\ln x+1}$ 是基本初等函数   B. $\tan x$ 是有界函数

  C. 设 $f(x)$ 是偶函数,则 $f(x)$ 的图像关于 x 对称

  D. $y=\log_{\sqrt{2}}x$ 是基本初等函数

7.函数 $y=\ln\dfrac{x}{1-x}(0<x<1)$ 的反函数是( ).

  A. $y=\ln\dfrac{x}{1+x}(0<x<1)$ B. $y=\dfrac{e^x}{e^x-1}(x\neq 0)$

  C. $y=\dfrac{1+e^x}{e^x}(x\in\mathbf{R})$ D. $y=\dfrac{e^x}{e^x+1}(x\in\mathbf{R})$

8. $f\left(\dfrac{1}{x}\right)=x+\sqrt{1+x^2}\ (x>0)$,则 $f(x)=($).

  A. $x+\sqrt{1+x^2}$ B. $\dfrac{1+\sqrt{x^2+1}}{x}(x<0)$

  C. $x+\sqrt{1+x^2}\ (x>0)$ D. $\dfrac{1+\sqrt{x^2+1}}{x}(x>0)$

二、填空题(每空 3 分,共 24 分)

1.不等式 $0<|x-5|<\delta(\delta>0)$ 所表示的 x 的区间为_____.

2.函数 $y=e^x$ 在 $[-1,3)$ 的值域为_____.

3.函数 $f(x)=x^2-4x+3$ 的值域_____.

4.设不等式 $\left|x-\dfrac{1}{2}\right|<m$ 的解为 $-1<x<2$,则 $m=$_____.

5.由函数 $y=\sin u,u=\ln w,w=\dfrac{1}{2}x$ 构成的复合函数为_____.

6. $y=e^{2x}-e^{-2x}+\sin x$ 是_____函数(奇偶性).

7.函数 $f(x)=\arccos\dfrac{2-x}{5}+\log_2(x^2-2)$ 的定义域是_____.

8. $(\lg 2)^2+(\lg 5)^2+2\lg 2\cdot\lg 5=$_____.

三、解答题(第 1 题 7 分,其余每题 9 分,共 52 分)

1.已知: $f(x)\begin{cases}x+1,&x<-1\\\sqrt{1-x^2},&-1\leqslant x\leqslant 0,\\x-1,&x>0\end{cases}$

求 $f(-2),f\left(-\dfrac{1}{3}\right),f(6)$ 的值.

2. 判断函数 $f(x)=\lg(\sqrt{x^2+1}-x)$ 的奇偶性.

3. 求函数 $y=\sqrt{1-x}\,(x<1)$ 的反函数.

4. 确定函数 $f(x)=\begin{cases}\sqrt{1-x^2}, & |x|\leqslant 1 \\ x^2-1, & 1<|x|<2\end{cases}$ 的定义域,并作出函数图像.

5. 已知函数 $f(x)=\begin{cases}2\mathrm{e}^{x-1}, & x<2 \\ \log_3(x^2-1), & x\geqslant 2\end{cases}$,求 $f[f(2)]$ 的值.

6. 已知 $f(x)=\lg\dfrac{1-x}{1+x}, a,b\in(-1,1)$,求证:$f(a)+f(b)=f\left(\dfrac{a+b}{1+ab}\right)$.

自测题 B(提高型)

一、选择题(每题 3 分,共 24 分)

1. 函数 $f(x)=\log_{(x-1)}(16-x^2)$ 的定义域为(   ).

    A. $(1,2]$ B. $[2,4]$ C. $(1,2)\cup(2,4)$ D. $[1,4]$

2. 如果函数 $f(x)$ 的定义域为 $[1,2]$,则函数 $f[1-\ln x]$ 的定义域为(   ).

    A. $[1,1-\ln 2]$ B. $(0,1]$ C. $[1,\mathrm{e}]$ D. $\left[\dfrac{1}{\mathrm{e}},1\right]$

3. 设函数 $f\left(\dfrac{1}{x-1}\right)=x$,则 $f(x)=$(   ).

    A. $\dfrac{x-1}{x}$ B. $\dfrac{x+1}{x}$ C. $\dfrac{x}{x-1}$ D. $\dfrac{x}{x+1}$

4. 下列函数为偶函数的是(   ).

    A. $x^3-\sin x$ B. $\dfrac{|x|}{x^2}$ C. x^2+x D. $\sin x+\cos x$

5. 下列函数为奇函数的是(   ).

    A. $x^2+\sin x$ B. $\dfrac{|x|}{x}$ C. $\sin\cos x$ D. $\cos\sin x$

6. 函数 $f(x)=\dfrac{1}{\sqrt{|x|-1}}$ 的定义域为(   ).

    A. $(-1,1)$ B. $(1,+\infty)$

    C. $(-\infty,-1)$ D. $(-\infty,-1)\cup(1,+\infty)$

7. 若 $f(x)=x^3+1$,则 $f(x^2)=$(   ).

    A. x^3+1 B. x^6+1 C. x^6+2 D. x^9+3x^6

8. 设函数 $f(x)$ 的定义域为 $[1,4]$,则函数 $f(x)+f(x^2)$ 的定义域为(   ).

    A. $[1,4]$ B. $[1,2]$ C. $(-2,2)$ D. $[-2,-1]\cup[1,2]$

二、填空题(每空 3 分,共 24 分)

1. 如果函数 $f(x)$ 的定义域为 $[0,1]$,则函数 $f(\mathrm{e}^x)$ 的定义域为_____.

2. 若 $f(\sin x)=\cos 2x+1$,则 $f\left(\dfrac{1}{2}\right)=$_____.

3. 设 $f(x)=x^2,\varphi(x)=2^x$,则 $f[\varphi(x)]=$_____.

4. 函数 $f(x)=\sqrt{3-x}+\arccos\dfrac{x-2}{3}$ 的定义域为_____.

5. 复合函数 $y = e^{\sin \ln 2x}$ 可以分解为 _____.

6. 设 $f(x) = \begin{cases} e^{\sin x}, & x \leqslant 0 \\ \ln \dfrac{1}{x}, & x > 0 \end{cases}$，则 $f[f(1)] = $ _____.

7. 函数 $f(x) = 2^{3x - x^2}$ 的单调递增区间为 _____.

8. 函数 $f(x) = \sqrt{1-x} + \sqrt{1+x}$ 的奇偶性是 _____.

三、解答题(每题 8 分,共 40 分)

1. 已知函数 $f(x)$ 的定义域为 $[0,1]$,求函数 $f(x+a) + f(x-a)$ 的定义域.

2. 设 $f(x) = 2^x, g(x) = x \ln x$,求 $g[f(x)]$.

3. $y = \dfrac{1}{1 + \arccos 3x}$ 是由哪些简单函数复合而成的?

4. 设函数 $f(x)$ 定义在 $(-\infty, +\infty)$ 上,证明:$f(x) + f(-x)$ 为偶函数.

5. 已知函数 $f(x) = \begin{cases} 1, & -1 \leqslant x \leqslant 0 \\ x+1, & 0 \leqslant x \leqslant 2 \end{cases}$,求 $f(x-1)$.

6. 已知函数 $f(x) = |2x - m| \, (m \in \mathbf{R})$,求当 $m > 0$ 时,不等式 $f(x) > |x+1|$ 的解.

◆ 参考答案与提示 ◆

1.1.5 同步练习

一、CCCAB

二、1. $x \neq \dfrac{7}{3}$;2. $-4 < x < -2$ 或 $3 < x < 5$;3. $x > 5$ 或 $x < -\dfrac{1}{3}$;4. $\left\{ x \mid \dfrac{1}{2} - \dfrac{\varepsilon}{8} < x < \dfrac{1}{2} + \dfrac{\varepsilon}{8} \right\}$;

5. 1 个.

三、1. 解:因为当 $x+2 \geqslant 0$ 时,$|x+2| = x+2$,$x+2 > x+2$ 无解.

当 $x+2 < 0$ 时,$|x+2| = -(x+2) > 0 > x+2$,

所以当 $x < -2$ 时,$|x+2| > x+2$,即

不等式的解集为 $\{x \mid x < -2\}$.

2. 解:两边都乘以 -1,得 $x^2 - 5x + 6 \leqslant 0$.

因为 > 0,方程 $x^2 - 5x + 6 = 0$ 的解是 $x_1 = 2, x_2 = 3$,

所以原不等式的解集是 $\{x \mid 2 \leqslant x \leqslant 3\}$.

3. ①当 $x < -2$ 时,原不等式为 $-x-2+x-1-4 < 0$,即 $-7 < 0$. 所以当 $x < -2$ 时,原不等式解为 $x < -2$.

②当 $-2 \leqslant x < 1$ 时,原不等式为 $x+2+x-1-4 < 0$,即 $x < \dfrac{3}{2}$,

所以当 $-2 \leqslant x \leqslant 1$ 时,原不等式的解为 $-2 \leqslant x \leqslant 1$;

③当 $x > 1$ 时,原不等式为 $x+2-x+1-4 < 0$,即 $-1 < 0$,

所以当 $x > 1$ 时,原不等式为 $x > 1$;

故综合①②③原不等式的解集为 **R**.

1.2.5 同步练习

一、CCBDB

二、1. $a \leqslant 1$ 且 $a \neq 0$；2.$(-1,1)$；3.$[-1,1]$；4.$[1,3]$；5.$[2,4]$.

三、1. 首先 $f(x)=\begin{cases} -3(x-2)-(x+1), & x \leqslant -1 \\ -3(x-2)+(x+1), & -1<x<2 \\ 3(x-2)+(x+1), & x \geqslant 2 \end{cases}$

然后，化简得 $f(x)=\begin{cases} -4x+5, & x \leqslant -1 \\ -2x+7, & -1<x<2 \\ 4x-5, & x \geqslant 2 \end{cases}$. 图(略)

2. 已知 $f(x)=\begin{cases} -1, & x<-1 \\ x, & -1 \leqslant x \leqslant 1 \\ 1, & x>1 \end{cases}$，$x^2+5 \geqslant 5$，则 $f(x^2+5)=1$，$\sin x \in [-1,1]$，则 $f(\sin x)=\sin x$.

$4x-x^2-6=-(x^2+4x+4)-2=-(x-2)^2-2 \leqslant 2$，则 $f(4x-x^2-6)=-1$，

所以 $f(x^2+5) \cdot f(\sin x)-5f(4x-x^2-6)=\sin x+5$.

3. 解：函数对称轴为 $x=m$.

①当 $0 \leqslant m \leqslant 1$ 时，区间包含对称轴，此时函数的最大值就是 $x=m$ 时的函数值，即 $-m^2+2m^2+1-m=2$，化简得 $m^2-m-1=0$.

令 $m^2-m-1=0$，解得 $m_1=(1+\sqrt{5})/2$，$m_2=(1-\sqrt{5})/2$. 此时都不符合 $0 \leqslant m \leqslant 1$，故舍去.

②当 $m<0$ 时，区间不包含对称轴，函数最大值是 x 值最靠近 m 的 0 所对应的函数值，即 $x=0,1-m=2,m=-1$.

③当 $m>1$ 时，区间不包含对称轴，函数最大值是 x 值最靠近 m 的 1 所对应的函数值，即 $x=1,-1+2m+1-m=2,m=2$.

综上所述，$m=-1$ 或 $m=2$.

1.3.5 同步练习

一、ADCBD

二、1. 奇函数；2. 有界函数；3. 非奇非偶函数；4.0；5. 原点.

三、1.（1）对于任意的正数 M，都有 $f(x)=\dfrac{1}{x^2}>M$，所以 $f(x)=\dfrac{1}{x^2}$ 在定义域内无界.

（2）对于任意的正数 M，都有 $f(x)=\tan x>M$，所以 $f(x)=\tan x$ 在定义域内无界.

2.（1）因为函数的定义域是 $\mathbf{R}$，且 $f(-x)=|-x+2|+|-x-2|=|x+2|+|x-2|=f(x)$，所以函数 $f(x)$ 为偶函数.

（2）要使函数有意义，则需 $\begin{cases} 1-x^2 \geqslant 0 \\ |x+3|-3 \neq 0 \end{cases}$，解得 $-1 \leqslant x \leqslant 1$，且 $x \neq 0$，从而有函数 $f(x)$ 的

定义域关于原点对称，所以 $f(x)=\dfrac{\sqrt{1-x^2}}{x+3-3}=\dfrac{\sqrt{1-x^2}}{x}$，$f(-x)=\dfrac{\sqrt{1-x^2}}{-x}=-f(x)$，即 $f(x)$

为奇函数.

3.证明:设 $1 \leqslant x_1 < x_2$,$f(x_1) - f(x_2) = (x_1 - x_2)\left(1 - \dfrac{1}{x_1 x_2}\right) < 0$,即 $f(x_1) < f(x_2)$,函数 $f(x) = \dfrac{1}{x} + x$ 在 $x \in [1, +\infty)$ 上是增函数.

1.4.5　同步练习

一、ABDCA

二、1. -2;2. $y = (x-1)^2 \geqslant 0$;3. $\dfrac{1}{2}\lg\left(\dfrac{x}{x-2}\right)(x>2)$;4. $y = \dfrac{2x+1}{3}(x \in \mathbf{R})$;5. $\dfrac{3}{x-2}$.

三、1.解:由题意得

$$x = \begin{cases} \sqrt{y-1}, & y>1 \\ 0, & y=0 \\ -\sqrt{-(1+y)}, & y<-1 \end{cases},\text{所以反函数为 } y = \begin{cases} \sqrt{x-1}, & x>1 \\ 0, & x=0 \\ -\sqrt{-(1+x)}, & x<-1 \end{cases}.$$

2.解:由函数 $f(x) = \sqrt{x+2} + 1$,得反函数 $x = \sqrt{f(x)+2} + 1$,所以 $f^{-1}(x) = (x-1)^2 - 2$.

3.证明:由 $y = 2x^3 - 1$ 可得 $x^3 = \dfrac{y+1}{2}$,解得 $x = \sqrt[3]{\dfrac{y+1}{2}}$,所以函数 $y = 2x^3 - 1$ 的反函数是 $y = \sqrt[3]{\dfrac{x+1}{2}}$,所以 $g(x) = \sqrt[3]{\dfrac{x+1}{2}}$ 是 $f(x) = 2x^3 - 1$ 的反函数,所以 $f(x) = 2x^3 - 1$ 和 $g(x) = \sqrt[3]{\dfrac{x+1}{2}}$ 互为反函数.

1.5.5　同步练习

一、CADDB

二、1. $1 < x < 3$ 且 $x \neq 2$;2. $x \in \mathbf{R}$,$[-1, 1]$;3. $(-\infty, -3) \cup (3, +\infty)$;4. $[-1, 0) \cup (0, 3)$;5. $\dfrac{\sqrt{3} - \sqrt{2} - 2}{2}$.

三、1. $f(x) = \begin{cases} 0.8, & 0 < x \leqslant 20 \\ 1.6, & 20 < x \leqslant 40 \\ 2.4, & 40 < x \leqslant 60 \\ \vdots \\ 80, & 1\,980 < x < 2\,000 \end{cases}$.

2.解:因为 $f(x) = \begin{cases} 1, & 0 \leqslant x \leqslant 1 \\ -2, & 1 < x \leqslant 2 \end{cases}$,所以 $f(x+3) = \begin{cases} 1, & 0 \leqslant x+3 \leqslant 1 \\ -2, & 1 < x+3 \leqslant 2 \end{cases}$,即 $f(x+3) = \begin{cases} 1, & -3 \leqslant x \leqslant -2 \\ -2, & -2 < x \leqslant -1 \end{cases}$,所以函数 $f(x+3)$ 的定义域为 $[-3, -1]$.

3.解:$2\log_3 2 - \log_3 \dfrac{32}{9} + \log_3 8 - 25^{\log_5 3} = \log_3 4 - \log_3 \dfrac{32}{9} + \log_3 8 - 9$

$$= \log_3\left(4 \times \dfrac{9}{32} \times 8\right) - 9 = 2 - 9 = -7.$$

1.6.5 同步练习

一、ABACC

二、1. $y=e^{\sin\sqrt{x}}$；2. $y=\tan u,u=e^v,v=\log_2 w,w=x+1$；3. e^x+1；4. 1；5. x^2+2x-1.

三、1. 因为 $f(x)=x+\sqrt{2x-1}$ 在定义域 $\left[\dfrac{1}{2},+\infty\right)$ 内是增函数，所以 $f(x)\geqslant f\left(\dfrac{1}{2}\right)=\dfrac{1}{2}$，

即函数的最小值是 $\dfrac{1}{2}$.

2. 设 $t=\dfrac{x+1}{x-1}$，则 $x=\dfrac{t+1}{t-1}$，

$f(t)=3f\left(\dfrac{t+1}{t-1}\right)-2\left(\dfrac{t+1}{t-1}\right)$，

$f(x)=3f\left(\dfrac{x+1}{x-1}\right)-2\left(\dfrac{x+1}{x-1}\right)=3[3f(x)-2x]-2\dfrac{x+1}{x-1}$，

$f(x)=\dfrac{3x^2-2x+1}{4(x-1)}$.

3. 解：$f(x)=\dfrac{x^2+2x+3}{x}$，$x\in[2,+\infty)$，对任意 $x_1,x_2\in[2,+\infty)$，且 $x_1<x_2$，

则 $f(x_1)-f(x_2)=\left(x_1+\dfrac{3}{x_1}+2\right)-\left(x_2+\dfrac{3}{x_2}+2\right)=(x_1-x_2)+\left(\dfrac{3}{x_1}-\dfrac{3}{x_2}\right)$

$=(x_1-x_2)+\dfrac{3(x_2-x_1)}{x_1 x_2}=(x_1-x_2)\left(1-\dfrac{3}{x_1 x_2}\right)=(x_1-x_2)\dfrac{(x_1 x_2-3)}{x_1 x_2}$.

因为 $2\leqslant x_1<x_2$，所以 $x_1-x_2<0$，$x_1 x_2>4$.

$x_1 x_2-3>0$，所以 $f(x_1)-f(x_2)<0\Rightarrow f(x_1)<f(x_2)$，即函数 $f(x)$ 在 $[2,+\infty)$ 上是增函数，所以 $x=2$ 时，$y_{\min}=\dfrac{2^2+2\times 2+3}{2}=\dfrac{11}{2}$，函数没有最大值.

自测题 A（基础型）

一、CAABC DDD

二、1. $(5-\delta,5)\cup(5,5+\delta)$；2. $\left[\dfrac{1}{e},e^3\right)$；3. $[-1,+\infty)$；4. $\dfrac{3}{2}$；

5. $y=\sin\ln\dfrac{x}{2}$；6. 奇；7. $[-3,-\sqrt{2})\cup(\sqrt{2},7]$；8. 1.

三、1. $f(-2)=-1$；$f\left(-\dfrac{1}{3}\right)=\sqrt{1-\dfrac{1}{9}}=\dfrac{2\sqrt{2}}{3}$；$f(6)=5$.

2. $f(-x)=\lg(\sqrt{x^2+1}+x)=\lg\dfrac{(\sqrt{x^2+1}-x)(\sqrt{x^2+1}+x)}{\sqrt{x^2+1}-x}$

$=\lg\dfrac{1}{\sqrt{x^2+1}-x}=-\lg(\sqrt{x^2+1}-x)=-f(x)$，

即 $f(x)$ 为奇函数.

3. $x=1-y^2$，$y\leqslant 0$，所以反函数 $y=1-x^2\ (x\leqslant 0)$.

4. 解：$|x| \leqslant 1 \Rightarrow -1 \leqslant x \leqslant 1, 1 < |x| < 2 \Rightarrow -2 < x < -1$ 或 $1 < x < 2$.

所以，函数 $f(x) = \begin{cases} \sqrt{1-x^2}, & -1 \leqslant x \leqslant 1 \\ x-1, & 1 < x < 2 \\ x-1, & -2 < x < -1 \end{cases}$ 的定义域为 $(-2, 2)$.

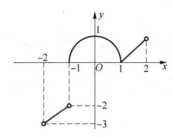

5. 解：由函数的表达式可知，当 $x=2$ 时，$f(x) = \log_3(x^2-1)$，所以 $f(2) = \log_3(2^2-1) = \log_3 3 = 1$.

当 $x=1$ 时，$f(x) = 2e^{x-1}$，$f(1) = 2e^{1-1} = 2$，所以 $f[f(2)] = f(1) = 2$.

6. 证明：因为 $f(a) + f(b) = \lg\dfrac{1-a}{1+a} + \lg\dfrac{1-b}{1+b} = \lg\dfrac{(1-a)(1-b)}{(1+a)(1+b)} = \lg\dfrac{1-a-b+ab}{1+a+b+ab}$,

$f\left(\dfrac{a+b}{1+ab}\right) = \lg\dfrac{1-\dfrac{a+b}{1+ab}}{1+\dfrac{a+b}{1+ab}} = \lg\dfrac{1-a-b+ab}{1+a+b+ab}$，即原式子成立.

自测题 B（提高型）

一、CDBBB　DBB

二、1. $x \leqslant 0$；2. $\dfrac{3}{2}$；3. 4^x；4. $\dfrac{3}{2}$；5. $y=e^u, u=\sin w, w=\ln v, v=2x$；6. 1；7. $\left(-\infty, \dfrac{-3}{2}\right)$；

8. 偶函数.

三、1. 当 $a < -\dfrac{1}{2}$，或 $a > \dfrac{1}{2}$ 时，函数定义域为 $\varnothing$；当 $\dfrac{1}{2} \leqslant a < 0$ 时，函数的定义域为 $[-a, 1+a]$；当 $0 \leqslant a \leqslant \dfrac{1}{2}$ 时，函数的定义域为 $[a, 1-a]$；当 $0 \leqslant a \leqslant \dfrac{1}{2}$ 时，函数的定义域为 $[a, 1-a]$.

2. $g(f(x)) = 2^x \ln 2^x = x2^x \ln 2$.

3. $y = \dfrac{1}{u}, u = 1+v, v = \arccos t, t = 3x$.

4. 令 $g(x) = f(x) + f(-x), m(x) = f(x) - f(-x)$，则 $g(-x) = f(-x) + f(x) = g(x)$，为偶函数；$m(-x) = f(-x) - f(x) = -[f(x) - f(-x)] = -m(x)$，为奇函数.

5. 解：因为 $f(x) = \begin{cases} 1, & -1 \leqslant x \leqslant 0 \\ x+1, & 0 \leqslant x \leqslant 2 \end{cases}$,

所以当 $-1 \leqslant x-1 < 0$，即 $0 \leqslant x < 1$ 时，$f(x-1) = 1$；

当 $0 \leqslant x-1 \leqslant 2$，即 $1 \leqslant x \leqslant 3$ 时，$f(x-1) = x-1+1 = x$.

综上所述，$f(x-1) = \begin{cases} 1, & 0 \leqslant x < 1 \\ x, & 1 \leqslant x \leqslant 3 \end{cases}$.

6.解:(1)当 $x<-1$ 时,不等式可化为 $-(2x-m)>-(x+1)$,即 $x<m+1$.

因为 $m>0$,所以 $x<-1$.

(2)当 $-1\leqslant x\leqslant\dfrac{m}{2}$ 时,不等式可化为 $-(2x-m)>(x+1)$,即 $x<\dfrac{m-1}{3}$,所以 $-1\leqslant x<\dfrac{m-1}{3}$.

(3)当 $x>\dfrac{m}{2}$ 时,不等式可化为 $2x-m>x+1$,即 $x>m+1$,所以 $x>m+1$.

综上所述,原不等式的解集是 $\left\{x\,\middle|\,x<\dfrac{m-1}{3}\text{或}x>m+1\right\}$.

第 2 章

函 数 极 限

◆ 2.1 预备知识 ◆

2.1.1 基本要求

1. 了解数列的概念和性质.

2. 掌握等差数列和等比数列的定义、通项公式、求和公式,会用这些公式解决常见数列的计算问题.

3. 掌握一般数列的求和方法.

2.1.2 知识要点

有关数列的定义及公式参见表 2.1.1.

表 2.1.1　有关数列的定义及公式

名称	定义	公式
数列	按照一定顺序排列的一列数 $a_1, a_2, \cdots, a_n, \cdots$ 叫作数列,记作 $\{a_n\}$,第 n 项 a_n 称为数列的通项	说明:从函数定义来理解数列,数列是一类特殊的函数,如果 a_n 与 n 之间的函数关系可以用一个公式来表示,则这个公式叫作数列的通项公式,其定义域是自然数集合,数列的通项可记作 $$a_n = f(n), n \in \mathbf{N}$$
等差数列	如果一个数列从第二项起,每一项与它的前一项的差都等于同一个常数,这个数列叫作等差数列,这个常数叫作等差数列的公差,公差通常用字母 d 表示	当 $n \in \mathbf{N}$ 时,通项公式 $a_n = a_1 + (n-1)d$. 数列前 n 项和公式为: $$S_n = a_1 + a_2 + a_3 + \cdots + a_n = \frac{n(a_1 + a_n)}{2}$$ 或者 $S_n = na_1 + \frac{n(n-1)}{2}d$
等比数列	如果一个数列从第二项起,每一项与它前一项的比都等于同一个常数,这个数列叫作等比数列,这个常数叫作等比数列的公比,公比通常用字母 q 表示	当 $n \in \mathbf{N}$ 时,通项公式 $a_n = a_1 q^{n-1}$. 数列前 n 项和公式为: $$S_n = \frac{a_1(1-q^n)}{1-q} = \frac{a_1 - a_n q}{1-q} \ (q \neq 1)$$ 或 $S_n = na_1 \ (q=1)$
单调增数列	当 $n \in \mathbf{N}$ 时,对于一切 n 都有 $a_{n+1} \geqslant a_n$,则称 $\{a_n\}$ 为单调递增数列	
单调减数列	当 $n \in \mathbf{N}$ 时,对于一切 n 都有 $a_{n+1} \leqslant a_n$,则称 $\{a_n\}$ 为单调递减数列	——

续表

名称	定义	公式
单调数列	单调递增数列和单调递减数列统称为单调数列	判断数列单调性的一般方法:对于一切 n,证明 $a_{n+1}-a_n$ 的值大于零或小于零
有界数列与无界数列	在数列 $\{a_n\}$ 中,若存在正数 M,对一切 a_n,均有 $|a_n|\leqslant M$ 成立,则称数列 $\{a_n\}$ 有界.若这样的正数 M 不存在,就说数列是无界数列	判断数列有界的一般方法:对于一切 n,证明 $|a_n|\leqslant M$,或 $N\leqslant a_n\leqslant M$,其中 M、N 就是要找到的数列的界
单调有界数列	具有单调性和有界性的数列统称为单调有界数列	—

2.1.3　答疑解惑

1.数列常见的求和方法有哪些?

答:(1)公式法.对于一些常见的等差、等比数列,或可以转化为等差、等比数列的数列,套用公式可以求出数列前 n 项的和.

(2)错位相减法.该方法通常用于型如 $\{a_nb_n\}$ 的求和,其中 a_n 是等差数列,b_n 是等比数列的情形.注意,写出 s_n-qs_n 的表达式时将两式"齐次对齐".

(3)裂项相消法.该方法通常用于型如 $\left\{\dfrac{1}{a_na_{n+1}}\right\}$($\{a_n\}$ 为各项不为零的等差数列)的求和.

(4)递推法,即利用已知的一些递推关系式,结合数列的结构所揭示的规律来求数列前 n 项和的方法.

2.如何理解数列的有界性?

答:在数列 $\{a_n\}$ 中,若存在正数 M,对一切 a_n,均有 $|a_n|\leqslant M$,$n\in\mathbf{N}$ 成立,则称数列 $\{a_n\}$ 有界.进一步,若数列 $\{a_n\}$ 满足:对一切 $n\in\mathbf{N}$,有 $a_n\leqslant M$(或 $a_n\geqslant M$)(其中 M 是与 n 无关的常数),称数列 $\{a_n\}$ 有上界(或有下界),并称 M 是它的一个上界(或下界).否则,称数列 $\{a_n\}$ 无上界(或无下界).数列 $\{a_n\}$ 既有上界又有下界,则称之为有界数列,而只有上界(或下界),均不是有界数列.在具体问题中,常常根据数列的有界性定义来判断数列是否有界.

2.1.4　典型例题分析

题型 1　计算常见数列的某些量

【例 2-1-1】 根据数列的前几项,写出它的一个通项公式.

(1)$\dfrac{3}{2},\dfrac{9}{4},\dfrac{15}{8},\cdots$;

(2)$2,0,2,0,2,0\cdots$.

分析:通项公式是表示序号与数列中的项的关系式,重在探索序号与项的对应关系.若关系不明显,则要通过改写、拆分等方法使之明朗化.

解 (1)各项为 $1+\dfrac{1}{2},2+\dfrac{1}{4},3+\dfrac{1}{8},\cdots$,所以 $a_n=n+\dfrac{1}{2^n}$.

(2)各项为 $1+1,1-1,1+1,1-1,\cdots$,所以 $a_n=1+(-1)^{n+1}$.

【例 2-1-2】 求数列 $\{n2^n\}$ 前 n 项和.

分析:根据等差、等比数列的特征选择求和公式并使用错位相减法.

解
$$S_n=a_1+a_2+a_3+\cdots+a_n$$
$$S_n=2S_n-S_n$$
$$S_n=2(a_1+a_2+a_3+\cdots+a_n)-(a_1+a_2+a_3+\cdots+a_n)$$
$$S_n=-a_1+(2a_1-a_2)+(2a_2-a_3)+\cdots+(2a_{n-1}-a_n)+2a_n$$
$$S_n=-a_1+\sum_{i=1}^{n-1}(2a_i-a_{i+1})$$
$$S_n=-a_1+\sum_{i=1}^{n-1}\left[2i\,2^i-(i+1)2^{i+1}\right]+2a_n$$
$$S_n=-a_1-\sum_{i=1}^{n-1}2^{i+1}+2a_n$$
$$S_n=-a_1-\frac{4(1-2^{n-1})}{1-2}+2a_n$$
$$S_n=-2-(2^{n+1}-4)+2n2^n$$
$$S_n=(n-1)2^{n+1}+2$$

题型 2 判断数列的有界性

【例 2-1-3】 判断数列 $\left\{\dfrac{1}{2^n}\right\}$、$\{3n^2+1\}$ 的有界性,如果是有界数列,试求出一个界.

分析:利用数列的有界性求解.相当于能否确定数列通项 a_n 的范围,即对数列的通项 a_n,能否找到 M,使得 $|a_n|\leqslant M$ 成立.

解 因为数列 $\left\{\dfrac{1}{2^n}\right\}$ 各项的绝对值 $\left|\dfrac{1}{2^n}\right|=\dfrac{1}{2^n}<1$,所以是有界数列,1 是这个数列的一个界;

因为数列 $\{3n^2+1\}$ 各项的绝对值 $|3n^2+1|=3n^2+1$,随着 n 的增大而无限增大,所以是无界数列.

题型 3 判断数列的单调性

【例 2-1-4】 已知数列通项为 $x_n=\dfrac{1}{2+1}+\dfrac{1}{2^2+1}+\cdots+\dfrac{1}{2^n+1}$,判断数列的有界性和单调性.

分析:直接利用数列的有界性和单调性定义求解.

解 $x_n=\dfrac{1}{2+1}+\dfrac{1}{2^2+1}+\cdots+\dfrac{1}{2^n+1}$,$x_{k+1}$ 比 x_k 多一个正数项,所以 x_n 单调增加;

$$x_n=\frac{1}{2+1}+\frac{1}{2^2+1}+\cdots+\frac{1}{2^n+1}$$
$$<\frac{1}{2}+\frac{1}{2^2}+\cdots+\frac{1}{2^n}$$
$$=\frac{\dfrac{1}{2}\left(1-\dfrac{1}{2^n}\right)}{1-\dfrac{1}{2}}$$
$$=1-\frac{1}{2^n}<1$$

因此,数列 $\{x_n\}$ 有上界.

2.1.5　同步练习

一、选择题

1.已知数列为 $2,4,8,\cdots,2^n,\cdots$，则该数列是（　　）.

A.等差数列　　　　B.等比数列　　　　C.有穷数列　　　　D.有界数列

2.下列哪个数列是无界数列？（　　）

A. $\dfrac{1}{2},\dfrac{2}{3},\dfrac{3}{4},\cdots,\dfrac{n}{n+1},\cdots$

B. $2,\dfrac{3}{2},\dfrac{4}{3},\dfrac{5}{4},\cdots,\dfrac{n+1}{n}\cdots$

C. $1,-1,1,\cdots,(-1)^{n+1},\cdots$

D. $1,\sqrt{2},\sqrt{3},\cdots,\sqrt{n}\cdots$

3.下列哪项说法是正确的？（　　）

A.数列 $0,1,0,1,0,1,\cdots$ 的通项公式是 $\dfrac{(-1)^n}{2}$

B.数列 $1,-\dfrac{1}{2},\dfrac{1}{2^2},-\dfrac{1}{2^3},\cdots,(-1)^{n+1}\cdot\dfrac{1}{2^{n-1}},\cdots$ 是递增数列

C.数列 $1,\dfrac{1}{3},\dfrac{1}{3^2},\cdots,\dfrac{1}{3^{10\,000}}$ 是等比数列

D.数列 $\sin 1,\sin\dfrac{1}{2},\sin\dfrac{1}{3},\cdots,\sin\dfrac{1}{n},\cdots$ 是无界数列

4.数列 $a_n=\dfrac{n}{1+n^2}$，则（　　）.

A.有上界且无下界

B.有界且 $|a_n|\leqslant 2$

C.有下界且无上界

D.有界且 $|a_n|\leqslant\dfrac{1}{2}$

5.下列数列为无界数列的是（　　）.

A. $\left\{\dfrac{1}{2n+1}\right\}$　　　B. $\left\{\dfrac{4}{2^n}\right\}$　　　C. $\{1+n^3\}$　　　D. $\{(-1)^{n+1}\}$

二、填空题

1.已知等比数列 $\{a_n\}$ 的 $a_1=1$，$q=\dfrac{1}{4}$，$S_n=$ _____.

2.数列 $\dfrac{1}{2},\dfrac{3}{4},\dfrac{7}{8},\dfrac{15}{16},\cdots$ 的通项公式为 _____.

3. $\dfrac{1}{3^0}+\dfrac{1}{3^1}+\dfrac{1}{3^2}+\cdots+\dfrac{1}{3^{n-1}}=$ _____.

4. $\dfrac{1}{1\times2}+\dfrac{1}{2\times3}+\dfrac{1}{3\times4}+\cdots+\dfrac{1}{n(n+1)}=$ _____.

5.已知数列的通项公式为 $a_n=\dfrac{8+16(n-1)}{12+17(n-1)}$，则这个数列为 _____.

三、解答题

1.判断下列数列的有界性,如果是有界数列,试说出一个界.

(1) $\left\{\dfrac{1}{2n+1}\right\}$;　　　(2) $\left\{\dfrac{4}{2^n}\right\}$;　　　(3) $\{1+n^3\}$.

2.求数列 $\dfrac{1}{1\times3}+\dfrac{1}{2\times4}+\dfrac{1}{3\times5}+\cdots+\dfrac{1}{n(n+2)}$ 前 n 项之和.

3.已知 $a_n = \sqrt{2} \cdot \sqrt[4]{2} \cdot \sqrt[8]{2} \cdot \cdots \cdot \sqrt[2^n]{2}$，求出 a_n 的值.

4.$s_n = \left(1 - \dfrac{1}{2^2}\right)\left(1 - \dfrac{1}{3^2}\right) \cdots \left(1 - \dfrac{1}{n^2}\right)$，求出 a_n 的值.

5.讨论数列 $\left\{\dfrac{3n+4}{2n+5}\right\}$ 的单调性.

◆ 2.2 数列极限 ◆

2.2.1 基本要求

1.掌握数列极限的描述性定义,了解其几何意义,会用定义判断一些常见数列的极限.

2.理解数列极限的精确性定义("$\varepsilon-N$"定义),能正确地叙述该定义,并能证明简单极限问题.

3.能把握数列极限概念的本质特征,并在学习过程中培养观察能力和概括能力.

4.掌握数列极限的四则运算法则.

5.了解收敛数列极限的相关定理.

2.2.2 知识要点

数列极限的定义、运算法则及有关定理如表 2.2.1 所示.

表 2.2.1　数列极限的定义、运算法则及有关定理

名称	定义(性质)	说明
数列极限的直观性定义(定性描述)	对于一个数列 $\{a_n\}$,如果随着项数 n 的无限增大,a_n 无限地趋近于一个确定的常数 A,则称 A 是数列 $\{a_n\}$ 的极限,或称数列 $\{a_n\}$ 收敛于 A,记作 $\lim\limits_{n\to\infty}a_n = A$ 或 $n\to\infty$ 时,$a_n\to A$,数列 $\{a_n\}$ 称为收敛数列	定义的本质: (1)无限变小.在数轴上动点 a_n 到定点 A 的距离无限变小,也就是绝对值 $\lvert a_n - A\rvert$ 可以无限变小(描述); (2)用比较法定量刻画距离无限变小.对于任意事先给定的一个不论多么小的正数,通过比较法,可以定量刻画距离 $\lvert a_n - A\rvert$ 都能变化为比这个任意事先给定的正数更小,这个变化过程是无限的;
数列极限的精确性定义(定量刻画)	如果对任意给定的正数 ε(不论它是多么的小),在数列 $\{a_n\}$ 中总存在一项 a_N,使得这一项以后所有项 a_n ($n>N$) 与常数 A 之差的绝对值 $\lvert a_n-A\rvert$ 都小于 ε,那么称常数 A 是数列 $\{a_n\}$ 的极限.用逻辑符号来表示就是:$\forall \varepsilon>0,\exists N>0$,当 $n>N$ 时,恒有 $\lvert a_n-A\rvert<\varepsilon$,则 $\lim\limits_{n\to\infty}a_n=A$,称其为数列极限的"$\varepsilon-N$"语言. 当项数 n 无限增大时,$\{a_n\}$ 不以任何固定常数为极限,则称数列为发散数列	(3)用符号表示.把上述"不论多么小的正数"用符号 ε 表示,则"a_n 无限地趋近于常数 A"定量刻画为不等式 $\lvert a_n-A\rvert<\varepsilon$ 成立; (4)在 n 无限增大的过程中,找到数列中的项数 N,从 N 开始,使一般项 $n>N$ 时,恒有不等式 $\lvert a_n-1\rvert<\varepsilon$ 成立. 这就是数列 $\{a_n\}$ 当 $n\to\infty$ 无限趋近 A 这事件的本质.数列的收敛与发散称为数列的敛散性

名称	定义(性质)	说明
几何解释	无论 ε 是多么的小,数列从某项 a_N 以后所有的无穷多项都落在点 A 的 ε 邻域 $(A-\varepsilon,A+\varepsilon)$ 内,即在此邻域之外只有有限项. ε 是任意小的,但在 N 确定时又是相对固定的; N 是依赖于 ε 的,但又不唯一	
收敛数列极限的四则运算法则	设 $\lim\limits_{n\to\infty}a_n=A$, $\lim\limits_{n\to\infty}b_n=B$,则有 (1) $\lim\limits_{n\to\infty}(a_n\pm b_n)=\lim\limits_{n\to\infty}a_n\pm\lim\limits_{n\to\infty}b_n$ $=A\pm B$; (2) $\lim\limits_{n\to\infty}a_n\cdot b_n=\lim\limits_{n\to\infty}a_n\cdot\lim\limits_{n\to\infty}b_n$ $=A\cdot B$; 特别地, $\lim\limits_{n\to\infty}ca_n=c\lim\limits_{n\to\infty}a_n=cA$; (3) $\lim\limits_{n\to\infty}\dfrac{a_n}{b_n}=\dfrac{\lim\limits_{n\to\infty}a_n}{\lim\limits_{n\to\infty}b_n}=\dfrac{A}{B}(B\ne0)$	使用四则运算的前提是每个数列的极限存在,且当分母的极限不为零时,才可使用商的极限法则.该法则可推广至有限个数列的情形
数列极限的有关定理	(1)(唯一性)如果数列收敛,则它的极限是唯一的; (2)(收敛数列的有界性)如果数列收敛,则数列一定有界; (3)(极限存在准则)单调有界的数列必定有极限; (4)(夹逼定理) 若 $\lim\limits_{n\to\infty}a_n=\lim\limits_{n\to\infty}b_n=A$,并存在正整数 N ,对于 $n\geqslant N$,有关系式 $a_n\leqslant c_n\leqslant b_n$,则 $\lim\limits_{n\to\infty}c_n=A$	(1)有界数列未必收敛.例如 $\{\cos n\}$ 是有界数列,但 $\lim\limits_{n\to\infty}\cos n$ 不存在极限; (2)唯一性和有界性的逆否命题常用于判定数列发散; (3)极限存在准则和夹逼定理可用于证明或计算一些极限的问题

2.2.3　答疑解惑

1.为什么说极限概念是最重要的概念之一?

答:极限方法是微积分学中研究函数的主要方法.许多新概念的引入、许多重要定理的证明都要用到它.例如,第 3 章、第 4 章、第 7 章要用极限定义连续、导数、定积分等.可以说,用极限概念和方法建立了微积分学的基本内容.在其他许多课程和自然科学中,极限也有同样重要的作用,而极限概念又是极限方法的基础,所以说,它是最重要的概念之一.作为微积分学的初学者,一开始就遇到极限概念这个难点,我们要很好地了解和熟悉它.

2.如何理解数列极限概念的定性描述和定量描述 ($\varepsilon-N$ 定义)?

答:建立数列极限概念时,先给出定性描述的定义,即在项数 n 无限增大时对应的项 a_n 与

某一定数 A 无限趋近的这一事实.然而,这个定义中的"无限趋近"很难测量,仅仅用观察的方法未必准确.进而需要用距离、绝对值等过渡到定量描述.这样一步一步地抽象,并用数学化语言表达,就可提炼出 $\varepsilon-N$ 定义.因此,理解 $\varepsilon-N$ 方法的关键是将极限定性描述,抽象地用数学化的语言定量刻画"无限趋近"的含义.如用字母 N 描述"充分大",用 $n>N$ 描述 $n\to\infty$;用字母 ε 代替任意数来描述"任意小",把变量 a_n 与常量 A 的距离(即绝对值 $|a_n-A|$)与任意小的正数 $\varepsilon(\varepsilon>0)$ 进行比较,当 N 充分大时,这个距离变得很小并保持比 ε 更小,即用不等式 $|a_n-A|<\varepsilon$ 来描述 $a_n\to A$.

为了科学性和系统性,在高等数学中讲极限概念是从头开始的,学生不要把在中学里学过的极限四则运算公式等过早地搬到此处来代替 $\varepsilon-N$ 论证,以免造成逻辑上的混乱.

3.若 n 越大,$|a_n-A|$ 越小,则数列 $\{a_n\}$ 必然以 A 为极限吗?

答:不一定.随着 n 的增大,变量 a_n 与常量 A 的距离 $|a_n-A|$ 越来越小,并不一定有距离 $|a_n-A|$ 趋向于零,例如,$a_n=\dfrac{1}{n}$,$A=-1$,$|a_n-A|=\left|\dfrac{1}{n}+1\right|=\dfrac{1}{n}+1$,虽然 n 越大,$\dfrac{1}{n}+1$ 越小,但数列 $\left\{\dfrac{1}{n}\right\}$ 不以 -1 为极限.由极限的精确性定义可知,只有 a_n 在 n 无限增大且以 A 为极限时,距离 $|a_n-A|$ 才必定趋向于零.

4.如何用精确性定义证明数列极限?

一般地,证明 $\lim\limits_{n\to\infty}a_n=A$ 的步骤是:

(1)计算 $|a_n-A|$.

(2)对于任意给定 $\varepsilon>0$,从 $|a_n-A|<\varepsilon$ 出发,找出保证 $|a_n-A|<\varepsilon$ 成立的不等式 $n>N(\varepsilon)$.通常为了方便找出 $N(\varepsilon)$,需要对 n 加限制条件,适当放大 $|a_n-A|\leqslant\cdots<\varphi(n)$.

(3)令 $\varphi(n)<\varepsilon$,解出 $n>N(\varepsilon)$,取自然数 $N\geqslant N(\varepsilon)$,则当 $n>N$ 时,恒有 $|a_n-A|<\varepsilon$.

(4)由极限的定义,得 $\lim\limits_{n\to\infty}a_n=A$.

用精确性定义证明 $\lim\limits_{n\to\infty}a_n=A$ 的关键在于给定 ε,求对应的 $N=N(\varepsilon)$,这往往通过解不等式实现,有时 N 可直接解出,有时要利用一些技巧将不等式放大.熟练掌握解不等式的放大与缩小是掌握这一证明方法的关键.

在证明的过程中,由于 $\varepsilon-N$ 定义的抽象性和严格的辩证逻辑思维,它的确是学习微积分学的第一个大难点.困难表现在把自变量与因变量的变化步骤的次序颠倒过来的叙述方式(第2步),同时,在论证过程中要适当放大不等式也是比较困难的(第3步),整个过程是先"分析"后"综合"的方式,然后才下结论.随着后续内容的学习和多次运用,从中体会、总结使用 $\varepsilon-N$ 论证法,并学会准确地表述,这样就能逐渐加深对极限 $\varepsilon-N$ 定义的理解.

5.在数列极限的精确性定义中,N 是通过解不等式 $|a_n-A|<\varepsilon$ 得到的,那么 N 唯一吗?

答:不唯一.类似于有界数列,根据需要,只要求找到一个 N 即可,比 N 更大的值也同样满足不等式 $|a_n-A|<\varepsilon$.因此,当用求解不等式获取 N 的方式比较困难时,通常的做法是可以先将 $|a_n-A|$ 放大为比较简单的表达式,再进行不等式的求解,即可较为容易地找到 N.

6.已知数列为 $a_n=\dfrac{8+16(n-1)}{12+17(n-1)}$,观察其各项的值 $\dfrac{8}{12},\dfrac{24}{29},\dfrac{40}{46},\dfrac{56}{63},\cdots$,该数列是否收敛?如果收敛,极限等于多少?

答:观察该数列在数轴上的变化趋势,似乎可以断言 a_n 无限趋近于常数 1.但是,该数列的极限不是 1,而是 $\frac{16}{17}$.为什么会产生这个错误呢?原因是 $\frac{16}{17}$ 与 1 很接近,用观察法是很难区分的.所以,极限的概念要精确化.

2.2.4 典型例题分析

题型 1 "$\varepsilon-N$"论证法

【例 2-2-1】 用数列极限的精确性定义证明 $\lim\limits_{n\to\infty}\dfrac{8+16(n-1)}{12+17(n-1)}=\dfrac{16}{17}$.

分析: 先计算 $\left|\dfrac{16n-8}{17n-5}-\dfrac{16}{17}\right|=\left|\dfrac{-136+80}{17(17n-5)}\right|$,去掉绝对值符号,得 $\dfrac{56}{289n-85}$. 对于任意给定 $\varepsilon>0$,从 $\dfrac{56}{289n-85}<\varepsilon$ 出发推出不等式 $n>N(\varepsilon)$ 即可.

证明 任意给定正数 $\varepsilon>0$,设第 n 项与 $\frac{16}{17}$ 的距离小于 ε,则有

$$\left|\frac{8+16(n-1)}{12+17(n-1)}-\frac{16}{17}\right|<\varepsilon$$

整理,得

$$\left|\frac{8+16(n-1)}{12+17(n-1)}-\frac{16}{17}\right|=\frac{56}{289n-85}<\varepsilon$$

解得

$$n>\frac{56}{289\varepsilon}+\frac{5}{17}$$

取自然数 $N(\varepsilon)\geqslant\left[\dfrac{56}{289\varepsilon}+\dfrac{5}{17}\right]$,则当 $n>N$ 时,恒有 $\left|\dfrac{8+16(n-1)}{12+17(n-1)}-\dfrac{16}{17}\right|<\varepsilon$,由极限的定义得

$$\lim_{n\to\infty}\frac{8+16(n-1)}{12+17(n-1)}=\frac{16}{17}$$

如果说该数列的极限是 1,那么是否也能加以证明呢?下面我们来讨论一下.

任意给定正数 ε,设第 n 项与 1 的距离小于 ε,即

$$\left|\frac{8+16(n-1)}{12+17(n-1)}-1\right|<\varepsilon$$

整理,得

$$n(17\varepsilon-1)>3+5\varepsilon$$

为了求出 n,需要在不等式两边同时除以 $17\varepsilon-1$.但是,只有当 $17\varepsilon-1>0$ 时,即 $\varepsilon>\dfrac{1}{17}$ 时,才能解得

$$n>\frac{3+5\varepsilon}{17\varepsilon-1}$$

即对于比 $\frac{1}{17}$ 大的 ε,第 $\left[\dfrac{3+5\varepsilon}{17\varepsilon-1}\right]$ 项以后的各项与 1 的距离小于 ε,那么对比 $\frac{1}{17}$ 小的 ε 呢?此时,$17\varepsilon-1$ 为负,不等式 $n(17\varepsilon-1)>3+5\varepsilon$ 的右边是正数,而左边是负数,这是不可能的.也就是说,对于任意的正数 ε,使不等式

$$\left|\frac{8+16(n-1)}{12+17(n-1)}-1\right|<\varepsilon$$

成立的 n 是不存在的. 因此,该数列的极限不是 1.

【例 2-2-2】 证明下列数列的极限:

(1) $\lim\limits_{n\to\infty}\dfrac{(-1)^n}{(n+1)^2}=0$;

(2) $\lim\limits_{n\to\infty}\dfrac{n^2+n}{2n^2+n+9}=\dfrac{1}{2}$.

(1) **分析**:根据 $\varepsilon-N$ 论证法,证明的关键是由不等式 $\left|\dfrac{(-1)^n}{(n+1)^2}-0\right|\leqslant\cdots<\varphi(n)<\varepsilon$,推出不等式 $n>N_\varepsilon$,其中需要将不等式放大成 $\dfrac{1}{(n+1)^n}<\dfrac{1}{n+1}$,从而由简单不等式 $\dfrac{1}{n+1}<\varepsilon$ 中解出 N_ε 即可.

证明 对 $\forall\varepsilon>0$(设 $0<\varepsilon<1$),

$$\left|\frac{(-1)^n}{(n+1)^2}-0\right|=\frac{1}{(n+1)^n}<\frac{1}{n+1}\text{(放大不等式),要使}\left|\frac{(-1)^n}{(n+1)^2}-0\right|<\varepsilon,\text{只要}$$

$$\frac{1}{n+1}<\varepsilon,\text{即}\ n>\frac{1}{\varepsilon}-1$$

因此可取 $N(\varepsilon)\geqslant\left[\dfrac{1}{\varepsilon}-1\right]$,则当 $n>N$ 时恒有 $\left|\dfrac{(-1)^n}{(n+1)^2}\right|<\varepsilon$.

(2) **分析**:先计算 $\left|\dfrac{n^2+n}{2n^2+n+9}-\dfrac{1}{2}\right|=\left|\dfrac{n-9}{2(2n^2+n+9)}\right|$,为了去掉绝对值符号并简化该分式,方便求出 N_ε,放大该分式:在 n 无限增大的过程中,可以设 $n\geqslant9$,则可放大该分式的分子 $n-9<n$,且缩小分母为 $2(2n^2+n+9)>4n^2$,从而得到更简单的分式,再令其小于 ε,从简单不等式中解出 N_ε.

证明 由于 $\left|\dfrac{n^2+n}{2n^2+n+9}-\dfrac{1}{2}\right|=\left|\dfrac{n-9}{2(2n^2+n+9)}\right|$,当 $n\geqslant9$ 时,有 $0\leqslant\dfrac{n-9}{2(2n^2+n+9)}<$ $\dfrac{n}{4n^2}<\dfrac{1}{n}$(加限制条件并放大不等式),因此,对 $\forall\varepsilon>0$,当 $n\geqslant9$ 时,要使 $\left|\dfrac{n-9}{2(2n^2+n+9)}-\dfrac{1}{2}\right|<$ ε,只要 $\dfrac{1}{n}<\varepsilon$,即 $n>\dfrac{1}{\varepsilon}$. 取 $N(\varepsilon)\geqslant\max\left\{9,\left[\dfrac{1}{\varepsilon}\right]\right\}$,则当 $n>N$ 时,恒有 $\left|\dfrac{n-9}{2(2n^2+n+9)}-\dfrac{1}{2}\right|<$ ε,所以 $\lim\limits_{n\to\infty}\dfrac{n^2+n}{2n^2+n+9}=\dfrac{1}{2}$.

【评注】 证明的关键是选择合适的不等式放大. 在"$\varepsilon-N$"定义中,并不一定要找到一个最小的 $N(\varepsilon)$,经常先将 $|a_n-A|$ 适当放大后再小于 ε,以方便寻找 $N(\varepsilon)$.

题型 2 利用数列极限的夹逼定理证明极限

【例 2-2-3】 证明下列数列的极限:

(1) $\lim\limits_{n\to\infty}\sqrt[n]{n}=1$;

(2) $\lim\limits_{n\to\infty}\left(\dfrac{1}{\sqrt{n^2+1}}+\dfrac{1}{\sqrt{n^2+2}}+\cdots+\dfrac{1}{\sqrt{n^2+n}}\right)=1$;

(3) $\lim\limits_{n\to\infty}\sqrt[n]{1+\dfrac{1}{2}+\dfrac{1}{3}+\cdots+\dfrac{1}{n}}=1$.

证明 （1）分析：（利用换元法）令 $\sqrt[n]{n}-1=\lambda(\lambda>0)$，则 $n=(1+\lambda)^n$，再利用二项式展开，把 n 次方根转化为 n 次方。当 $\lambda>0$ 时，利用二项式展开可得

$$(1+\lambda)^n=1+n\lambda+\frac{n(n-1)}{2}\lambda^2+\cdots+\lambda^n>\frac{n(n-1)}{2}\lambda^2$$

在这个不等式中令 $\lambda=\sqrt[n]{n}-1$，则有 $n>\frac{n(n-1)}{2}(\sqrt[n]{n}-1)^2$

当 $n\geq 2$ 时有 $0<\sqrt[n]{n}-1<\frac{\sqrt{2}}{\sqrt{n-1}}$

但 $\lim\limits_{n\to\infty}\frac{\sqrt{2}}{\sqrt{n-1}}=0$，由夹逼定理得

$$\lim\limits_{n\to\infty}(\sqrt[n]{n}-1)=0$$

所以 $$\lim\limits_{n\to\infty}\sqrt[n]{n}=1$$

（2）分析：当 $n\to\infty$ 时，所求表达式为无穷多项之和。根据夹逼定理，需要将表达式 $\frac{1}{\sqrt{n^2+1}}+\frac{1}{\sqrt{n^2+2}}+\cdots+\frac{1}{\sqrt{n^2+n}}$ 放大和缩小，让放大和缩小后的数列容易求得相同的极限。

因为 $\frac{1}{\sqrt{n^2+1}}+\frac{1}{\sqrt{n^2+2}}+\cdots+\frac{1}{\sqrt{n^2+n}}\leq\frac{1}{\sqrt{n^2+1}}+\frac{1}{\sqrt{n^2+1}}+\cdots+\frac{1}{\sqrt{n^2+1}}=\frac{n}{\sqrt{n^2+1}}$，$\frac{1}{\sqrt{n^2+1}}+\frac{1}{\sqrt{n^2+2}}+\cdots+\frac{1}{\sqrt{n^2+n}}\geq\frac{1}{\sqrt{n^2+n}}+\frac{1}{\sqrt{n^2+n}}+\cdots+\frac{1}{\sqrt{n^2+n}}=\frac{n}{\sqrt{n^2+n}}$，且 $\lim\limits_{n\to\infty}\frac{n}{\sqrt{n^2+1}}\lim\limits_{n\to\infty}\frac{1}{\sqrt{\frac{n^2+1}{n^2}}}=1$，

$\lim\limits_{n\to\infty}\frac{n}{\sqrt{n^2+n}}\lim\limits_{n\to\infty}\frac{1}{\sqrt{\frac{n^2+n}{n^2}}}=1$，根据夹逼定理，有 $\lim\limits_{n\to\infty}\left(\frac{1}{\sqrt{n^2+1}}+\frac{1}{\sqrt{n^2+2}}+\cdots+\frac{1}{\sqrt{n^2+n}}\right)=1$.

（3）分析：一方面，$\sqrt[n]{1+\frac{1}{2}+\frac{1}{3}+\cdots+\frac{1}{n}}\geq 1$；另一方面，$1+\frac{1}{2}+\frac{1}{3}+\cdots+\frac{1}{n}<n$，得出 $\sqrt[n]{1+\frac{1}{2}+\frac{1}{3}+\cdots+\frac{1}{n}}<\sqrt[n]{n}$，且 $\lim\limits_{n\to\infty}(\sqrt[n]{n})=1$，故可根据夹逼定理证明。

因 $1\leq\sqrt[n]{1+\frac{1}{2}+\frac{1}{3}+\cdots+\frac{1}{n}}\leq\sqrt[n]{n}$，而 $\lim\limits_{n\to\infty}\sqrt[n]{n}=1$，

故根据夹逼定理，得

$$\lim\limits_{n\to\infty}\sqrt[n]{1+\frac{1}{2}+\frac{1}{3}+\cdots+\frac{1}{n}}=1$$

题型 3　利用数列极限存在准则定理证明极限

【例 2-2-4】 设 $a_1=10,a_{n+1}=\sqrt{a_n+6}(n=1,2\cdots)$，证明数列 $\{a_n\}$ 收敛，并求此极限。

分析：先利用递推关系证明数列 $\{a_n\}$ 单调有界，然后利用极限存在准则定理证明数列存在极限，在数列相邻两项之间的关系式两端求 $n\to\infty$ 的极限，即得关于 A 的方程，解此方程，若能解出 A，就得到所求的极限。

证明　根据数学归纳法证明数列 $\{a_n\}$ 单调减少。

由 $a_1=10,a_{n+1}=\sqrt{a_n+6}$ 得出 $a_2=\sqrt{10+6}=4$，即 $a_1>a_2$；

假设 $n=k$ 时，$a_k>a_{k+1}$，则 $a_{k+1}=\sqrt{a_k+6}>\sqrt{a_{k+1}+6}=a_{k+2}$，即 $n=k+1$ 时不等式仍然成

立,所以数列 $\{a_n\}$ 单调减少.

再由 $a_{n+1} = \sqrt{a_n + 6} > 0$ 得知 $\{a_n\}$ 有下界,故 $\lim\limits_{n \to \infty} a_n$ 存在.

设 $\lim\limits_{n \to \infty} a_n = A$,由 $\lim\limits_{n \to \infty} a_{n+1} = \sqrt{\lim\limits_{n \to \infty} a_n + 6}$,得出 $A = \sqrt{A + 6}$,解得 $A = 3$,即 $\lim\limits_{n \to \infty} a_n = 3$.

题型 4　利用数列极限四则运算法则求极限

【例 2-2-5】 求下列极限:

$(1) \lim\limits_{n \to \infty} \dfrac{(2n^2+1)(n+2)}{3n^3-5}$;　　　　　$(2) \lim\limits_{n \to \infty} \dfrac{2n^3+2n}{n^2+1}$;

$(3) \lim\limits_{n \to \infty} \left[\dfrac{1}{2!} + \dfrac{2}{3!} + \cdots + \dfrac{n}{(n+1)!} \right]$;　$(4) \lim\limits_{n \to \infty} \left[(\sqrt{n+2} - \sqrt{n-1}) \cdot \sqrt{n + \dfrac{3}{2}} \right]$;

$(5) \lim\limits_{n \to \infty} \sqrt{3} \cdot \sqrt[4]{3} \cdot \sqrt[8]{3} \cdots \sqrt[2^n]{3}$;　$(6) \lim\limits_{n \to \infty} \left(1 + \dfrac{1}{1 \times 3} \right) \left(1 + \dfrac{1}{2 \times 4} \right) \cdots \left[1 + \dfrac{1}{n(n+2)} \right]$.

(1) 分析: 通过同除法将 $\dfrac{\infty}{\infty}$ 型未定式转化为可利用极限的四则运算法则来求解.

解 分子、分母同除以 n^3,再利用商、乘积、代数和的极限运算法则,得

$$原式 = \lim\limits_{n \to \infty} \dfrac{\left(2 + \dfrac{1}{n^2}\right)\left(1 + \dfrac{2}{n}\right)}{3 - \dfrac{5}{n^3}} = \dfrac{\lim\limits_{n \to \infty}\left(2 + \dfrac{1}{n^2}\right)\left(1 + \dfrac{2}{n}\right)}{\lim\limits_{n \to \infty}\left(3 - \dfrac{5}{n^3}\right)} = \dfrac{(2+0) \times (1+0)}{3-0} = \dfrac{2}{3}$$

(2) 分析: 通过求解原式倒数的极限来求解原式的极限.

解 原式倒数的分子、分母同除以 n^3,再利用商、代数和的极限运算法则,得

$$\lim\limits_{n \to \infty} \dfrac{n^2+1}{2n^3+2n} = \lim\limits_{n \to \infty} \dfrac{\dfrac{1}{n} + \dfrac{1}{n^3}}{2 + \dfrac{2}{n^2}} = \dfrac{\lim\limits_{n \to \infty}\left(\dfrac{1}{n} + \dfrac{1}{n^3}\right)}{\lim\limits_{n \to \infty}\left(2 + \dfrac{2}{n^2}\right)} = \dfrac{0+0}{2+0} = \dfrac{0}{2} = 0$$

再根据无穷小与无穷大的关系,可知

$$\lim\limits_{n \to \infty} \dfrac{2n^3+2n}{n^2+1} = \infty$$

(3) 分析: 本题属于数列的通项为 n 项和且能求出其表达式的极限的类型(无限项之和的极限)."无限项之和"不同于"有限项之和",当 $n \to \infty$ 时,其项数随 n 的变化而变化,因此不能用和的极限运算法则.求该类型极限的关键是使和的项数不随 n 的变化而变化,故先求出数列前 n 项的和,即先计算"有限项之和",再计算当 $n \to \infty$ 时"有限项之和"的极限.求出"n 项和"的方法一般有:①公式法.用等比数列、等差数列部分和公式,正整数求和,正整数平方和等公式,有时需要先设法将通项化成可利用上述公式求和的形式.②"裂项求和法"(分项相消法).把通项中的每一项分成两项和,通过正负项相加,消去若干项,得到"n 项和"的表达式.③夹逼准则,见【例 2-2-3】.

解 由 $\dfrac{n}{(n+1)!} = \dfrac{1}{n!} - \dfrac{1}{(n+1)!}$ 知,

$$\dfrac{1}{2!} + \dfrac{2}{3!} + \cdots + \dfrac{n}{(n+1)!} = \left[\dfrac{1}{1!} - \dfrac{1}{(1+1)!} \right] + \left[\dfrac{1}{2!} - \dfrac{1}{(2+1)!} \right] + \cdots + \left[\dfrac{1}{n!} - \dfrac{1}{(n+1)!} \right]$$

$$= 1 - \dfrac{1}{(n+1)!}$$

故

$$原式 = \lim_{n \to \infty} \left[1 - \frac{1}{(n+1)!} \right] = 1$$

（4）**分析**：当 $n \to \infty$ 时，第一项因式为 $\infty - \infty$ 型未定式，需用有理化因式将其转化为 $\sqrt{n+2} -$

$\sqrt{n-1} = \dfrac{(\sqrt{n+2} - \sqrt{n-1})(\sqrt{n+2} + \sqrt{n-1})}{\sqrt{n+2} + \sqrt{n-1}} = \dfrac{(\sqrt{n+2})^2 - (\sqrt{n-1})^2}{\sqrt{n+2} + \sqrt{n-1}} = \dfrac{1}{\sqrt{n+2} + \sqrt{n-1}}$，当

$n \to \infty$ 时，原式转化为 $\dfrac{\infty}{\infty}$ 型未定式并用同除法求解.

解　先将第一个因式有理化，然后分子、分母同除以 $\sqrt{n}$，得

$$原式 = \lim_{n \to \infty} \frac{\sqrt{n + \frac{3}{2}}}{\sqrt{n+2} + \sqrt{n+1}} = \lim_{n \to \infty} \frac{\sqrt{1 + \frac{3}{2n}}}{\sqrt{1 + \frac{2}{n}} + \sqrt{1 + \frac{1}{n}}} = \frac{1}{2}$$

（5）**分析**：本题是数列通项为 n 个因子乘积的极限类型（无限项之积的极限），不能用乘积的极限运算法则直接求极限. 应设法先将乘积简化为可用法则求极限的表达式，再求极限. 本题可用数列求和来化简.

解　将数列通项化简为：$\sqrt{3} \cdot \sqrt[4]{3} \cdot \sqrt[8]{3} \cdots \sqrt[2^n]{3} = 3^{\frac{1}{2}} \cdot 3^{\frac{1}{4}} \cdots 3^{\frac{1}{2^n}} = 3^{\frac{1}{2} + \frac{1}{4} + \cdots + \frac{1}{2^n}}$，则原式的指数转化为等比数列前 n 项之和，可求极限，得

$$\lim_{n \to \infty} 3^{\frac{1}{2}} \cdot 3^{\frac{1}{4}} \cdots 3^{\frac{1}{2^n}} = \lim_{n \to \infty} 3^{\frac{1}{2} + \frac{1}{4} + \cdots + \frac{1}{2^n}} = \lim_{n \to \infty} 3^{\frac{\frac{1}{2}\left(1 - \frac{1}{2^n}\right)}{1 - \frac{1}{2}}} = \lim_{n \to \infty} 3^{1 - \frac{1}{2^n}} = 3$$

$$原式 = \lim_{n \to \infty} 3^{\left[1 - \left(\frac{1}{2}\right)^n\right]} = 3^{\lim\limits_{n \to \infty} \left[1 - \left(\frac{1}{2}\right)^n\right]} = 3$$

（6）本题也是数列通项为 n 个因子乘积的极限类型（无限项之积的极限），可先用商式法简化通项，再求极限：把通项中的每一个因子化成商的形式，使其分子、分母连乘，其中一些因式能交叉相约消掉，从而化简用 n 个因子乘积来表示的通项.

解　用商式法将原式化简，得

$$原式 = \lim_{n \to \infty} \left(1 + \frac{1}{1 \times 3}\right)\left(1 + \frac{1}{2 \times 4}\right) \cdots \left[1 + \frac{1}{n(n+2)}\right]$$

$$= \lim_{n \to \infty} \left(\frac{2}{1} \cdot \frac{2}{3}\right)\left(\frac{3}{2} \cdot \frac{3}{4}\right) \cdots \left(\frac{n+1}{n} \cdot \frac{n+1}{n+2}\right)$$

$$= \lim_{n \to \infty} \left(\frac{2}{1}\right) \cdot \left(\frac{n+1}{n+2}\right) = 2 \lim_{n \to \infty} \frac{1 + \frac{1}{n}}{1 + \frac{2}{n}} = 2$$

2.2.5　同步练习

一、选择题

1. 在下列数列中，发散的数列是（　　　）.

A. $\dfrac{1}{1}, -\dfrac{1}{4}, \dfrac{1}{9}, -\dfrac{1}{16}, \dfrac{1}{25}, -\dfrac{1}{36}, \cdots$

B. $\dfrac{1}{4}, \dfrac{1}{5}, \dfrac{1}{6}, \cdots, \dfrac{1}{n+3}$

C. $\left\{ \dfrac{3n}{n+2} \right\}$

D. $1, 2, 4, 8, 16, \cdots, 2^{n-1}, \cdots$

2.数列有界是数列存在极限的(　　　).

A.充分条件 　　　　　　　　　　B.必要条件

C.充要条件 　　　　　　　　　　D.非充分非必要条件

3.一个收敛的数列$\{a_n\}$(　　　).

A.不一定存在极限 　　　　　　　B.不一定存在多个极限

C.一定存在多个极限 　　　　　　D.一定存在唯一极限

4.对于 $n \geqslant N$,有 $a_n \leqslant c_n \leqslant b_n$,且 $\lim\limits_{n \to \infty} a_n = A$,$\lim\limits_{n \to \infty} b_n = B$,$\lim\limits_{n \to \infty} c_n = C$,则下列说法正确的是(　　　).

A.存在 A、B、C 满足 $C = B = A$ 　　B.存在 B、C 满足 $C > B$

C.存在 A、C 满足 $C < A$ 　　　　　D.存在 A、B 满足 $A > B$

5.在下列数列中,不存在极限的是(　　　).

A. $a_n = \dfrac{n^2 + 3n - 6}{199n^2 - 2}$ 　　　　　B. $a_n = 1 + \dfrac{2}{3} + \dfrac{3}{4} + \cdots + \dfrac{n-1}{n}$

C. $a_n = 1 + \dfrac{1}{3} + \left(\dfrac{1}{3}\right)^2 + \cdots + \left(\dfrac{1}{3}\right)^n$ 　　D. $a_n = \sin n$

二、填空题

1.若数列$\{x_n\}$_____,则它必定有界;反之,则不一定成立.

2.$\lim\limits_{n \to \infty} (\sqrt{n+1} - \sqrt{n}) = $_____.

3.$\lim\limits_{n \to \infty} \dfrac{(-1)^{n+1} + 2^n}{(-1)^n + 2^{n+1}} = $_____.

4.设 $\lim\limits_{n \to \infty} a_n = 1$,则 $\lim\limits_{n \to \infty} \dfrac{a_{n-1} + a_n}{2} = $_____.

5.对于数列 $\left\{\dfrac{2n-1}{n}\right\}$,第_____项之后,各项与 2 的距离小于 $\varepsilon(\varepsilon > 0)$.

三、解答题

1.用数列极限精确性定义证明:

(1)$\lim\limits_{n \to \infty} \dfrac{2n}{5 - 4n} = -\dfrac{1}{2}$;

(2)$\lim\limits_{n \to \infty} \dfrac{2n-1}{n^2 + n - 4} = 0$.

2.计算下列数列的极限:

(1)$\lim\limits_{n \to \infty} \dfrac{n^2 - n}{n^4 - 3n^2 + 1}$;

(2)$\lim\limits_{n \to \infty} (n - \sqrt{n^2 + 5n})$;

(3)$\lim\limits_{n \to \infty} (\sqrt{5} \cdot \sqrt[4]{5} \cdot \sqrt[8]{5} \cdots \sqrt[2^n]{5})$;

(4)$\lim\limits_{n \to \infty} \left(1 - \dfrac{1}{2^2}\right)\left(1 - \dfrac{1}{3^2}\right) \cdots \left[1 - \dfrac{1}{(n+1)^2}\right]$;

(5)$\lim\limits_{n \to \infty} \dfrac{(-3)^n + 1}{4^n + 4^{n+1}}$.

3.用夹逼定理计算下列极限:

(1)$\lim\limits_{n \to \infty} \left(\dfrac{1}{n^2 + n + 1} + \dfrac{2}{n^2 + n + 2} + \cdots + \dfrac{n}{n^2 + n + n}\right)$;

(2)$\lim\limits_{n \to \infty} n \cdot \left(\dfrac{1}{n^2 + \pi} + \dfrac{1}{n^2 + 2\pi} + \cdots + \dfrac{1}{n^2 + n\pi}\right)$.

2.3 函数极限

2.3.1 基本要求

1. 理解函数极限的描述性定义.

2. 掌握函数极限的"$\varepsilon-M$""$\varepsilon-\delta$"定义,可以证明简单函数极限问题.

3. 理解函数的左极限、右极限及其之间的关系.

4. 了解函数极限的性质.

2.3.2 知识要点

1. 函数极限的 6 种定义如表 2.3.1 所示.

表 2.3.1 函数极限的 6 种定义

名称	表达式	任给	存在	条件	恒有
当 $x\to\infty$ 时,$f(x)$ 以 A 为极限	$\lim\limits_{x\to\infty}f(x)=A$	$\varepsilon>0$	$M>0$	$\lvert x\rvert>M$	$\lvert f(x)-A\rvert<\varepsilon$
当 $x\to-\infty$ 时,$f(x)$ 以 A 为极限	$\lim\limits_{x\to-\infty}f(x)=A$	$\varepsilon>0$	$M>0$	$x<-M$	$\lvert f(x)-A\rvert<\varepsilon$
当 $x\to+\infty$ 时,$f(x)$ 以 A 为极限	$\lim\limits_{x\to+\infty}f(x)=A$	$\varepsilon>0$	$M>0$	$x>M$	$\lvert f(x)-A\rvert<\varepsilon$
当 $x\to x_0$ 时,$f(x)$ 以 A 为极限	$\lim\limits_{x\to x_0}f(x)=A$	$\varepsilon>0$	$\delta>0$	$0<\lvert x-x_0\rvert<\delta$	$\lvert f(x)-A\rvert<\varepsilon$
当 $x\to x_0^-$ 时,$f(x)$ 以 A 为左极限	$\lim\limits_{x\to x_0^-}f(x)=A$	$\varepsilon>0$	$\delta>0$	$x_0-\delta<x<x_0$	$\lvert f(x)-A\rvert<\varepsilon$
当 $x\to x_0^+$ 时,$f(x)$ 以 A 为右极限	$\lim\limits_{x\to x_0^+}f(x)=A$	$\varepsilon>0$	$\delta>0$	$x_0<x<x_0+\delta$	$\lvert f(x)-A\rvert<\varepsilon$

2. 函数极限存在的判别法如表 2.3.2 所示.

表 2.3.2 函数极限存在的判别法

充要条件	$\lim\limits_{x\to\infty}f(x)=A$ 的充要条件是 $\lim\limits_{x\to+\infty}f(x)=A$ 且 $\lim\limits_{x\to-\infty}f(x)=A$; $\lim\limits_{x\to x_0}f(x)=A$ 的充要条件是 $\lim\limits_{x\to x_0^-}f(x)=A$ 且 $\lim\limits_{x\to x_0^+}f(x)=A$
夹逼定理	若存在 $\delta>0$,当 $0<\lvert x-x_0\rvert<\delta$ 时,有 $f(x)\leqslant g(x)\leqslant h(x)$,且 $\lim\limits_{x\to x_0}f(x)=\lim\limits_{x\to x_0}h(x)=A$, 则 $\lim\limits_{x\to x_0}g(x)=A$

3.函数极限的性质如表2.3.3所示.

表2.3.3 函数极限的性质

性质与运算法则	含义
唯一性	若 $\lim\limits_{x \to x_0} f(x)$ 存在,则极限值唯一
局部有界性	若 $\lim\limits_{x \to x_0} f(x)$ 存在,则 $f(x)$ 在 x_0 的某个去心邻域 $\mathring{U}(x_0, \delta)$ 内有界
局部保号性	若 $\lim\limits_{x \to x_0} f(x) = A$,且 $A > 0$(或 $A < 0$),则 $f(x)$ 在 x_0 的某个去心邻域 $\mathring{U}(x_0, \delta)$ 内有 $f(x) > 0$(或 $f(x) < 0$)
局部保序性	若 $\lim\limits_{x \to x_0} f(x) = A$,$\lim\limits_{x \to x_0} g(x) = B$ 且 $A > B$(或 $A < B$),则存在常数 $\delta > 0$,当 $0 < \|x - x_0\| < \delta$ 时,恒有 $f(x) > g(x)$(或 $f(x) < g(x)$)
极限保号性	若 $\lim\limits_{x \to x_0} f(x) = A$,且在 x_0 的某个去心邻域 $\mathring{U}(x_0, \delta)$ 内有 $f(x) \geqslant 0$(或 $f(x) \leqslant 0$),则 $A \geqslant 0$(或 $A \leqslant 0$)

2.3.3 答疑解惑

1.如何理解函数极限 $\lim\limits_{x \to \infty} f(x) = A$ 的精确定义(称为"$\varepsilon - M$"定义)?

答:理解"$\varepsilon - M$"定义的关键是用字母 M($M > 0$)描述 $|x|$"充分大",用 $|x| > M$ 描述 $x \to \infty$;用字母 ε($\varepsilon > 0$)描述"任意小",把函数值与极限值的接近程度(即距离 $|f(x) - A|$)与任意小的正数 ε 进行比较,当 M 充分大时,这个距离变得很小并保持比 ε 更小,即用不等式 $|f(x) - A| < \varepsilon$ 来描述 $f(x) \to A$,概括得到 4 句话:$\forall \varepsilon > 0$,$\exists M > 0$,当 $|x| > M$ 时,恒有 $|f(x) - A| < \varepsilon$. 这就是函数极限 $\lim\limits_{x \to \infty} f(x) = A$ 的本质.

2.如何用"$\varepsilon - \delta$"定义证明函数极限 $\lim\limits_{x \to x_0} f(x) = A$?

答:一般地,证明的步骤如下:

(1)计算 $|f(x) - A|$;

(2)对于任意给定 $\varepsilon > 0$,从 $|f(x) - A| < \varepsilon$ 出发,设法从 $|f(x) - A|$ 中分离出绝对值 $|x - x_0|$,以确定 $|x - x_0|$ 与 ε 的关系,从而找出小的正数 δ.

为了方便找出 δ,通常的做法是将 $|f(x) - A|$ 化简、变形,或者对自变量 x 加限制条件,适当放大 $|f(x) - A|$ 等过程,只"瞄准"因子 $|x - x_0|$:

① $|f(x) - A| = M|x - x_0| < \varepsilon$,则 $|x - x_0| < \dfrac{\varepsilon}{M}$,取 $\delta = \dfrac{\varepsilon}{M}$;

② $|f(x) - A| = |\varphi(x)(x - x_0)| < \varepsilon$,若 $|\varphi(x)| < M$,$x \in (x_0 - \mu, x_0 + \mu)$,令 $|\varphi(x)(x - x_0)| < M|x - x_0| < \varepsilon$,于是 $|x - x_0| < \dfrac{\varepsilon}{M}$,取 $\delta = \min\left(\mu, \dfrac{\varepsilon}{M}\right)$;

③用"$\varepsilon - \delta$"定义叙述并下结论.

3. 如何对 6 种函数极限的定义进行归类？

答：函数极限的概念主要包括两个方面：一是函数值与极限值的接近程度；二是自变量的变化过程，共有两个大类 6 种情况：① $x \to \infty$、$x \to +\infty$、$x \to -\infty$；② $x \to x_0$、$x \to x_0^-$、$x \to x_0^+$. 归类得到任何极限都是指在自变量的某一变化过程中，函数值与某一定数（极限值）无限趋近的事实，进而用数学化的语言即 4 个不等式表示出来，其中第 3 个不等式反映了自变量的不同变化趋势：

①任意给定 $\varepsilon > 0$；

②总存在 $M > 0 (\delta > 0)$；

③当 $|x| > M$（或 $x > M$）（或 $x < -M$）（或 $0 < |x - x_0| < \delta$）（或 $0 < x - x_0 < \delta$）（或 $-\delta < x - x_0 < 0$）时；

④恒有 $|f(x) - A| < \varepsilon$.

则分别对应 6 个函数极限定义：$\lim\limits_{x \to \infty} f(x) = A$，$\lim\limits_{x \to +\infty} f(x) = A$，$\lim\limits_{x \to -\infty} f(x) = A$，$\lim\limits_{x \to x_0} f(x) = A$，$\lim\limits_{x \to x_0^+} f(x) = A$，$\lim\limits_{x \to x_0^-} f(x) = A$.

4. 在定义 $\lim\limits_{x \to x_0} f(x) = A$ 中，点 x_0 的去心邻域是否必须要满足？为什么？

答：不是必须的. $\lim\limits_{x \to x_0} f(x) = A$ 定义中，不等式 $0 < |x - x_0| < \delta$ 表示 $x \neq x_0$，即函数 $y = f(x)$ 在点 x_0 处可能没有定义，即使有定义，$f(x_0)$ 也与极限是否存在没有任何关系，换句话讲，函数 $y = f(x)$ 在点 x_0 处有没有定义不影响 $\lim\limits_{x \to x_0} f(x)$ 的存在性，例如，$\lim\limits_{x \to x_0} \dfrac{x^2 - 4}{x - 2} = 4$. 以后我们将会学习到许多重要的概念，这些概念都是在点 x_0 处的去心邻域内定义的.

5. 若 $\lim\limits_{x \to x_0} f(x) = A$，则 $f(x)$ 一定是有界函数吗？

答：不一定. 有极限的函数总是局部有界的，即 $f(x)$ 仅在点 $x = x_0$ 的某个去心邻域内有界，并不能保证函数在其定义域内有界，如函数 $f(x) = \dfrac{1}{x}$，虽然 $\lim\limits_{x \to 2} \dfrac{1}{x} = \dfrac{1}{2}$，但函数 $f(x) = \dfrac{1}{x}$ 在其定义域 $(-\infty, 0) \bigcup (0, +\infty)$ 内却是无界的.

6. 为什么说数列极限是一类特殊函数的极限？两者有哪些类似的重要性质？

答：若把数列 $\{a_n\}$ 理解为自变量仅取自然数 n 的函数，即 $a_n = f(n)$，则数列极限是一类特殊函数的极限. 函数极限的许多重要性质与数列极限的相应性质类似：①唯一性；②有界性，收敛数列的有界性是整体性的，但若 $\lim\limits_{x \to x_0} f(x)$ 存在，则只能推得函数在 x_0 的某邻域有界，这是函数极限与数列极限的一个不同之处；③保号性.

2.3.4　典型例题分析

题型 1　用 $\lim\limits_{x \to \infty} f(x) = A$ 的精确性定义证明函数极限

【例 2-3-1】　证明：$\lim\limits_{x \to \infty} \dfrac{3x^2 + 2x - 2}{x^2 - 1} = 3$.

分析：利用"$\varepsilon - M$"定义证明. 一般步骤是：①给定 $\forall \varepsilon > 0$；②将 $|f(x) - A|$ 化简或适当放大成 $|f(x) - A| \leqslant \cdots < \varphi(|x|)$；③令 $\varphi(|x|) < \varepsilon$，解出 $|x| > M_\varepsilon$；④取 $M = M_\varepsilon$，用定义叙述并下结论.

证明 因为 $\left|\dfrac{3x^2+2x-2}{x^2-1}-3\right|=\left|\dfrac{2x+1}{x^2-1}\right|\leqslant\dfrac{2|x|+1}{|x|^2-1}<\dfrac{2|x|+2}{(|x|-1)(|x|+1)}=\dfrac{2}{|x|-1}<$

ε，即 $|x|>1+\dfrac{2}{\varepsilon}$，取 $M\geqslant1+\dfrac{2}{\varepsilon}$，则对 $\forall\varepsilon>0$，当 $|x|>M$ 时，恒有 $\left|\dfrac{3x^2+2x-2}{x^2-1}-3\right|<\varepsilon$，

所以 $\lim\limits_{x\to\infty}\dfrac{3x^2+2x-2}{x^2-1}=3$.

【例 2-3-2】 证明：$\lim\limits_{x\to+\infty}\dfrac{1}{\sqrt{x}}=0$.

分析： 根据精确定义 $\lim\limits_{x\to+\infty}f(x)=A$ 加以证明，即对于任意给定的正数 ε，总存在正数 M，使当 $x>M$ 时，恒有 $|f(x)-A|<\varepsilon$.

证明 因为 $\left|\dfrac{1}{\sqrt{x}}-0\right|=\dfrac{1}{\sqrt{x}}$，故对 $\forall\varepsilon>0$，令 $\left|\dfrac{1}{\sqrt{x}}-0\right|=\dfrac{1}{\sqrt{x}}<\varepsilon$，即 $\sqrt{x}>\dfrac{1}{\varepsilon}$，得 $x>\dfrac{1}{\varepsilon^2}$，取

$M\geqslant\dfrac{1}{\varepsilon^2}$，当 $x>M$ 时，恒有 $\left|\dfrac{1}{\sqrt{x}}-0\right|<\varepsilon$，所以 $\lim\limits_{x\to+\infty}\dfrac{1}{\sqrt{x}}=0$.

【评注】 解题的关键在于对 $\forall\varepsilon>0$，找到 $\delta>0$，常用到不等式放大的方法.

题型 2　用 $\lim\limits_{x\to x_0}f(x)=A$ 的精确性定义证明函数极限

【例 2-3-3】 证明：$\lim\limits_{x\to1}\dfrac{x-1}{x^2-1}=\dfrac{1}{2}$.

分析： 参照上述"$\varepsilon-\delta$"定义答疑解惑 2 进行证明. 为了从 $\left|\dfrac{x-1}{x^2-1}-\dfrac{1}{2}\right|=\dfrac{|x-1|}{2|x+1|}$ 中分离

出 $|x-1|$，从而找出小的正数 δ，应保留 $|x-1|$ 而设法消去 $|x+1|$. 先对 $|x-1|$ 加限制条件，

当 $x\to1$ 时，可以设 $0<|x-1|<1$，则可以找到 $|x+1|$ 大于 1，从而放大得到 $\dfrac{|x-1|}{2|x+1|}<\dfrac{1}{2}\cdot$

$\dfrac{|x-1|}{1}$，这就从分式 $\dfrac{|x-1|}{2|x+1|}$ 的分母中消去 $|x+1|$.

证明 $|f(x)-A|=\left|\dfrac{x-1}{x^2-1}-\dfrac{1}{2}\right|=\left|\dfrac{1}{x+1}-\dfrac{1}{2}\right|=\left|\dfrac{x-1}{2(x+1)}\right|=\dfrac{|x-1|}{2|x+1|}$，

对于任意给定 $\varepsilon>0$，在 $x\to1$ 的过程中，可以限定 $|x-1|<1$，推出 $0<x<2$，由此有

$$1<x+1=|x+1|<3，即 |x+1|>1$$

于是缩小分母、放大分式，得

$$\left|\dfrac{x-1}{x^2-1}-\dfrac{1}{2}\right|=\dfrac{|x-1|}{2|x+1|}<\dfrac{1}{2}\cdot\dfrac{|x-1|}{1}=\dfrac{1}{2}|x-1|$$

令

$$\left|\dfrac{x-1}{x^2-1}-\dfrac{1}{2}\right|=\dfrac{|x-1|}{2|x+1|}<\dfrac{1}{2}|x-1|<\varepsilon$$

则

$$|x-1|<2\varepsilon$$

取得 $\delta=\min(2\varepsilon,1)$，于是，$\forall\varepsilon>0$，总存在 $\delta=\min(2\varepsilon,1)$，当 $0<|x-1|<\delta$ 时，总有

$$\left|\dfrac{x-1}{x^2-1}-\dfrac{1}{2}\right|<\varepsilon$$

所以

$$\lim_{x\to1}\frac{x-1}{x^2-1}=\frac{1}{2}$$

【例 2-3-4】　证明：$\lim\limits_{x\to1}\dfrac{x^3-1}{x-1}=3$.

分析： 参照上述 "$\varepsilon-\delta$" 定义答疑解惑 2 进行证明. 为了从 $|x-1||x+2|$ 中分离出 $|x-1|$, 应保留 $|x-1|$ 而设法消去 $|x+2|$. 先对 $|x-1|$ 加限制条件, 设 $0<|x-1|<1$, 则可以找到 $|x+2|$ 小于 4, 从而放大得到 $|x-1||x+2|<4|x-1|$, 这就消去 $|x+2|$.

证明　$\forall\varepsilon>0$,

$$\left|\frac{x^3-1}{x-1}-3\right|=|x^2+x-2|=|x-1||x+2|$$

当 $x\to1$ 时, 不妨就点 $x=1$ 处的去心邻域 $0<|x-1|<1$ 来考虑, 在此条件下, 有

$$|x+2|=|x-1+3|\leqslant|x-1|+3<4$$

于是

$$\left|\frac{x^3-1}{x-1}-3\right|<4|x-1|<\varepsilon$$

即

$$|x-1|<\frac{\varepsilon}{4}$$

取 $\delta=\min\left\{1,\dfrac{\varepsilon}{4}\right\}$, 则对 $\forall\varepsilon>0$, 总存在 $\delta=\min\left(\dfrac{\varepsilon}{4},1\right)$, 当 $0<|x-1|<\delta$ 时, 总有

$$\left|\frac{x^3-1}{x-1}-3\right|<\varepsilon$$

所以

$$\lim_{x\to1}\frac{x^3-1}{x-1}=3$$

【评注】　对于用定义证明某些极限时, 一般都需对原来的式子做适当的放大, 再考虑别的. 应当注意的是, 当 $x\to x_0$, x_0 是有限值时, 在放大的式子中应想法保留住 $|x-x_0|$ 的一个因子, 这样可便于利用 $|x-x_0|<\delta$ 来得到 $|f(x)-A|<\varepsilon$ 的结论, 而 δ 的确定也正是基于这一点.

题型 3　用函数左极限、右极限判断函数在某点极限是否存在

【例 2-3-5】　讨论函数 $f(x)=\begin{cases}x,x>1\\[4pt]\dfrac{1}{2},x=1\\[4pt]1,x<1\end{cases}$ 在 $x=1$ 处的极限.

分析： 用 $f(x)$ 左极限、右极限判断 $f(x)$ 在 $x=1$ 处极限是否存在.

解　因为

$$\lim_{x\to1^+}f(x)=\lim_{x\to1^+}x=1$$

$$\lim_{x\to1^-}f(x)=\lim_{x\to1^-}1=1$$

所以
$$\lim_{x \to 1^+} f(x) = \lim_{x \to 1^-} f(x) = 1$$

故
$$\lim_{x \to 1} f(x) = 1$$

【评注】 分段函数在分段点两侧函数式是不同的,必须用单侧极限求极限.

【例2-3-6】 讨论函数 $f(x) = \begin{cases} \arctan x, & x \neq 0 \\ 2, & x = 0 \end{cases}$ 在 $x = 0$ 处的极限.

分析: 该分段函数在分段点 $x = 0$ 两侧函数式是相同的,并且可直接求出函数 $\arctan x$ 在 $x = 0$ 处的极限,不必求单侧极限,即可判断分段函数在该点处的极限是否存在.

解 因为 $x \to 0$ 时,x 是不等于零的,所以有
$$\lim_{x \to 0} \arctan x = 0$$

所以,分段函数 $f(x)$ 在 $x = 0$ 处的极限为 0.

【例2-3-7】 讨论函数 $f(x) = \begin{cases} e^{\frac{1}{x}}, & x \neq 0 \\ 1, & x = 0 \end{cases}$ 在 $x = 0$ 处的极限.

分析: 该函数在分段点 $x = 0$ 两侧函数式是相同的,但因为函数 $e^{\frac{1}{x}}$ 在 $x = 0$ 处的左、右极限不相同,故必须求单侧极限.

解 因为
$$\lim_{x \to 0^-} e^{\frac{1}{x}} = 0 \quad \left(因为 x \to 0^- 时, \frac{1}{x} \to -\infty\right)$$
$$\lim_{x \to 0^+} e^{\frac{1}{x}} = +\infty \left(因为 x \to 0^+ 时, \frac{1}{x} \to +\infty\right)$$

所以,分段函数 $f(x)$ 在 $x = 0$ 处不存在极限.

【例2-3-8】 讨论函数 $f(x) = |x-1|$ 在 $x = 1$ 处的极限.

分析: 先将绝对值函数转化为分段函数,再用 $f(x)$ 的左极限、右极限判断 $f(x)$ 在 $x = 1$ 处极限是否存在.

解 将绝对值函数转化为分段函数,有
$$f(x) = |x-1| = \begin{cases} x-1, & x \geq 1 \\ 1-x, & x < 1 \end{cases}$$
$$\lim_{x \to 1^+} f(x) = \lim_{x \to 1^+} (x-1) = 0$$
$$\lim_{x \to 1^-} f(x) = \lim_{x \to 1^-} (1-x) = 0$$

由于左极限、右极限存在且相等,所以 $\lim_{x \to 0} f(x) = 0$.

【例2-3-9】 讨论函数 $f(x) = \begin{cases} x-1, & x > 0 \\ 0, & x = 0 \\ x+1, & x < 0 \end{cases}$ 在 $x = 0$ 处的极限.

分析: 用 $f(x)$ 左极限、右极限判断 $f(x)$ 在 $x = 0$ 处极限是否存在.

解 因为

$$\lim_{x \to 0^+} f(x) = \lim_{x \to 0^+} (x-1) = -1$$

$$\lim_{x \to 0^-} f(x) = \lim_{x \to 0^-} (x+1) = 1$$

即左极限、右极限存在但不相等,所以 $\lim\limits_{x \to 0} f(x)$ 不存在.

2.3.5　同步练习

一、选择题

1.下列结论中正确的是(　　).

A.函数 $f(x) = \mathrm{e}^{\frac{1}{x-1}}$ 在点 $x=1$ 处存在极限　　　　B. $\lim\limits_{h \to 0} \sin x = 0$

C. $\lim\limits_{x \to -3} (|x|+3) = 0$ 　　　　D. $\lim\limits_{x \to 0^-} \mathrm{e}^{\frac{1}{x-1}} \neq \lim\limits_{x \to 0^+} \mathrm{e}^{\frac{1}{x-1}}$

2.当 $x \to 2$ 时,函数 $f(x) = \dfrac{|x-2|}{x-2}$ 的极限为(　　).

A. 1 　　　　　　B. -1 　　　　　　C. 不存在 　　　　　　D. 0

3.下列极限正确的是(　　).

A. $\lim\limits_{x \to \infty} \mathrm{e}^{\frac{1}{x}} = 1$ 　　　B. $\lim\limits_{x \to 0^-} \mathrm{e}^{\frac{1}{x}} = \infty$ 　　　C. $\lim\limits_{x \to 0^+} \mathrm{e}^{\frac{1}{x}} = \infty$ 　　　D. $\lim\limits_{x \to \infty} \mathrm{e}^{\frac{1}{x}} = \infty$

4.当 $x \to x_0$ 时, $f(x)$ 以 A 为极限的充要条件是(　　).

A. $\lim\limits_{x \to x_0^-} f(x) = A$ 　　　　B. $\lim\limits_{x \to x_0^+} f(x) = A$

C. $\lim\limits_{x \to x_0^-} f(x) = \lim\limits_{x \to x_0^+} f(x)$ 　　　　D. $f(x) = A + \alpha \left(\lim\limits_{x \to x_0} \alpha = 0 \right)$

5.若函数极限 $\lim\limits_{x \to x_0} f(x) = A$,则下列结论正确的是(　　).

A.若函数极限存在,则该极限是不唯一的

B.若 $\lim\limits_{x \to x_0} f(x) = A$,且 $A<0$,则 $f(x)$ 在 x_0 的某个去心邻域 $\mathring{U}(x_0, \delta)$ 内有 $f(x)<0$

C.若 $\lim\limits_{x \to x_0} f(x)$ 存在,则 $f(x)$ 有界

D.若 $\lim\limits_{x \to x_0} f(x) = A$, $\lim\limits_{x \to x_0} g(x) = B$ 且 $A>B$,则恒有 $f(x)>g(x)$

二、填空题

1. $f(x) = \begin{cases} \dfrac{|x-1|}{x-1}, & x \neq 1 \\ a, & x=1 \end{cases}$ 且 $\lim\limits_{x \to 1^-} f(x) = a$,则 $a = $ ＿＿＿＿＿＿＿＿＿＿.

2. $\lim\limits_{x \to 0^+} \sqrt{x} \cdot \sin \dfrac{1}{x} = $ ＿＿＿＿＿＿＿＿＿＿.

3. $\lim\limits_{x \to \infty} \cos \dfrac{1}{x} = $ ＿＿＿＿＿＿＿＿＿＿.

4.若 $\lim\limits_{x \to x_0} f(x) = A$,则 $\lim\limits_{x \to x_0} |f(x)| = |A|$,这个结论正确吗?　＿＿＿＿＿＿＿＿＿＿.

5.若 $\lim\limits_{x \to x_0} f(x) = A$,且 $A>0$,则 $f(x)$ 在 x_0 的某个邻域内有 $f(x)>0$,这个结论正确吗?

＿＿＿＿＿＿＿＿＿.

三、解答题

1. 根据函数极限的定义证明 $\lim\limits_{x \to 2}(5x+2)=12$.

2. 根据函数极限的定义证明 $\lim\limits_{x \to \infty}\dfrac{1-x^2}{1+x^2}=-1$.

3. 设 $f(x)=\begin{cases} 2x-1, & x \leqslant 1 \\ \dfrac{x^2-1}{x-1}, & x > 1 \end{cases}$，证明当 $x \to 1$ 时 $f(x)$ 的极限不存在.

4. 设 $f(x)=\begin{cases} x+1, & x \leqslant 0 \\ ax+b, & x > 0 \end{cases}$，问：$a$、$b$ 分别取何值时，$\lim\limits_{x \to 0}f(x)$ 存在？

◆◆ 2.4 无穷小量与无穷大量 ◆◆

2.4.1 基本要求

1. 理解无穷小与无穷大的概念及其相互关系，并会判断无穷小与无穷大.

2. 掌握无穷小的性质，并会用来求极限.

3. 理解无穷小与其有极限的函数的关系.

2.4.2 知识要点

1. 无穷小量与无穷大量的介绍如表 2.4.1 所示.

表 2.4.1　无穷小量与无穷大量

名称	定义	性质	说明
无穷小量	当 $x \to x_0$（或 $x \to \infty$）时函数 $f(x)$ 的极限为零，则函数 $f(x)$ 称为 $x \to x_0$（或 $x \to \infty$）时的无穷小量（简称无穷小），记为 $\lim\limits_{x \to x_0}f(x)=0$，或 $\lim\limits_{x \to \infty}f(x)=0$	性质1：两个无穷小量的和、差、积仍为无穷小量. 性质2：无穷小量与有界变量之积仍为无穷小量. 性质3：非零无穷小的倒数是无穷大，无穷大的倒数是无穷小	在定义中，当 $x \to x_0^{\pm}$（或 $x \to \pm\infty$）时都适用. 讲一个函数是无穷小量，必须指出自变量的变化趋势
无穷大量	当 $x \to x_0$（或 $x \to \infty$）时函数 $f(x)$ 的绝对值 $|f(x)|$ 无限增大，则称函数 $f(x)$ 为当 $x \to x_0$（或 $x \to \infty$）时的无穷大量（简称无穷大），记为 $\lim\limits_{x \to x_0}f(x)=\infty$，或 $\lim\limits_{x \to \infty}f(x)=\infty$	无穷大必定无界，而无界未必是无穷大	在定义中，当 $x \to x_0^{\pm}$ 或 $x \to \pm\infty$ 时都适用. 讲一个函数是无穷大量，必须指出自变量的变化趋势

续表

名称	定义	性质	说明
无穷大与无穷小的关系	在同一自变量的变化过程中：若 $f(x)$ 为无穷大，则 $\frac{1}{f(x)}$ 为无穷小；若 $f(x)$ 为无穷小，且 $f(x)\neq 0$，则 $\frac{1}{f(x)}$ 为无穷大		关于无穷大的问题可转化为无穷小来解决
极限与无穷小的关系	在自变量的某个变化过程中，函数有极限的充分必要条件是函数可写成常数与无穷小量的和，即 $$\lim_{x\to a}f(x)=A\Leftrightarrow f(x)=A+\alpha(x)，其中\lim_{x\to a}\alpha(x)=0$$ （α 可以是有限数，也可以是 ∞）		

2.4.3　答疑解惑

1.无穷小是绝对值很小的数吗？无穷大是绝对值很大的数吗？

答：无穷小量是在自变量的某个变化过程中以零为极限的变量．而任何非零常数，不论其绝对值如何小，都不是无穷小量，因为非零常数的极限是其本身，并不是零，所以无穷小不是绝对值很小的数！值得注意的是，零是唯一的无穷小常数．无穷大量是指绝对值可以无限增大的变量，是描述在自变量 x 的某个变化过程中，相应的函数值的一种变化趋势，绝不能与一个绝对值很大的常数混为一谈．

2.无限个无穷小量之和一定是无穷小量吗？

答：无限个无穷小量之和不一定是无穷小量．例如，当 $n\to\infty$ 时，$\frac{1}{n}+\frac{1}{n}+\cdots+\frac{1}{n}$ 是无穷多个无穷小量之和，对其求极限，得

$$\lim_{n\to\infty}\left(\frac{1}{n}+\frac{1}{n}+\cdots+\frac{1}{n}\right)=\lim_{n\to\infty}\frac{1+1+\cdots+1}{n}=\lim_{n\to\infty}\frac{n}{n}=1\neq 0$$

所以，无限个无穷小量之和不一定是无穷小量．

3.两个无穷大量之和是否是无穷大量？

答：不一定．例如，$f(x)=\cos x+4x$，$g(x)=-4x$，$\lim\limits_{x\to+\infty}f(x)=+\infty$，$\lim\limits_{x\to+\infty}g(x)=-\infty$，它们都是无穷大量，但是，这两个无穷大量之和的极限为

$$\lim_{x\to+\infty}[f(x)+g(x)]=\lim_{x\to+\infty}\cos x，不存在.$$

注意：根据上两题的解答，我们知道了不能把有限数的一些运算规则随便搬到无穷小与无穷大的运算中．

4.无穷大量与无界函数有什么区别和关系？

答：无穷大量是指在自变量的某个变化过程中，对应函数值的绝对值无限增大，即对于无论多么大的正数 M，当自变量 x 变化到某一程度（比如 $|x|>X>0$）以后，对应的 x 都要满足 $|f(x)|>M$．而无界函数是以否定有界函数来定义的，它是反映自变量在某一范围时，相应函数值的一种性态，只要求自变量在此范围内有一个 x_M 满足 $|f(x_M)|>M$ 即可．无穷大与无界函数的关系是：无穷大必为无界，而无界未必是无穷大．若 $f(x)$ 是 $x\to x_0$ 时的无穷大，则 $f(x)$

在点 x_0 附近一定无界；反之，则不一定成立．例如，$y=x\cos x$ 在 $(-\infty,+\infty)$ 内是无界的，但是对于 $y=x\cos x$，当 $x\to+\infty$ 时其不是无穷大．

2.4.4　典型例题分析

题型 1　判断函数是否是无穷小或无穷大

【**例 2-4-1**】　直观判断，下列各变量在给定的变化过程中哪些是无穷小？哪些是无穷大？

(1)当 $x\to\dfrac{\pi}{2}$ 时，$y=\tan x$；

(2)当 $x\to 0^+$ 时，$y=\ln x$；

(3)当 $x\to 0$ 时，$y=2^{-x}-1$；

(4)当 $x\to 0$，$x\to-1$ 时，$y=\dfrac{x^2-1}{x^2(x-1)}$．

分析：这种类型的题一般根据无穷小量或无穷大量的定义（需要判断在给定的变化过程中，变量的极限是 0 还是 ∞），或再结合它们的倒数关系来判断．

解

(1)根据函数 $y=\tan x$ 的图像可知，当 $x\to\dfrac{\pi}{2}$ 时，$\lim\limits_{x\to\frac{\pi}{2}}\tan x=\infty$，所以 $y=\tan x$ 是 $x\to\dfrac{\pi}{2}$ 时的无穷大．

(2)根据对数函数 $y=\ln x$ 的图像可知，当 $x\to 0^+$ 时，$\lim\limits_{x\to 0^+}\ln x=-\infty$，所以 $y=\ln x$ 是 $x\to 0^+$ 时的负无穷大．

(3)根据指数函数 $y=2^{-x}=\left(\dfrac{1}{2}\right)^x$ 的图像可知，当 $x\to 0$ 时 $\lim\limits_{x\to 0}(2^{-x}-1)=0$，所以 $y=2^{-x}-1$ 是 $x\to 0$ 时的无穷小．

(4)当 $x\to 0$ 时，该函数的倒数 $\dfrac{1}{y}=\dfrac{x^2(x-1)}{x^2-1}\to\dfrac{0}{-1}=0$，所以 $y=\dfrac{x^2-1}{x^2(x-1)}$ 是 $x\to 0$ 时的无穷大；$x\to-1$，$y=\dfrac{x^2-1}{x^2(x-1)}\to\dfrac{0}{-2}=0$，所以 $y=\dfrac{x^2-1}{x^2(x-1)}$ 是 $x\to 0$ 时的无穷小．

题型 2　利用无穷小量的性质求极限

【**例 2-4-2**】　求下列函数的极限：

(1)$\lim\limits_{x\to\infty}\dfrac{1}{x}\sin 3x$；

(2)$\lim\limits_{x\to 0}(x+x^4)\cos\dfrac{1}{x}$．

分析：一般来说，先判断极限的类型，出现无穷小量与有界变量之乘积时即可用无穷小量的性质求极限．

解　(1)当 $x\to\infty$ 时，$\dfrac{1}{x}\to 0$，$\sin 3x$ 的极限不存在，但 $|\sin 3x|\leqslant 1$，即函数 $\sin 3x$ 有界，所以，根据无穷小的性质：无穷小量与有界变量的乘积是无穷小量，有

$$\lim_{x\to 0}\frac{1}{x}\sin 3x=0$$

【**评注**】　$\lim\limits_{x\to 0}\dfrac{1}{x}\sin 3x\neq\lim\limits_{x\to 0}\dfrac{1}{x}\lim\limits_{x\to 0}\sin 3x=0$

(2)当 $x\to 0$ 时，$x+x^4\to 0$，又因为 $\cos\dfrac{1}{x}$ 没有极限，但 $\left|\cos\dfrac{1}{x}\right|\leqslant 1$，即当 $x\to 0$ 时，$\cos\dfrac{1}{x}$ 是有界量，故根据无穷小的性质：无穷小量与有界变量的乘积是无穷小量，有

$$\lim_{x\to 0}(x+x^4)\cos\frac{1}{x}=0$$

2.4.5　同步练习

一、选择题

1.下列结论中正确的是(　　).

A.无穷小量是很小的正数　　　　　　　B.无穷小量是零

C.零是无穷小量　　　　　　　　　　　D.无限变小的变量称为无穷小量

2.下列说法中错误的是(　　).

A.有限个无穷小的和是无穷小　　　　　B.$-0.000\,000\,1$ 可以看作无穷小量

C.无穷小量是以 0 为极限的变量　　　　D.函数 $f(x)=0$ 是无穷小量

3.当 $x\to0$ 时,下列函数为无穷小量的是(　　).

A.$\dfrac{1}{x}$　　　　　B.$\sqrt{1-x}$　　　　　C.$1-\cos x$　　　　　D.$x-1$

4.下列结论中正确的是(　　).

A.无界变量一定是无穷大量

B.无穷小量的倒数是无穷大量

C.无穷小量具有的性质无穷大量也一定具有

D.无穷大量的倒数是无穷小量

5.$\lim\limits_{x\to x_0}f(x)=K$,$f(x)-K=\alpha(x)$,则当 $x\to x_0$ 时,$\alpha(x)$ 是(　　).

A.常量　　　　　　B.无穷小量　　　　　　C.无穷大量　　　　　　D.以上都不对

二、填空题

1.从函数图形判断极限 $\lim\limits_{x\to0^+}\ln x$ 是＿＿＿＿＿＿＿＿＿＿.(无穷小还是无穷大)

2.对于函数 $f(x)=\dfrac{1}{\sqrt{1-x}}$,当 $x\to-\infty$ 时其为＿＿＿＿＿＿＿＿＿.(无穷小还是无穷大)

3.$\lim\limits_{x\to0}x^4\sin\dfrac{1}{x}=$＿＿＿＿＿＿＿＿＿.

4.$\lim\limits_{x\to\infty}\dfrac{\arctan x}{x}=$＿＿＿＿＿＿＿＿＿.

5.当 $x\to2$ 时,$y=\dfrac{x-2}{x^2+3x}$ 为＿＿＿＿＿,那么当 $x\to2$ 时,$\dfrac{1}{y}=\dfrac{x^2+3x}{x-2}$ 为＿＿＿＿＿.

三、解答题

1.求极限 $\lim\limits_{x\to\infty}\dfrac{1}{x+3}(\sin 2x+\cos 2x)$.

2.求极限 $\lim\limits_{x\to0}\dfrac{x^2}{x+1}\left(2+\sin\dfrac{1}{x}\right)$.

3.函数 $y=\dfrac{\sin 3x}{(x-2)^2}$ 在怎样的变化过程中是无穷大量? 在怎样的变化过程中是无穷小量?

4.求极限 $\lim\limits_{n\to\infty}\dfrac{1}{2^n}\cos n!$.

5.已知 $f(x)=\dfrac{x^2}{x+1}-ax-b$,当 $x\to\infty$ 时为无穷小量,求参数 a,b 的值.

◆ 2.5　函数极限的运算法则 ◆

2.5.1　基本要求

1.熟练掌握函数极限的四则运算法则,并会用这些法则求极限.

2.熟练掌握根据极限运算法则求极限的常用方法:对函数作恒等变形或化简法(如分解因式、约分和通分、分子分母有理化、三角函数变换等)、同除法等.

3.掌握复合函数极限的求法.

2.5.2　知识要点

1.函数极限四则运算法则的条件及结论如表 2.5.1 所示.

表 2.5.1　函数极限四则运算法则的条件及结论

类型	条件	结论
极限四则运算	如果 $\lim\limits_{x \to x_0} f(x) = A$，$\lim\limits_{x \to x_0} g(x) = B$	则有： (1) $\lim\limits_{x \to x_0}[f(x) \pm g(x)] = \lim\limits_{x \to x_0} f(x) \pm \lim\limits_{x \to x_0} g(x) = A \pm B$. (2) $\lim\limits_{x \to x_0}[f(x) \cdot g(x)] = \lim\limits_{x \to x_0} f(x) \lim\limits_{x \to x_0} g(x) = A \cdot B$. (3) 当 $B \neq 0$ 时，$\lim\limits_{x \to x_0} \dfrac{f(x)}{g(x)} = \dfrac{\lim\limits_{x \to x_0} f(x)}{\lim\limits_{x \to x_0} g(x)} = \dfrac{A}{B}$
复合函数极限运算	设 $y = f(u)$ 在 $\mathring{U}(u_0)$ 上有定义，$u = g(x)$ 在 $\mathring{U}(x_0)$ 上有定义，且值域 $R(g) \subset \mathring{U}(u_0)$，并且满足 $\lim\limits_{x \to x_0} g(x) = u_0$，$\lim\limits_{u \to u_0} f(u) = A$	则有 $\lim\limits_{x \to x_0} f[g(x)] = A = f\left[\lim\limits_{x \to x_0} g(x)\right]$

2.5.3　答疑解惑

1.如何求解两个(任意有限个)函数的加、减、乘、除的极限?

答:如果满足极限四则运算法则的条件,则可直接利用极限的四则运算法则求解.

2.如何计算形如 $\lim\limits_{x \to a} \dfrac{f(x)}{g(x)}$,但不符合除法法则的极限?

答:根据分子、分母的变化趋势$\left(\text{即先判断} \dfrac{f(x) \to}{g(x) \to}\right)$来确定极限的求法,具体如下:

(1)若 $\dfrac{f(x) \to \text{非零常数}}{g(x) \to 0}$ $\left(\text{呈} \dfrac{a}{0} \text{型}\right)$,则 $\lim\limits_{x \to x_0} \dfrac{f(x)}{g(x)} = \infty$.

(2)若 $\dfrac{f(x) \to \infty}{g(x) \to \infty}$ $\left(\text{呈} \dfrac{\infty}{\infty} \text{型}\right)$,用同除法(分子与分母同除以最高阶的无穷大).

(3)若 $\dfrac{f(x)\to 0}{g(x)\to 0}$ （呈 $\dfrac{0}{0}$ 型）,可采用因式分解、有理化、恒等变形、变量代换等消去无穷小因子再求极限.

3. 如何计算形如 $\infty-\infty$ 的极限?

答:根据所求极限的函数表达式形式,等价变形转换:

(1)根式相减的形式,一般情况下分子有理化,转化为 $\dfrac{\infty}{\infty}$ 型.

(2)分式相减的形式,一般情况下通分,转化为 $\dfrac{0}{0}$ 型.

4. 如何计算复合函数（包括乘方和开方的形式）的极限?

答:首先确定好在自变量的指定变化过程中,内层函数和外层函数的变化趋势,然后在有意义的情况下,把极限运算移到内层函数去施行.例如:

（$\lim\limits_{x\to a}v(x)$ 存在时）$\lim\limits_{x\to a}e^{v(x)}=e^{\lim\limits_{x\to a}v(x)}$

（$\lim\limits_{x\to a}v(x)$ 存在且是正数时）$\lim\limits_{x\to a}\ln v(x)=\ln\left[\lim\limits_{x\to a}v(x)\right]$

2.5.4　典型例题分析

题型 1　利用极限的四则运算法则求极限

【例 2-5-1】 求下列极限:

(1) $\lim\limits_{x\to 2}(3x^2-6x+5)$;　　　　(2) $\lim\limits_{x\to 1}\dfrac{2x^2-1}{3x^3-6x^2+5}$.

分析:对于多个函数的加、减、乘、除的极限问题,先考察每个函数的极限,对于符合四则运算法则条件的,直接利用法则来确定极限.

解 (1)本题符合极限加、减法的运算法则,直接求极限,有

原式 $=\lim\limits_{x\to 2}3x^2-\lim\limits_{x\to 2}6x+\lim\limits_{x\to 2}5=3\times 2^2-6\times 2+5=5.$

(2)本题符合极限商的运算法则,直接求极限,有

原式 $=\dfrac{\lim\limits_{x\to 1}(2x^2-1)}{\lim\limits_{x\to 1}(3x^3-6x^2+5)}=\dfrac{2\times 1-1}{3\times 1-6\times 1+5}=\dfrac{1}{2}.$

题型 2　对于未定式极限的求法

【例 2-5-2】 求下列极限:

(1) $\lim\limits_{x\to 1}\dfrac{x^2-1}{x^2-4x+3}$;　　　　(2) $\lim\limits_{x\to 16}\dfrac{\sqrt[4]{x}-2}{\sqrt{x}-4}$;

(3) $\lim\limits_{x\to\infty}\dfrac{5x^3+3x^2-6x+1}{9x^3-6x^2+2x-3}$;　　(4) $\lim\limits_{x\to\infty}(\sqrt{x^4+1}-x^2)$.

分析:在求极限时,经常会碰到各种障碍使四则运算法则不能直接应用.例如 $\dfrac{0}{0}$、$\dfrac{\infty}{\infty}$、$\infty-\infty$ 等未定型的极限问题,此时要对函数作恒等变换或化简,以使四则运算法则能顺利地运用,其中它的基本形式为: $\dfrac{0}{0}$ 型与 $\dfrac{\infty}{\infty}$ 型未定式.对于 $\dfrac{0}{0}$ 型,通常可通过施行因式分解、分子或分

母有理化、三角恒等变换等手段设法消去分母的无穷小因子，从而消除障碍；对于 $\dfrac{\infty}{\infty}$ 型，通常用同除法：分子、分母同除以它们的代数和中的最高阶无穷大因子等；对于 $\infty - \infty$ 型的未定式，一般可经通分、有理化方法或作倒代换等化归为 $\dfrac{0}{0}$ 型或 $\dfrac{\infty}{\infty}$ 型基本未定式，再由上述方法具体确定极限.

解 （1）该极限属于 $\dfrac{0}{0}$ 型未定式，先因式分解使以 0 为极限的公因子 $(x-1)$ 显露出来，消去分母的无穷小因子后，再求极限，有

$$\text{原式} = \lim_{x \to 1} \frac{(x+1)(x-1)}{(x-3)(x-1)} = \lim_{x \to 1} \frac{x+1}{x-3} = \frac{2}{-2} = -1$$

（2）该极限属于 $\dfrac{0}{0}$ 型未定式，先分子、分母都有理化，消去分母的无穷小因子 $(x-16)$，再确定极限，有

$$\text{原式} = \lim_{x \to 16} \frac{(\sqrt[4]{x}-2)(\sqrt[4]{x}+2)(\sqrt{x}+4)}{(\sqrt{x}-4)(\sqrt{x}+4)(\sqrt[4]{x}+2)} = \lim_{x \to 16} \frac{(\sqrt{x}-4)(\sqrt{x}+4)}{(x-16)(\sqrt[4]{x}+2)}$$

$$= \lim_{x \to 16} \frac{x-16}{(x-16)(\sqrt[4]{x}+2)} = \lim_{x \to 16} \frac{1}{\sqrt[4]{x}+2} = \frac{1}{4}$$

（3）该未定式属于 $\dfrac{\infty}{\infty}$ 型，先用同除法，分子、分母同除 x 的最高次幂，再确定极限，有

$$\text{原式} = \lim_{x \to \infty} \frac{5 + \dfrac{3}{x} - \dfrac{6}{x^2} + \dfrac{1}{x^3}}{9 - \dfrac{6}{x} + \dfrac{2}{x^2} - \dfrac{3}{x^3}} = \frac{\lim_{x \to \infty}\left(5 + \dfrac{3}{x} - \dfrac{6}{x^2} + \dfrac{1}{x^3}\right)}{\lim_{x \to \infty}\left(9 - \dfrac{6}{x} + \dfrac{2}{x^2} - \dfrac{3}{x^3}\right)} = \frac{5+0-0+0}{9-0+0-0} = \frac{5}{9}$$

（4）该未定式属于 $\infty - \infty$ 型，分子有理化，再确定极限，有

$$\text{原式} = \lim_{x \to \infty} \frac{(\sqrt{x^4+1}-x^2)(\sqrt{x^4+1}+x^2)}{\sqrt{x^4+1}+x^2} = \lim_{x \to \infty} \frac{1}{\sqrt{x^4+1}+x^2} = 0$$

题型 3　求复合函数的极限

【例 2-5-3】　求 $\lim\limits_{x \to \infty} e^{-\frac{1}{x^2}}$

分析：本题属于复合函数的极限，内、外层函数极限都存在，将极限运算放到内层函数去施行.

解　原式 $= e^{\lim\limits_{x \to \infty} -\frac{1}{x^2}} = e^0 = 1.$

2.5.5　同步练习

一、选择题

1. $\lim\limits_{x \to 1}\left(x^5 - 5x + 2 + \dfrac{1}{x}\right) = ($ 　　$).$

A. 1　　　　　　　　B. $\dfrac{2}{3}$　　　　　　　　C. -1　　　　　　　　D. 不存在

2. $\lim\limits_{x \to \frac{\pi}{2}} \ln \sin x = ($ 　　$).$

A. 0　　　　　　　　B. 2　　　　　　　　C. -1　　　　　　　　D. 不存在

3. 当 $x \to \infty$ 时，$y = \dfrac{4x^2-3}{2x^3+3x^2}$ 的极限为（　　）.

A. 0　　　　　　　B. ∞　　　　　　　C. 1　　　　　　　D. 2

4. $\lim\limits_{x \to 1} \dfrac{x^2-1}{2x^2-x-1} = （　　）$.

A. 1　　　　　　　B. 2　　　　　　　C. $\dfrac{1}{2}$　　　　　　　D. $\dfrac{2}{3}$

5. $\lim\limits_{x \to \infty} \dfrac{x^3-1}{2x^2+x-3} = （　　）$.

A. 0　　　　　　　B. $\dfrac{3}{2}$　　　　　　　C. -1　　　　　　　D. 不存在

二、填空题

1. $\lim\limits_{x \to 0}(2x+\ln 2+3^x-\sin x) = $ _____ .

2. $\lim\limits_{x \to 0} \dfrac{\sqrt{x+4}-2}{x} = $ _____ .

3. $\lim\limits_{x \to \infty} \dfrac{2x^2+1}{2x^3-x+1} = $ _____ .

4. $\lim\limits_{x \to 2}\left(\dfrac{1}{x-2}-\dfrac{4}{x^2-4}\right) = $ _____ .

5. 已知 $\lim\limits_{x \to a} f(x) = A$，则 $\lim\limits_{x \to a}(x-a)f(x) = $ _____ .

三、解答题

1. 求极限 $\lim\limits_{x \to 1} \dfrac{x^3-2x+1}{x^3-1}$.

2. 求极限 $\lim\limits_{x \to 1}\left(\dfrac{1}{1-x}-\dfrac{3}{1-x^3}\right)$.

3. 求极限 $\lim\limits_{x \to \infty}(\sqrt{x^2+1}-\sqrt{x^2-1})$.

4. 已知 $\lim\limits_{x \to -2} \dfrac{x^2-x+k}{x+2} = -5$，求 k 的值.

5. 设 $\lim\limits_{x \to x_0} f(x) = A$，$\lim\limits_{x \to x_0} g(x) = B$，证明 $\lim\limits_{x \to x_0}[f(x) \pm g(x)] = A \pm B$.

◆ 2.6　两个重要极限 ◆

2.6.1　基本要求

1. 熟练掌握两个重要极限公式，应用它们求对应的函数极限.

2. 会用夹逼定理求极限.

2.6.2　知识要点

两个重要极限及其推论如表 2.6.1 所示.

表 2.6.1　两个重要极限及其推论

类型	推论	应用条件
第一个 重要极限公式为 $\lim\limits_{x \to 0} \dfrac{\sin x}{x} = 1$	当 $x \to a$ 时, $\varphi(x) \to 0$, 则有 $\lim\limits_{x \to a} \dfrac{\sin \varphi(x)}{\varphi(x)} = 1$	一般含有三角函数的 $\dfrac{0}{0}$ 型未定式可以考虑利用第一个重要极限公式或推广形来求极限
第二个 重要极限公式为 $\lim\limits_{x \to \infty} \left(1 + \dfrac{1}{x}\right)^x = \mathrm{e}$	当 $x \to a$ 时, $\varphi(x) \to \infty$, 则有 $\lim\limits_{x \to a}\left[1 + \dfrac{1}{\varphi(x)}\right]^{\varphi(x)} = \mathrm{e}$; 当 $x \to a$ 时, $\varphi(x) \to 0$, 则有 $\lim\limits_{x \to a}[1 + \varphi(x)]^{\frac{1}{\varphi(x)}} = \mathrm{e}$	一般 1^{∞} 型未定式可以考虑利用第二个重要极限公式或推广形来求极限

2.6.3　答疑解惑

1.第一个重要极限的特征是什么?

答:(1) $\dfrac{0}{0}$ 型.

(2)无穷小的正弦与自身的比,即 $\dfrac{\sin \square}{\square}$,分母、分子方框中的变量形式相同,且都是无穷小.

2.在哪些情况下应用第一个重要极限公式?如何正确使用第一个重要极限公式?

答:一般含有三角函数的 $\dfrac{0}{0}$ 型未定式时,可以考虑利用第一个重要极限公式或推广形来求极限;在应用过程中要注意通过等价变形使得分母的表达式和 sin 后面的表达式形同,并且是 $\dfrac{0}{0}$ 型.

3.第二个重要极限的特征是什么?

答:(1) 1^{∞} 型.

(2)(1+无穷小)^{无穷大},即 $(1+\square)^{\frac{1}{\square}}$,底部与指数方框中的变量形式相同,且都是无穷小.

4.在哪些情况下使用第二个重要极限公式?如何正确使用第二个重要极限公式?

答:为 1^{∞} 型未定式时,可以考虑利用第二个重要极限公式或推论求极限,在应用过程中将底部分离出"1+ 无穷小"的形式,指数部分等价变形为该无穷小的倒数.本质上是 1^{∞} 型.

2.6.4　典型例题分析

题型 1　利用两个重要极限求函数的极限

【例 2-6-1】　求下列极限:

(1) $\lim\limits_{x \to 0} \dfrac{\sin mx}{\sin nx}$;　　　　　　　　(2) $\lim\limits_{x \to \infty}(x-1)\sin \dfrac{1}{x-1}$.

分析:第一个重要极限的特点是 $\dfrac{0}{0}$ 型三角函数式 $\lim\limits_{x \to a} \dfrac{\sin \varphi(x)}{\varphi(x)}$ 的极限,通常需要利用三角

公式变形,将所求极限向 $\lim\limits_{x \to a} \dfrac{\sin \varphi(x)}{\varphi(x)}$ 的形式转换.

解 (1)本题是 $\dfrac{0}{0}$ 型未定式,且含有三角函数,可以应用第一个重要极限求极限,有

$$原式 = \lim\limits_{x \to 0} \frac{m \cdot \dfrac{\sin mx}{mx}}{n \cdot \dfrac{\sin nx}{nx}} = \frac{m}{n} \frac{\lim\limits_{x \to 0} \dfrac{\sin mx}{mx}}{\lim\limits_{x \to 0} \dfrac{\sin nx}{nx}} = \frac{m}{n} \frac{1}{1} = \frac{m}{n}$$

(2)本题是 $\infty \cdot 0$ 型未定式,且含有三角函数,也可以转化为第一个重要极限的推论求极限.

$$原式 = \lim\limits_{x \to \infty} \frac{\sin \dfrac{1}{x-1}}{\dfrac{1}{x-1}} = 1$$

【例 2-6-2】 求下列极限:

(1) $\lim\limits_{x \to \frac{\pi}{2}} (1 + \cos x)^{3 \sec x}$;

(2) $\lim\limits_{x \to \infty} \left(\dfrac{x^2+1}{x^2} \right)^{x^2+1}$

分析:一般为 1^{∞} 型未定式时,可以考虑利用第二个重要极限或推论求极限,在应用过程中将底数表示成"1+无穷小"的形式,并将指数部分变成与底数中的"无穷小"互为倒数,再具体确定极限.

解 (1)本题属于 1^{∞} 型未定式,可以考虑利用第二个重要极限推论求极限,有

$$原式 = \lim\limits_{x \to \frac{\pi}{2}} (1 + \cos x)^{\frac{3}{\cos x}} = \lim\limits_{x \to \frac{\pi}{2}} \left[(1 + \cos x)^{\frac{1}{\cos x}} \right]^3 = \left[\lim\limits_{x \to \frac{\pi}{2}} (1 + \cos x)^{\frac{1}{\cos x}} \right]^3 = e^3$$

(2)用第二个重要极限的推论求极限,有

$$原式 = \lim\limits_{x \to \infty} \left[\left(1 + \frac{1}{x^2} \right)^{x^2} \left(1 + \frac{1}{x^2} \right) \right] = \lim\limits_{x \to \infty} \left(1 + \frac{1}{x^2} \right)^{x^2} \lim\limits_{x \to \infty} \left(1 + \frac{1}{x^2} \right) = e \cdot 1 = e$$

题型 2 确定极限中的参数

【例 2-6-3】 已知 $\lim\limits_{x \to 1} x^{\frac{1}{ax-a}} = e^3$,求 α 的值.

分析:已知极限的值,确定函数中的待求参数是一种常见的问题,一般结合题意,算出极限表达式(结果中含有参数),然后解方程求得参数.

解 $\lim\limits_{x \to 1} x^{\frac{1}{ax-a}} = \lim\limits_{x \to 1} [1 + (x-1)]^{\frac{1}{a(x-1)}} = \lim\limits_{x \to 1} \left\{ [1 + (x-1)]^{\frac{1}{(x-1)}} \right\}^{\frac{1}{a}} = e^{\frac{1}{a}}$,

又因为 $\lim\limits_{x \to 1} (x)^{\frac{1}{ax-a}} = e^3$,即 $e^{\frac{1}{a}} = e^3$,所以 $\alpha = \dfrac{1}{3}$.

2.6.5 同步练习

一、选择题

1. $\lim\limits_{x \to 0} \left(\dfrac{\sin x}{2x} + x \right)$ 等于( ).

A. 1   B. 0   C. 2   D. $\dfrac{1}{2}$

2. $\lim\limits_{x \to 0}(1+x)^{\frac{1}{x}}$ 等于（　　）.

A. e　　　　　　　　B. 不存在　　　　　　C. $\dfrac{1}{e}$　　　　　　　D. 2e

3. $\lim\limits_{x \to 0}\dfrac{\sin x^2}{x} = $（　　）.

A. 0　　　　　　　　B. 1　　　　　　　　C. 2　　　　　　　　D. 3

4. $\lim\limits_{x \to +\infty}\left(\dfrac{x+1}{x-1}\right)^x = $（　　）.

A. e　　　　　　　　B. 0　　　　　　　　C. e^2　　　　　　　D. 1

5. $\lim\limits_{h \to 0}\dfrac{\sin 2x}{x} = $（　　）.

A. 0　　　　　　　　B. 1　　　　　　　　C. 2　　　　　　　D. $\dfrac{\sin 2x}{x}$

二、填空题

1. $\lim\limits_{x \to \infty}\left(1+\dfrac{1}{2x}\right)^{2x} = $ _____.

2. $\lim\limits_{x \to \infty}x\sin\dfrac{1}{x} = $ _____.

3. 若 $\lim\limits_{x \to 0}\dfrac{\sin 3x}{kx} = 1$，则 $k = $ _____.

4. 若 $\lim\limits_{x \to \infty}\left(1+\dfrac{m}{x}\right)^x = e^{10}$，则 $m = $ _____.

5. $\lim\limits_{x \to \infty}\left(x\sin\dfrac{1}{x}+\dfrac{1}{x}\sin x\right) = $ _____.

三、解答题

1. 求 $\lim\limits_{x \to 0}\dfrac{x-\sin x}{x+\sin x}$.

2. 求 $\lim\limits_{x \to 0}\dfrac{1-\cos 2x}{x\sin x}$.

3. 求 $\lim\limits_{x \to 1}(1+\ln x)^{\frac{3}{\ln x}}$.

4. 证明：$\lim\limits_{x \to 0}\left[\lim\limits_{n \to \infty}\left(\cos x\cos\dfrac{x}{2}\cos\dfrac{x}{2^2}\cdots\cos\dfrac{x}{2^n}\right)\right] = 1$.

◆ 2.7　无穷小量的比较 ◆

2.7.1　基本要求

1. 理解并掌握无穷小量的比较方法.

2. 熟记常用的等价无穷小.

3. 熟练掌握用等价无穷小替换求极限.

2.7.2 知识要点

1. 无穷小量阶的比较如表 2.7.1 所示.

表 2.7.1 无穷小量阶的比较

名称	定义
高阶无穷小	设 $f(x)$、$g(x)$ 是在同一个极限过程中的无穷小，$g(x) \neq 0$，若有极限 $\lim\limits_{x \to a} \dfrac{f(x)}{g(x)} = 0$，则称 $f(x)$ 是比 $g(x)$ 高阶的无穷小，记作 $f(x) = o(g(x))$（读作"小欧"）
低阶无穷小	设 $f(x)$、$g(x)$ 是在同一个极限过程中的无穷小，$g(x) \neq 0$，若有极限 $\lim\limits_{x \to a} \dfrac{f(x)}{g(x)} = \infty$，则称 $f(x)$ 是比 $g(x)$ 低阶的无穷小
同阶无穷小	设 $f(x)$、$g(x)$ 是在同一个极限过程中的无穷小，$g(x) \neq 0$，若有极限 $\lim\limits_{x \to a} \dfrac{f(x)}{g(x)} = C \neq 0$，则称 $f(x)$ 与 $g(x)$ 是同阶的无穷小
等价无穷小	设 $f(x)$、$g(x)$ 是在同一个极限过程中的无穷小，$g(x) \neq 0$，若有极限 $\lim\limits_{x \to a} \dfrac{f(x)}{g(x)} = 1$，则称 $f(x)$ 与 $g(x)$ 是等价的无穷小，记作 $f(x) \sim g(x)\,(x \to a)$

2. 无穷小的等价替换如表 2.7.2 所示.

表 2.7.2 无穷小的等价替换

名称	定义
定理	当 $x \to a$ 时，$f(x) \sim f_1(x)$，$g(x) \sim g_1(x)$ 且 $\lim\limits_{x \to a} \dfrac{f_1(x)}{g_1(x)}$ 存在，则有 $\lim\limits_{x \to a} \dfrac{f(x)}{g(x)} = \lim\limits_{x \to a} \dfrac{f_1(x)}{g_1(x)}$；$\lim\limits_{x \to a} \dfrac{f(x)}{g(x)} = \lim\limits_{x \to a} \dfrac{f_1(x)}{g(x)} = \lim\limits_{x \to a} \dfrac{f(x)}{g_1(x)}$
推论	当 $x \to a$ 时，$f(x) \sim f_1(x)$，$g(x) \sim g_1(x)$ 且 $\lim\limits_{x \to a}[f_1(x) \cdot g_1(x)]$ 存在，则有 $$\lim\limits_{x \to a}[f(x) \cdot g(x)] = \lim\limits_{x \to a}[f_1(x) \cdot g_1(x)]$$
常用等价替换公式	当 $\square \to 0$ 时 $\sin \square \sim \square$，$\tan \square \sim \square$，$\arcsin \square \sim \square$，$\arctan \square \sim \square$，$\ln(1+\square) \sim \square$，$e^{\square} - 1 \sim \square$，$1 - \cos \square \sim \dfrac{\square^2}{2}$，$a^{\square} - 1 \sim \square \ln a$，$\sqrt[n]{1+\square} - 1 \sim \dfrac{1}{n}\square$，$\square$ 代表相同表达式

2.7.3 答疑解惑

1. 如何比较两个无穷小趋向于零的快慢？

答：一般情况下，通过计算两个无穷小商的极限结果来比较无穷小的快慢（即引入阶的方式).必须注意的是,并不是任何两个无穷小都可以比较快慢,只有两个无穷小商的极限存在或为无穷大时,才可以进行比较.

2.什么是同阶无穷小?

答:如果两个无穷小量 $f(x)$、$g(x)$,在同一过程中,满足:

$$\lim_{x \to a}\frac{f(x)}{g(x)}=C \neq 0$$

则无穷小量 $f(x)$、$g(x)$ 称为同阶无穷小.例如,$\sin x$ 和 $3x$ 在 $x \to 0$ 时为同阶无穷小,因为

$$\lim_{x \to 0}\frac{\sin x}{3x}=\frac{1}{3}.$$

3.什么是等价无穷小?

答:如果两个无穷小量 $f(x)$、$g(x)$,在同一过程中,满足:

$$\lim_{x \to a}\frac{f(x)}{g(x)}=1$$

则无穷小量 $f(x)$、$g(x)$ 称为等价无穷小,记为 $(x) \sim g(x)$.

显然,等价无穷小必是同阶无穷小,但是同阶无穷小不一定是等价无穷小,因为非零常数 C 不一定是1.

4.使用无穷小等价替换求极限需要注意什么?

答:在求两个无穷小之比的极限时,可用等价无穷小来替换,有时须先将函数式恒等变换,再替换.但在用等价无穷小替换时,首先要确保替换的量是无穷小并且有对应的等价形式,一般在乘、除运算中可以使用等价替换,而在加、减法运算中不要随意使用无穷小的等价替换,否则可能会得到错误的答案,因为此时替换后,往往改变了无穷小之比的"阶"数.

2.7.4　典型例题分析

题型1　比较以下无穷小量的阶

【例2-7-1】 当 $x \to 0$ 时,将下列无穷小量与 x 进行比较:

(1)$f(x)=x+\tan x$;　　　　　　(2)$f(x)=x^2(x+1)$.

分析:(1)、(2)两个函数都是当 $x \to 0$ 时的无穷小,通过它们分别与 x 作商的运算并求极限,从而确定它们与 x 的阶.

解　(1)当 $x \to 0$ 时,$x+\tan x \to 0$,且

$$\lim_{x \to 0}\frac{x+\tan x}{x}=\lim_{x \to 0}\left(1+\frac{\tan x}{x}\right)=1+1=2$$

所以当 $x \to 0$ 时,$f(x)=x+\tan x$ 和 x 是同阶无穷小.

(2)当 $x \to 0$ 时,$x^2(x+1) \to 0$,且

$$\lim_{x \to 0}\frac{x^2(x+1)}{x}=\lim_{x \to 0}x(x+1)=0$$

所以当 $x \to 0$ 时,$x^2(x+1)$ 是比 x 高阶的无穷小.

题型2　无穷小的等价替换求极限

【例2-7-2】 求极限 $\lim_{x \to 0}\frac{1-\cos x}{\sin^2 3x}$.

分析:所求极限是无穷小的商运算,可以使用无穷小的等价替换.

解 因为当 $x \to 0$ 时, $1 - \cos x \sim \dfrac{1}{2}x^2$, $\sin 3x \sim 3x$, 所以

$$\lim_{x \to 0} \frac{1 - \cos x}{\sin^2 3x} = \lim_{x \to 0} \frac{\frac{1}{2}x^2}{(3x)^2} = \lim_{x \to 0} \frac{1}{18} = \frac{1}{18}$$

【例 2-7-3】 求极限 $\displaystyle\lim_{x \to 0} \frac{\sqrt{1+x} - 1 - \frac{1}{2}x}{x^2}$.

分析：无穷小的等价在乘除法中可以替换，在加减法中不能随意替换，若一开始就使用

$\sqrt{1+x} - 1 \sim \dfrac{1}{2}x$ $(x \to 0)$, 就会产生如下错误: $\displaystyle\lim_{x \to 0} \frac{\sqrt{1+x} - 1 - \frac{1}{2}x}{x^2} = \lim_{x \to 0} \frac{\frac{1}{2}x - \frac{1}{2}x}{x^3} = 0$. 实际

上, 此题正解如下：

$$\lim_{x \to 0} \frac{\sqrt{1+x} - 1 - \frac{1}{2}x}{x^2} = \lim_{x \to 0} \frac{(1+x) - \left(1 + \frac{1}{2}x\right)^2}{x^2 \left(\sqrt{1+x} + 1 + \frac{1}{2}x\right)} = \lim_{x \to 0} \frac{-\frac{1}{4}x^2}{x^2 \left(\sqrt{1+x} + 1 + \frac{1}{2}x\right)}$$

$$= -\frac{1}{8}$$

2.7.5 同步练习

一、选择题

1. 当 $x \to 0$ 时, $\sqrt[3]{1+x} - 1$ 的等价无穷小量为(   ).

A. $\dfrac{x^2}{3}$ B. $\dfrac{x}{2}$ C. $\dfrac{x^2}{2}$ D. $\dfrac{x}{3}$

2. 极限 $\displaystyle\lim_{x \to 0} \frac{e^{\sin x} - 1}{-3x} = ($ $)$.

A. 0 B. $-\dfrac{1}{3}$ C. ∞ D. 极限不存在

3. 极限 $\displaystyle\lim_{x \to 0} \frac{\ln(1+x^2)}{x \sin x} = ($ $)$.

A. -1 B. 不存在   C. 1 D. 0

4. 当 $x \to 0$ 时, $x \sin \dfrac{1}{x}$ 是(   ).

A. x 的高阶无穷小   B. x 的低阶无穷小

C. 与 x 同阶的无穷小   D. 无穷小, 但是其阶不确定

5. 当 $x \to 0$ 时, $\sqrt[3]{1+ax^2} - 1$ 与 $\cos x - 1$ 是等价无穷小, 则常数 a 的值是(   ).

A. $-\dfrac{1}{2}$ B. $-\dfrac{1}{3}$ C. 1 D. $-\dfrac{3}{2}$

二、填空题

1. $\lim\limits_{x\to 0}\dfrac{\sin(\sin x)}{\arctan 2x}=$ _____.

2. $\lim\limits_{x\to 0}\dfrac{\arcsin 2x}{3x}=$ _____.

3. $\lim\limits_{x\to 0}\left[\dfrac{\sin 2x}{x}+\dfrac{\sin(\sin 2x)}{4}+\dfrac{\sin(2\sin x)}{4x}\right]=$ _____.

4. $\lim\limits_{x\to\infty}\{2x[\ln(1+x)-\ln x]\}=$ _____.

5. 当 $x\to$ _____ 时，x^2-2x+1 是比 $x-1$ 更高阶的无穷小.

三、解答题

1. 求极限 $\lim\limits_{x\to a}\dfrac{a^a-x^a}{x-a}$.

2. 求 $\lim\limits_{x\to 0}\dfrac{1-\sqrt{\cos x}}{1-\cos\sqrt{x}}$.

3. 求 $\lim\limits_{n\to\infty}\left[n(\sqrt[n]{x}-1)\right]$.

4. 确定 a 和 b 的值，使得当 $x\to 0$ 时，$x^5-3x^3+4x^2\sim ax^b$.

◈ 本章总复习 ◈

一、重点

1. 建立极限概念与理解 $\varepsilon-N$ 方法、$\varepsilon-M$ 方法、$\varepsilon-\delta$ 方法

建立极限概念，首先给出直观性定义，然后用距离、绝对值等过渡到精确性定义，进一步抽象，并用数学化语言表达，就提炼出 $\varepsilon-N$ 定义、$\varepsilon-M$ 定义和 $\varepsilon-\delta$ 定义. 随着极限学习内容的深入和多次运用，从中模仿 $\varepsilon-N$ 方法、$\varepsilon-M$ 方法、$\varepsilon-\delta$ 方法，并学会准确表述，这样就能逐渐加深对极限概念和 $\varepsilon-N$ 方法、$\varepsilon-M$ 方法、$\varepsilon-\delta$ 方法的理解

2. 单侧极限和 $x\to\pm\infty$ 时的函数极限

以 $\varepsilon-\delta$ 定义和方法为基础，触类旁通，再去理解 $x\to x_0^{+(-)}$、$x\to\pm\infty$ 等形式，注意总结规律，比较异同.

3. 分段函数在分段点处极限的确定

对于分段函数在其分段点处的极限，一般要讨论左、右极限. 但如果分段点处左、右两侧所对应的函数表达式相同，多数情况下可不需讨论左、右极限，而直接讨论函数在该点处的极限.

4. 用极限的四则运算求极限

利用极限的四则运算法则确定极限是求极限过程中常用的方法，在使用极限的四则运算

时要注意检查是否满足前提条件(各项极限存在、分母极限不为零).

5.无穷小的概念与性质

无穷小是一个变量,"0"是作为无穷小的唯一常数.证明数列或函数是无穷小即证明其极限为0.

不要把算术中非零有限数的一些运算性质随意搬到无穷小的运算中,例如 $\frac{0}{0}$、$\frac{\infty}{\infty}$、$\infty-\infty$、$0\cdot\infty$、1^{∞}、0^{0}、∞^{0} 都是"未定式"的记号,它们不一定等于 1 或 0.

无穷小乘以有界量仍是无穷小,这一性质非常重要,是一种特殊类型的极限计算的唯一方法.

熟记常用的等价无穷小,利用无穷小的等价替换来计算极限是一种非常有效且简便的方法,在乘、除运算时可以使用等价替换;在加减运算时不要随意使用,否则可能会得到错误的答案.

6.两个重要极限

应用两个重要极限及其推论计算的关键是分清公式的特点及适用的场合.例如,第一个重要极限 $\lim\limits_{x\to 0}\dfrac{\sin x}{x}$ 的特点是"$\dfrac{0}{0}$"型,适用于求 $\dfrac{0}{0}$ 型且含有三角函数的形式 $\lim\limits_{\varphi(x)\to 0}\dfrac{\sin\varphi(x)}{\varphi(x)}$ 的极限,

第二个重要极限 $\lim\limits_{x\to\infty}\left(1+\dfrac{1}{x}\right)^{x}=e$ 的特点是 1^{∞} 型,适用于求 1^{∞} 型 $\lim\limits_{\varphi(x)\to\infty}\left[1+\dfrac{1}{\varphi(x)}\right]^{\varphi(x)}$、$\lim\limits_{\varphi(x)\to 0}\left[1+\varphi(x)\right]^{\frac{1}{\varphi(x)}}$ 的极限.

二、难点

1.函数(包括数列)极限的证明

用极限的 $\varepsilon-N$ 定义、$\varepsilon-M$ 定义和 $\varepsilon-\delta$ 定义分别去证明一个数列、函数的极限是常数 A 时,其中对于任意小的 $\varepsilon>0$,找到存在的充分大的:第 N 项、正数 M 和充分小的 δ,这一步是证明的难点,一般是根据结论 $|a_n-A|<\varepsilon(|f(x)-A|<\varepsilon)$ 不等式成立的条件,逆推找到对应的第 N 项、正数 M 和充分小的 δ.

2.用夹逼定理求极限

利用夹逼定理来计算极限时,通常需要构造出两端收敛于同一个极限的数列 $\{b_n\}$、$\{c_n\}$ (或函数 $g(x)$、$h(x)$).

3.求多个函数(数列)连加、连乘时的极限和未定式极限的确定

计算多个函数(数列)连加、连乘时的极限,通常需要根据连加、连乘的各项函数(数列)结构特点先进行求和、求积的整理化简,再求极限;对于确定 $\dfrac{0}{0}$、$\dfrac{\infty}{\infty}$、$\infty-\infty$、0∞、1^{∞}、0^{0}、∞^{0} 等未定式的极限,一般情况下先根据所求极限的函数表达式进行恰当的等价变形.

三、知识图解

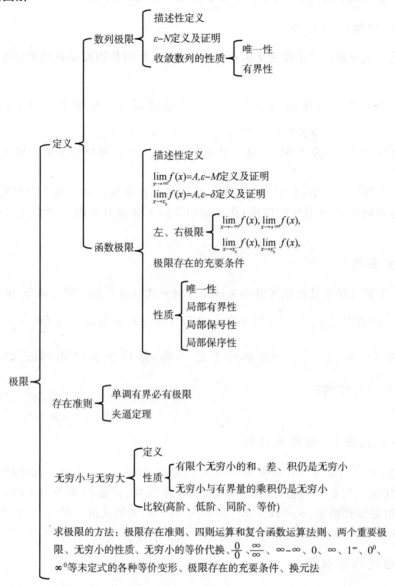

求极限的方法：极限存在准则、四则运算和复合函数运算法则、两个重要极限、无穷小的性质、无穷小的等价代换、$\frac{0}{0}$、$\frac{\infty}{\infty}$、$\infty-\infty$、$0\cdot\infty$、1^{∞}、0^{0}、∞^{0}等未定式的各种等价变形、极限存在的充要条件、换元法

四、自测题

自测题 A（基础型）

一、选择题（每题 3 分，共 30 分）

1. 代数式 $\sqrt{x-1}+4$ 的有理化因式是（　　）．

A. $\sqrt{x+1}-4$　　　B. $x-4$　　　　　C. $\sqrt{x-1}-4$　　　D. $x+4$

2. 下列数列中收敛的数列是（　　）．

A. $3,6,9,\cdots,3n,\cdots$

B. $\frac{1}{2},\frac{1}{4},\frac{1}{6},\cdots,\frac{1}{2n},\cdots$

C. $-1,1,-1,\cdots,(-1)^{n},\cdots$

D. $1,3,5,\cdots,2n+1,\cdots$

3.下列极限中正确的是（　　）.

A. $\lim\limits_{x\to+\infty} e^x = 0$　　　B. $\lim\limits_{x\to\infty}\cos x = 1$　　　C. $\lim\limits_{x\to+\infty} \ln x = 0$　　　D. $\lim\limits_{x\to-\infty} \dfrac{1}{x} = 0$

4.下列极限中错误的是（　　）.

A. $\lim\limits_{n\to\infty} q^n = 0$　　　B. $\lim\limits_{n\to\infty}\dfrac{1}{3n} = 0$　　　C. $\lim\limits_{n\to\infty}\sqrt[n]{2} = 1$　　　D. $\lim\limits_{n\to\infty}\sqrt[n]{n} = 1$

5.设 $f(x) = \begin{cases} x^3 + 1, & x \leqslant 0 \\ 3^x, & x > 0 \end{cases}$，则 $\lim\limits_{x\to 0} f(x)$ 等于（　　）.

A. 不存在　　　　　B. 0　　　　　C. 3　　　　　D. 1

6.下列结论中正确的是（　　）.

A. $\lim\limits_{x\to\infty}\left(\dfrac{1}{3}\right)^x = 0$　　B. $\lim\limits_{x\to-\infty} 2^x = 0$　　C. $\lim\limits_{x\to-\infty}\left(\dfrac{1}{2}\right)^x = 0$　　D. $\lim\limits_{x\to+\infty} 10^x = 0$

7.若 $\lim\limits_{x\to x_0^-} f(x) = A$，$\lim\limits_{x\to x_0^+} f(x) = A$，则下面说法中正确的是（　　）.

A. $f(x_0) = A$　　　　　　　　　B. $f(x)$ 在 $x = x_0$ 处有定义

C. $\lim\limits_{x\to x_0} f(x) = A$　　　　　　　D. 上面说法都正确

8.当 $x\to 0$ 时，下列函数为无穷小量的是（　　）.

A. $\dfrac{1}{x}$　　　　　B. $1 - \cos x$　　　　　C. $2x - 4$　　　　　D. $\sqrt{1 - x}$

9.下列各式中正确的是（　　）.

A. $\lim\limits_{x\to 0}\dfrac{\sin x}{x} = 0$　　　　　　　B. $\lim\limits_{x\to\infty}\dfrac{\sin x}{x} = 1$

C. $\lim\limits_{x\to 0}\dfrac{\sin x}{x} = 1$　　　　　　　D. $\lim\limits_{x\to\infty}\dfrac{x}{\sin x} = 0$

10.下列等式中正确的是（　　）.

A. $\lim\limits_{x\to\infty}\left(1 + \dfrac{1}{x}\right)^x = e$　　　　　B. $\lim\limits_{x\to 0^+}\left(1 + \dfrac{1}{x}\right)^x = e$

C. $\lim\limits_{x\to\infty}\left(1 + \dfrac{1}{x}\right)^{-x} = -1$　　　D. $\lim\limits_{x\to\infty}\left(1 - \dfrac{1}{x}\right)^x = 1$

二、填空题（每空 3 分，共 30 分）

1. $\lim\limits_{n\to\infty}\left(\dfrac{1}{n^2} + \dfrac{2}{n}\right) = $ _____.

2. $\lim\limits_{x\to-\infty}(1 - 2^x) = $ _____.

3. $\lim\limits_{x\to 0}\dfrac{\sin 5x}{kx} = 10$，则 $k = $ _____.

4. 设函数 $f(x) = \begin{cases} ax + b, & x > 0 \\ 0, & x = 0 \\ 1 + e^x, & x < 0 \end{cases}$，若 $\lim\limits_{x\to 0} f(x)$ 存在，则 $b = $ _____.

5. $\lim\limits_{x\to\infty} 2^x = $ _____.

6. $\lim\limits_{x\to\infty}\dfrac{3x^3 + 2}{2x^3 + x} = $ _____.

7. $\lim\limits_{x\to 3^-}\sqrt{9 - x^2} = $ _____.

8. $\lim\limits_{x \to 0} \sin 3x \sin \dfrac{1}{x} =$ _____.

9. $\lim\limits_{x \to 1} \sin (\ln x) =$ _____.

10. 若数列 $\{a_n\}$ 收敛，则它_____有界.

三、解答题（每题 8 分，共 40 分）

1. 证明：当 $x \to 0$ 时 $1 - \cos 2x$ 与 x^2 是同阶无穷小.

2. 已知 $\lim\limits_{x \to +\infty} \left(\dfrac{x^2+1}{x+1} - ax - b \right) = 0$，确定 a, b 的值.

3. 计算极限 $\lim\limits_{x \to 0} \dfrac{\sqrt{1+x^2}-1}{2-2\cos x}$.

4. 计算极限 $\lim\limits_{x \to \infty} \left(\dfrac{x}{x-2} \right)^{3x}$.

5. 计算极限 $\lim\limits_{n \to \infty} \left[\dfrac{1}{1 \times 2} + \dfrac{1}{2 \times 3} + \dfrac{1}{3 \times 4} + \cdots + \dfrac{1}{n(n+1)} \right]$.

自测题 B（提高型）

一、选择题（每题 3 分，共 24 分）

1. 如果 $\lim\limits_{x \to x_0} f(x)$ 存在，则 $f(x)$ 在点 x_0 处（　　）.

　A. 一定有定义　　　　　　　　　　B. 一定无定义

　C. 可能有定义　　　　　　　　　　D. 有定义且 $f(x_0) = \lim\limits_{x \to x_0} f(x)$

2. $\lim\limits_{n \to \infty} \dfrac{2n^2+3n-2}{n^2+1} =$ （　　）.

　A. 2　　　　　　B. -2　　　　　　C. 0　　　　　　D. ∞

3. $\lim\limits_{x \to \infty} \left(\dfrac{2x+3}{2x+1} \right)^{x+1} =$ （　　）.

　A. e^{-1}　　　　　　B. $\sqrt{e}$　　　　　　C. e^2　　　　　　D. e

4. 设 $f(x) = \begin{cases} 1 + \sin x, & x \leqslant 0 \\ a + e^x, & x > 0 \end{cases}$，若 $\lim\limits_{x \to 0} f(x)$ 存在，则 $a =$ （　　）.

　A. 0　　　　　　B. -1　　　　　　C. 1　　　　　　D. 2

5. 函数 $f(x) = e^{\frac{1}{x-1}}$ 在点 $x=1$ 处（　　）.

　A. 存在左极限　　　　　　　　　　B. 存在右极限

　C. 左、右极限都不存在　　　　　　D. 存在极限

6. 当 $x \to 0$ 时，$\sqrt[n]{1+2x^2} - 1$ 的等价无穷小是（　　）.

　A. $\dfrac{x}{n}$　　　　B. $\dfrac{x^2}{n}$　　　　C. $\dfrac{2x^2}{n}$　　　　D. $\dfrac{x^2}{2n}$

7. 若 $\lim\limits_{x \to \infty} \left(\dfrac{x^2+1}{x+1} + ax + b \right) = 0$，$a, b$ 均为常数，则 a, b 分别为（　　）.

　A. $a=1, b=1$　　　　　　　　　　B. $a=1, b=-1$

　C. $a=-1, b=1$　　　　　　　　　　D. $a=0, b=-1$

8. $\lim\limits_{x\to\infty}\left(\dfrac{1}{x}\sin x+x\sin\dfrac{1}{2x}\right)=($　　$)$.

A. 不存在　　　　　　B. 1　　　　　　　C. 0　　　　　　　D. $\dfrac{1}{2}$

二、填空题（每题 3 分，共 24 分）

1. $\lim\limits_{x\to 0}(x\cdot\cot 2x)=$ _____.

2. $\lim\limits_{n\to\infty}\sqrt[n]{6^n+7^n+8^n}=$ _____.

3. 当 $x\to 0$ 时，$(1+ax^2)^{\frac{1}{3}}-1$ 与 $\cos x-1$ 是等价无穷小，则常数 $a=$ _____.

4. 当 $x\to\infty$ 时，有 $f(x)$ 与 $\dfrac{1}{x}$ 是等价无穷小，则 $\lim\limits_{x\to\infty}2xf(x)=$ _____.

5. 已知 $\lim\limits_{x\to 0}\dfrac{f(3x)}{x}=\dfrac{1}{2}$，则 $\lim\limits_{x\to 0}\dfrac{f(2x)}{x}=$ _____.

6. $\lim\limits_{x\to 0^+}\left(x\cdot\sin\dfrac{1}{x}\right)=$ _____.

7. $f(x)=\begin{cases}\dfrac{|x-1|}{x-1}, & x\neq 1\\ a, & x=1\end{cases}$ 且 $\lim\limits_{x\to 1^-}f(x)=a$ 则 $a=$ _____.

8. $\lim\limits_{n\to\infty}\dfrac{n}{\sqrt{n(n+1)}+\sqrt{n(n-1)}}=$ _____.

三、解答题（第 1 题 7 分，其余每题 9 分，共 52 分）

1. 当 $x\to 0$ 时，比较无穷小 x 与 $\sqrt{2+x}-\sqrt{2-x}$ 的阶.

2. 设 $f(x)=x\cos x$，试作数列 $\{x_n\}$，使得 $x_n\to\infty\,(n\to\infty)$，$f(x_n)\to 0\,(n\to\infty)$.

3. 求极限 $\lim\limits_{x\to 0}(1+2x)^{\frac{3}{\sin x}}$.

4. 求极限 $\lim\limits_{x\to 4}\dfrac{\sqrt{2x+1}-3}{\sqrt{x-2}-\sqrt{2}}$.

5. 求极限 $\lim\limits_{x\to\infty}\left(\cos\dfrac{1}{x}+\sin\dfrac{1}{x}\right)^x$.

6. 证明：当 $x\to 0^+$ 时，$\sqrt{x+\sqrt{x+\sqrt{x}}}\sim\sqrt[8]{x}$.

◆ 参考答案与提示 ◆

2.1.5　同步练习

一、BDCDC

二、1. $S_n=\dfrac{4}{3}\left(1-\dfrac{1}{4^n}\right)$；2. $\dfrac{2^n-1}{2^n}$；3. $S_n=\dfrac{3}{2}\left(1-\dfrac{1}{3^n}\right)$；4. $\dfrac{n}{n+1}$；5. $\dfrac{8}{12},\dfrac{24}{29},\dfrac{40}{46},\dfrac{56}{63},\cdots$，

$\dfrac{8+16(n-1)}{12+17(n-1)}\cdots.$

三、1.（1）有界，1 是它的一个界；（2）有界，4 是它的一个界；（3）无界.

2.$\dfrac{1}{2}\left(\dfrac{3}{2}-\dfrac{1}{n+1}-\dfrac{1}{n+2}\right)$；3.$2^{1-\frac{1}{2^n}}$；4.$\dfrac{n+1}{2n}$；5.递增数列.提示：设 $a_n=\dfrac{3n+4}{2n+5}$，求证对一切 n 都有 $a_{n+1}\geqslant$（或者$\leqslant$）a_n

2.2.5　同步练习

一、DBDAD

二、1.收敛（或存在极限）；2.0；3.$\dfrac{1}{2}$；4.$\dfrac{n}{n+1}$；5.$\left[\dfrac{1}{\varepsilon}\right]$.

三、1.（1）提示：根据 $\varepsilon-N$ 论证法，得 $\left|\dfrac{2n}{5-4n}-\left(-\dfrac{1}{2}\right)\right|=\left|\dfrac{5}{2(5-4n)}\right|<\left|\dfrac{5}{5-4n}\right|=\dfrac{5}{4n-5}$（限制 $n>1$）.

（2）提示：根据 $\varepsilon-N$ 论证法，得 $\left|\dfrac{2n-1}{n^2+n-4}-0\right|=\left|\dfrac{2n-1}{n^2+n-4}\right|=\dfrac{|2n-1|}{|n^2+n-4|}<\dfrac{2n+n}{n^2}$（限制 $n>4$）.

2.（1）0；（2）$-\dfrac{5}{2}$.提示：分子有理化；（3）5.提示：$\sqrt{5}\cdot\sqrt[4]{5}\cdot\sqrt[8]{5}\cdots\cdot\sqrt[2^n]{5}=5^{\frac{1}{2}}\cdot 5^{\frac{1}{4}}\cdot 5^{\frac{1}{8}}\cdots\cdot 5^{\frac{1}{2^n}}=5^{\frac{1}{2}+\frac{1}{4}+\frac{1}{4}+\cdots+\frac{1}{2^n}}$；（4）$\dfrac{1}{2}$.提示：$1-\dfrac{1}{(n+1)^2}=\left(1+\dfrac{1}{n+1}\right)\left(1-\dfrac{1}{n+1}\right)$；（5）0.

3.（1）$\dfrac{1}{2}$.提示：夹逼定理：$a_n=\dfrac{1}{n^2+n+n}+\dfrac{2}{n^2+n+n}+\cdots+\dfrac{n}{n^2+n+n}\leqslant\dfrac{1}{n^2+n+1}+\dfrac{2}{n^2+n+2}+\cdots+\dfrac{n}{n^2+n+n}=b_n<\dfrac{1}{n^2+n}+\dfrac{2}{n^2+n}+\cdots+\dfrac{n}{n^2+n}=\dfrac{1+2+\cdots n}{n^2+n}=c_n.$

（2）1.提示：同上.

2.3.5　同步练习

一、DCADB

二、1.-1；2.0；3.1；4.正确；5.错误.

三、1.提示：对任意给定的 $\varepsilon>0$，要使 $|(5x+2)-12|=|5x-10|=5|x-2|<\varepsilon$，只要 $|x-2|<\dfrac{\varepsilon}{5}$ 即可，取 $\delta=\dfrac{\varepsilon}{5}$，则当 $0<|x-2|<\delta$ 时，有 $|(5x+2)-12|<\varepsilon$，所以 $\lim\limits_{x\to 2}(5x+2)=12.$

2.提示：$\forall\varepsilon>0$，$\left|\dfrac{1-x^2}{1+x^2}+1\right|=\dfrac{2}{1+x^2}<\dfrac{2}{x^2}<\varepsilon$，则 $x^2>\dfrac{2}{\varepsilon}$，解之，得 $|x|>\sqrt{\dfrac{2}{\varepsilon}}.$

3.解：由极限的定义可以证明 $f(1-0)=\lim\limits_{x\to 1^-}f(x)=\lim\limits_{x\to 1^-}(2x-1)=1$，$f(1+0)=\lim\limits_{x\to 1^+}f(x)=\lim\limits_{x\to 1^+}(x+1)=2$，因为 $f(1-0)\neq f(1+0)$，所以 $\lim\limits_{x\to 1}f(x)$ 不存在.

4.解：因为 $\lim\limits_{x\to 0^-}f(x)=\lim\limits_{x\to 0^-}(x+1)=1$，$\lim\limits_{x\to 0^+}f(x)=\lim\limits_{x\to 0^+}(ax+b)=b$，要使 $\lim\limits_{x\to 0}f(x)$ 存在，须 $\lim\limits_{x\to 0^-}f(x)=\lim\limits_{x\to 0^+}f(x)$，即 $b=1$，所以 $a=1,b=1.$

2.4.5　同步练习

一、CBCDB

二、1.无穷大；2.无穷小；3.0；4.0；5.无穷小，无穷大.

三、1.0；2.0；3. $x\to2,x\to0$；4.0；5.1，-1. 提示 由 $\lim\limits_{x\to\infty}\left(\dfrac{x^2}{x+1}-ax-b\right)=0$，得

$\lim\limits_{x\to\infty}\dfrac{(1-a)x^2-(a+b)x-b}{x+1}=0.\,a=1,b=-1.$

2.5.5　同步练习

一、CAADD

二、1. $1+\ln2$；2. $\dfrac{1}{4}$；3.0；4. $\dfrac{1}{4}$；5.0.

三、1. $\dfrac{1}{3}$；2. -1；3.0；

4. -6. 提示：由 $\lim\limits_{x\to-2}\dfrac{x^2-x+k}{x+2}=-5$，且 $\lim\limits_{x\to-2}(x+2)=0$，得 $\lim\limits_{x\to-2}(x^2-x+k)=0$，所以有 $k=-6$.

5. 证明：对任给的 $\varepsilon>0$，分别取 δ_1 和 δ_2，则当 $0<|x-x_0|<\delta_1$ 时，有 $|f(x)-A|<\dfrac{\varepsilon}{2}$，当 $0<|x-x_0|<\delta_2$ 时，有 $|g(x)-B|<\dfrac{\varepsilon}{2}$，取 $\delta=\min\{\delta_1,\delta_2\}$ 即可.

2.6.5　同步练习

一、DAACD

二、1. e；2.1；3.3；4.10；5.1.

三、1.0，提示：分子、分母同除 x，再讨论极限.

2.2，提示：利用第一个重要极限.

3. 解：$\lim\limits_{x\to1}(1+\ln x)^{\frac{3}{\ln x}}=\lim\limits_{x\to1}\left[(1+\ln x)^{\frac{1}{\ln x}}\right]^3=\mathrm{e}^3.$

4. 提示 $\sin2x=2\sin x\cos x=2^2\cos x\cos\dfrac{x}{2}\sin\dfrac{x}{2}=\cdots=2^{n+1}\cos x\cos\dfrac{x}{2}\cos\dfrac{x}{2^2}\cdots\cos\dfrac{x}{2^n}\cdot$

$\sin\dfrac{x}{2^n}$，所以 $\cos x\cos\dfrac{x}{2}\cos\dfrac{x}{2^2}\cdots\cos\dfrac{x}{2^n}=\dfrac{\sin2x}{\sin\dfrac{x}{2^n}}\cdot\dfrac{1}{2^{n+1}}=\dfrac{\dfrac{x}{2^n}}{\sin\dfrac{x}{2^n}}\cdot\dfrac{\sin2x}{2x}.$

2.7.5　同步练习

一、DBCDD

二、1. $\dfrac{1}{2}$；2. $\dfrac{2}{3}$；3. $\dfrac{5}{2}$；4.2；5.1.

三、1. $a^x\ln a$. 提示：分子提公因式 a^x，然后用等价代换.

2.0.提示:分子有理化,然后分子、分母部分用等价代换.

3.$\ln x$. 提示:当 $n \to \infty$ 时 $\sqrt[n]{x}-1 \sim \dfrac{1}{n}\ln x$.

4.$a=4, b=2$. 提示:$\lim\limits_{x\to 0}\dfrac{x^5-3x^3+4x^2}{a\,x^b}=1$,推出 $a=4, b=2$.

自测题 A

一、CBDAD　BCBCA

二、1.0;2.1;3.$\dfrac{1}{2}$;4.2;5.不存在;6.$\dfrac{3}{2}$;7.0;8.0;9.0;10.一定.

三、1.证明:当 $x \to 0$ 时,显然 $1-\cos 2x \to 0, x^2 \to 0$,且

$$\lim_{x\to 0}\frac{1-\cos 2x}{x^2}=\lim_{x\to 0}\frac{1-(1-2\sin^2 x)}{x^2}=2\lim_{x\to 0}\left(\frac{\sin x}{x}\right)^2=2$$

可证:当 $x \to 0$ 时,$1-\cos 2x$ 和 x^2 是同阶无穷小.

2.解:$\lim\limits_{x\to +\infty}\left(\dfrac{x^2+1}{x+1}-ax-b\right)=\lim\limits_{x\to +\infty}\dfrac{(1-a)x^2-(a+b)x+1-b}{x+1}$,

只有当 $1-a=0, a+b=0$ 时,$\lim\limits_{x\to +\infty}\left(\dfrac{x^2+1}{x+1}-ax-b\right)=0$,

所以 $a=1, b=-1$.

3.解:$\lim\limits_{x\to 0}\dfrac{\sqrt{1+x^2}-1}{2-2\cos x}=\lim\limits_{x\to 0}\dfrac{\sqrt{1+x^2}-1}{2(1-\cos x)}=\lim\limits_{x\to 0}\dfrac{\dfrac{x^2}{2}}{2\times\dfrac{x^2}{2}}=\dfrac{1}{2}$.

4.解:$\lim\limits_{x\to \infty}\left(\dfrac{x}{x-2}\right)^{3x}=\lim\limits_{x\to \infty}\left(1-\dfrac{2}{x}\right)^{-3x}=\lim\limits_{x\to \infty}\left[\left(1-\dfrac{2}{x}\right)^{-\frac{x}{2}}\right]^6=\mathrm{e}^6$.

5.解:$\lim\limits_{n\to \infty}\left[\dfrac{1}{1\times 2}+\dfrac{1}{2\times 3}+\dfrac{1}{3\times 4}+\cdots+\dfrac{1}{n(n+1)}\right]$

$=\lim\limits_{n\to \infty}\left(1-\dfrac{1}{2}+\dfrac{1}{2}-\dfrac{1}{3}+\dfrac{1}{3}-\dfrac{1}{4}+\cdots+\dfrac{1}{n}-\dfrac{1}{n+1}\right)$

$=\lim\limits_{n\to \infty}\left(1-\dfrac{1}{n+1}\right)=1$.

自测题 B

一、CADAA　CCD

二、1.$\dfrac{1}{2}$;2.8;3.$-\dfrac{3}{2}$;4.2;5.$\dfrac{1}{3}$;6.0;7.-1;8.$\dfrac{1}{2}$.

三、1.提示:$\lim\limits_{x\to 0}\dfrac{\sqrt{2+x}-\sqrt{2-x}}{x}=\dfrac{\sqrt{2}}{2}\neq 0$.

2.解:取 $x_n=\dfrac{n\pi}{2}$,此时 $f(x_n)=0$,于是当 $n\to\infty$ 时,有 $x_n\to\infty$,且 $f(x_n)\to 0$.

3.解:$\lim\limits_{x\to 0}(1+2x)^{\frac{3}{\sin x}}=\lim\limits_{x\to 0}\mathrm{e}^{\ln(1+2x)^{\frac{3}{\sin x}}}=\lim\limits_{x\to 0}\mathrm{e}^{\frac{3\ln(1+2x)}{\sin x}}=\mathrm{e}^{\lim\limits_{x\to 0}\frac{3\ln(1+2x)}{\sin x}}=\mathrm{e}^{\lim\limits_{x\to 0}\frac{3\times 2x}{x}}=\mathrm{e}^6$.

4. $\dfrac{2}{3}\sqrt{2}$. 提示:分子、分母都有理化.

5. 解:$\displaystyle\lim_{x\to\infty}\left(\cos\dfrac{1}{x}+\sin\dfrac{1}{x}\right)^{x}=\lim_{x\to\infty}\left(\cos\dfrac{1}{x}+\sin\dfrac{1}{x}\right)^{2\times\frac{x}{2}}$

$\qquad\qquad=\displaystyle\lim_{x\to\infty}\left(\cos^{2}\dfrac{1}{x}+\sin^{2}\dfrac{1}{x}+2\cos\dfrac{1}{x}\times\sin\dfrac{1}{x}\right)^{\frac{x}{2}}$

$\qquad\qquad=\displaystyle\lim_{x\to\infty}\left(1+\sin\dfrac{2}{x}\right)^{\frac{x}{2}}=\lim_{x\to\infty}\left[\left(1+\sin\dfrac{2}{x}\right)^{\frac{1}{\sin\frac{2}{x}}}\right]^{\frac{x\sin\frac{2}{x}}{2}}=e^{\lim\limits_{x\to\infty}\frac{\sin\frac{2}{x}}{\frac{2}{x}}}=e$

6. 提示:换元法,令 $\sqrt[8]{x}=t$,则 $x=t^{8}$.

第 3 章

函数的连续性

◆ 3.1 函数的连续与间断 ◆

3.1.1 基本要求

1.理解函数连续的概念(含左连续与右连续),熟练判断函数在一点处连续.

2.理解函数间断的概念,熟练求出函数的间断点并判别其类型.

3.1.2 知识要点

1.函数连续的概念如表 3.1.1 所示.

表 3.1.1 函数连续的概念

	定义	等价条件	备注
在一点处连续	若在点 x_0 处有 $\lim\limits_{x \to x_0} f(x) = f(x_0)$,则称函数 $f(x)$ 在点 x_0 处连续,x_0 称为函数 $f(x)$ 的连续点	(1) $\lim\limits_{\Delta x \to 0} \Delta y = \lim\limits_{\Delta x \to 0}[f(x_0 + \Delta x) - f(x_0)] = 0$. (2)"$\varepsilon - \delta$"语言:$\forall \varepsilon > 0$,$\exists \delta > 0$,当 $\lvert x - x_0 \rvert < \delta$ 时,恒有 $\lvert f(x) - f(x_0) \rvert < \varepsilon$. (3) $f(x_0 - 0) = f(x_0 + 0) = f(x_0)$	"$\varepsilon - \delta$"定义中没有 $\lvert x - x_0 \rvert > 0$ 这一条件,即 $f(x)$ 在 x_0 处连续,必须要求 $f(x)$ 在点 x_0 处有定义,这是不同于极限定义的

2.函数的间断点及其分类如表 3.1.2 所示.

表 3.1.2 函数的间断点及其分类

定义		分类		
若函数 $f(x)$ 在点 x_0 处不连续,则称 $f(x)$ 在点 x_0 处间断,点 x_0 为 $f(x)$ 的间断点	第一类间断点	$\lim\limits_{x \to x_0^-} f(x)$、$\lim\limits_{x \to x_0^+} f(x)$ 都存在的间断点	$\lim\limits_{x \to x_0^-} f(x) = \lim\limits_{x \to x_0^+} f(x)$, 即 $\lim\limits_{x \to x_0} f(x) = C(\neq f(x_0)$ 的常数$)$	可去间断点
			$\lim\limits_{x \to x_0^-} f(x) \neq \lim\limits_{x \to x_0^+} f(x)$	跳跃间断点
	第二类间断点	不是第一类间断点的任何间断点,即 $\lim\limits_{x \to x_0^-} f(x)$、$\lim\limits_{x \to x_0^+} f(x)$ 中至少有一个不存在的间断点	$\lim\limits_{x \to x_0} f(x) = \infty$ 或 $\lim\limits_{x \to x_0^-} f(x)$、$\lim\limits_{x \to x_0^+} f(x)$ 中至少有一个为 ∞	无穷间断点
			$\lim\limits_{x \to x_0} f(x)$ 不存在的起因是 $f(x)$ 的无限次振荡	振荡间断点

3.1.3 答疑解惑

1. 函数在一点处有定义、有极限、连续，这三个概念间的关系如何？

答：函数在一点处有定义、有极限、连续，这三个概念间的关系如图 3.1.1 所示：

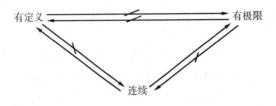

图 3.1.1　三个概念间的关系

2. 为什么函数有定义的孤立点不可能是连续点？

答：因为如果点 x_0 是函数 $f(x)$ 有定义的孤立点，一定存在使 $f(x)$ 没有意义的点 x_0 的去心邻域. 而根据函数极限的定义，若 $\lim\limits_{x \to x_0} f(x)$ 存在，必须先要求 $f(x)$ 在点 x_0 的邻域内有定义，则在孤立点 x_0 处的极限 $\lim\limits_{x \to x_0} f(x)$ 不可能存在，所以由函数点连续的定义可知 $f(x)$ 在点 x_0 处也就谈不上连续了.

3. 如何寻找函数的间断点？

答：函数的间断是以否定其连续来定义的. 由函数点连续的定义知 $\lim\limits_{x \to x_0} f(x) = f(x_0)$，函数 $f(x)$ 的间断点（不连续点）应在以下三种点中寻找：

(1) $f(x)$ 无定义的点（但在该点的左或右附近有定义）；

(2) $f(x)$ 虽有定义，但无极限的点；

(3) $f(x)$ 虽有定义，也有极限，但极限值 $\neq$ 函数值的点.

一般而言，初等函数的间断点就是无定义的点（通常仅考虑位于定义域的定义区间边界的点）或定义域中的孤立点；分段函数主要判定分段点是否为间断点.

4. 函数的间断点是用什么方法来分类的？各类间断点分别有什么特征？

答：函数的间断点是依据函数在间断点处极限的不同状态来进行分类的，其类型主要由函数在该间断点处左极限、右极限的状态决定. 各类间断点特征就体现在该间断点处极限的状态上：

第一类间断点的特征是函数在该点的左、右极限都存在；第二类间断点的特征是在该点至少有一侧极限不存在（包含 ∞，$+\infty$，$-\infty$）.

第一类间断点主要有两种：一种是可去间断点，其特征是函数在该点处左、右极限相等，即函数在该点存在极限但函数值不存在（函数在该点无定义），或函数值存在但与极限值不相等；之所以把这种间断点称为"可去"间断点，那是因为在这种情况下仅需补充定义或调整在该点处的函数值，使之等于该点处的极限值就可使函数在该点连续，从而把间断的点去掉了. 另一种是跳跃间断点，其特征是函数在该点处左、右极限都存在但不相等，当自变量经过该点时，函数从一个有限值跳到另一个有限值.

第二类间断点也主要有两种：一种是无穷间断点，其特征是函数在该点处的左、右极限至少有一个为 ∞；另一种是振荡间断点，其特征是函数在该点处极限不存在的起因是函数在该点处无限次振荡.

5.求函数的间断点并判定其类型的解题步骤如何?

答:(1)找出间断点:按上述"3"的方法,找出所有间断点 $x_1,x_2,\cdots,x_k$.

(2)求出极限:对每一个间断点 x_i,求 $\lim\limits_{x\to x_i^-}f(x)$、$\lim\limits_{x\to x_i^+}f(x)$ 或 $\lim\limits_{x\to x_i}f(x)$.

(3)判断类型:由 $\lim\limits_{x\to x_i^-}f(x)$、$\lim\limits_{x\to x_i^+}f(x)$ 或 $\lim\limits_{x\to x_i}f(x)$ 的状态,根据上述"4"中各类间断点的特征来判定每一个间断点 x_i 的类型.

6.如何利用函数连续性定义证明函数 $f(x)$ 在开区间 (a,b) 内连续?

答:(1)在开区间 (a,b) 内任意取定一点 x.

(2)利用函数在一点处连续的定义,证明 $f(x)$ 在点 x 处连续.

(3)强调点 x 在 (a,b) 内的任意性,即证得 $f(x)$ 在 (a,b) 内连续.

即把"证明函数在开区间内连续"转化成"证明函数在开区间内任意一点处连续".

3.1.4 典型例题分析

题型 1 判断连续性

【例 3-1-1】 判断函数 $f(x)=\begin{cases}\dfrac{|x^2-1|}{x-1}, & x\neq 1, \\ 2, & x=1,\end{cases}$ 在 $x=0$ 处的连续性.

分析:判断 $f(x)$ 在 $x=0$ 处是否连续,根据函数点连续的定义,就是判断 $f(x)$ 在 $x=0$ 处是否满足三个条件:(1)有定义,(2)有极限,(3)函数值=极限值,三者缺一不可,否则就间断.本题 $f(x)$ 为带绝对值的分段函数,应先去掉绝对值,将函数改写,再判断其在 $x=0$ 处的连续性.

解 由于 $f(x)=\begin{cases}-(x+1), & x<1 \\ 2, & x=1,\\ x+1, & x>1\end{cases}$ 可得 $\lim\limits_{x\to 1^-}f(x)=-2$,$\lim\limits_{x\to 1^+}f(x)=2$,即

$\lim\limits_{x\to 1^-}f(x)\neq\lim\limits_{x\to 1^+}f(x)$,所以 $\lim\limits_{x\to 1}f(x)$ 不存在,故在 $x=0$ 处 $f(x)$ 不连续.

【例 3-1-2】 设 $f(x)=\begin{cases}x^{-1}, & x\neq 0 \\ \pi, & x=0\end{cases}$,$g(x)=\begin{cases}\sin x, & x\neq 0 \\ \pi^{-1}, & x=0\end{cases}$,判断 $f(x)g(x)$ 在 $x=0$ 处的连续性

分析:先推出 $f(x)g(x)$ 的表达式,再根据函数点连续的定义判断.

解 由 $f(x)=\begin{cases}x^{-1}, & x\neq 0 \\ \pi, & x=0\end{cases}$,$g(x)=\begin{cases}\sin x, & x\neq 0 \\ \pi^{-1}, & x=0\end{cases}$,可得

$$f(x)g(x)=\begin{cases}x^{-1}\cdot\sin x, & x\neq 0 \\ \pi\cdot\pi^{-1}, & x=0\end{cases}=\begin{cases}\dfrac{\sin x}{x}, & x\neq 0 \\ 1, & x=0\end{cases}$$

在 $x=0$ 处,有

$$\lim\limits_{x\to 0}f(x)g(x)=\lim\limits_{x\to 0}\frac{\sin x}{x}=1=f(0)$$

故 $f(x)g(x)$ 在 $x=0$ 处连续.

【例 3-1-3】 设 $f(x)$ 在 $(-\infty,+\infty)$ 内有定义,且 $\lim\limits_{x\to\infty}f(x)=A$,

$$g(x)=\begin{cases} f\left(\dfrac{1}{x}\right), & x\neq0 \\ 0, & x=0 \end{cases}$$

试判断 $g(x)$ 在 $x=0$ 处的连续性.

分析：直接用函数点连续的定义判断，要区分清楚 $g(x)=f\left(\dfrac{1}{x}\right)$ 与 $f(x)$，并注意到 A 的取值的影响.

解　令 $u=\dfrac{1}{x}$，当 $x\to\infty$ 时，$u\to0$，于是有

$$\lim_{x\to0}g(x)=\lim_{x\to0}f\left(\frac{1}{x}\right)=\lim_{u\to\infty}f(u)=A$$

又 $g(0)=0$

所以，当 $A=0$ 时，$g(x)$ 在 $x=0$ 处连续.

当 $A\neq0$ 时，$g(x)$ 在 $x=0$ 处不连续，$x=0$ 为 $g(x)$ 的第一类间断点（可去间断点）.

题型 2　补充定义函数值使之成为连续函数

【例 3-1-4】　设 $f(x)$ 在 (a,b) 内连续，又 $\lim\limits_{x\to a^+}f(x)=A$，$\lim\limits_{x\to b^-}f(x)=B$，试定义一个函数 $F(x)$ 满足：$F(x)$ 在 $[a,b]$ 上连续且 $F(x)=f(x)(a<x<b)$.

分析：若 $f(x)$ 在 $x=a$ 无定义，但存在极限 $\lim\limits_{x\to a}f(x)=A$，则可补充定义 $f(a)=A$，使得 $f(x)$ 在 $x=a$ 连续. 若 $f(x)$ 在 $x=a$ 无定义，但存在极限 $\lim\limits_{x\to a^+}f(x)=A\left(\lim\limits_{x\to a^-}f(x)=A\right)$，则可补充定义 $f(a)=A$，使得 $f(x)$ 在 $x=a$ 右连续（左连续）. 本题中，实际上就是补充定义 $f(a)$ 和 $f(b)$，使得 $f(x)$ 在 $x=a$ 右连续，在 $x=b$ 左连续.

解　令 $F(x)=\begin{cases} A, & x=a \\ f(x), & a<x<b \\ B, & x=b \end{cases}$，则 $x\in(a,b)$ 时 $F(x)$ 与 $f(x)$ 恒同，由 $f(x)$ 连续，得 $F(x)$ 连续，又

$$\lim_{x\to a^+}F(x)=\lim_{x\to a^+}f(x)=A=F(a)$$
$$\lim_{x\to b^-}F(x)=\lim_{x\to b^-}f(x)=A=F(b)$$

即 $F(x)$ 在 $x=a$ 右连续，在 $x=b$ 左连续，因此 $F(x)$ 在 $[a,b]$ 上连续.

题型 3　求函数的间断点并判断类型

【例 3-1-5】　下列函数在哪些点处间断？请说明这些间断点的类型，如果是可去间断点，作连续延拓函数，使函数在该点连续.

$(1)f(x)=\dfrac{x^2-1}{x^2+2x-3}$；　　　　$(2)g(x)=\begin{cases} x^3+1, & x\leqslant-1 \\ 3-x^2, & x>-1 \end{cases}$.

分析：对初等函数来说，它的间断点就是无定义的点（通常仅考虑位于定义域的定义区间边界的点）或定义域中的孤立点；对分段函数，一般按照函数在一点处连续的定义判定分段点是否为间断点. 判断间断点的类型就是考察在间断点处左、右极限的状态或极限 $\lim\limits_{x\to x_0}f(x)$ 的状态.

解　$(1)f(x)=\dfrac{x^2-1}{x^2+2x-3}=\dfrac{(x+1)(x-1)}{(x+3)(x-1)}$ 是初等函数，其定义域为 $(-\infty,-3)\cup(-3,$

$1)\bigcup(1,+\infty)$.

在点 $x=-3$ 和 $x=1$ 处，$f(x)$ 没有定义，所以 $x=-3$ 和 $x=1$ 为 $f(x)$ 的间断点.

因 $\lim\limits_{x\to-3}f(x)=\lim\limits_{x\to-3}\dfrac{x+1}{x+3}=\infty$，则点 $x=-3$ 为 $f(x)$ 的第二类间断点（无穷间断点）.

又因 $\lim\limits_{x\to1}f(x)=\lim\limits_{x\to1}\dfrac{x+1}{x+3}=\dfrac{1+1}{1+3}=\dfrac{1}{2}$，故点 $x=1$ 为 $f(x)$ 的第一类间断点（可去间断点）.

若作连续延拓函数

$$F(x)=\begin{cases}\dfrac{x^2-1}{x^2+2x-3},&x\neq1,-3\\2,&x=1\end{cases}$$

则它在点 $x=1$ 处连续.

$(2)\ g(x)=\begin{cases}x^3+1,&x\leqslant-1\\3-x^2,&x>-1\end{cases}$ 是分段函数.

在非分段点处，因当 $x<-1$ 和 $x>-1$ 时，函数 $g(x)$ 为多项式形式，显然它在非分段点处，即在 $(-\infty,-1)\bigcup(-1,+\infty)$ 内连续.

在分段点 $x=-1$ 处，因为

$$\lim\limits_{x\to-1^-}g(x)=\lim\limits_{x\to-1^-}(x^3+1)=0,\ \lim\limits_{x\to-1^+}g(x)=\lim\limits_{x\to-1^+}(3-x^2)=2$$

所以，分段点 $x=-1$ 是函数 $g(x)$ 的第一类间断点（跳跃间断点）.

3.1.5　同步练习

一、选择题

1.函数 $f(x)=\begin{cases}\sin x,&x<0\\\cos x,&x=0\\e^x,&x>0\end{cases}$，在 $x=0$ 处（　　）.

A.连续　　　　　　　　　　　B.左连续但右不连续

C.右连续但左不连续　　　　　D.左、右皆不连续

2.$f(x)$ 在点 x_0 处连续是 $f(x)$ 在点 x_0 处有极限的（　　）.

A.充要条件　　　B.充分条件　　　C.必要条件　　　D.非充分非必要条件

3.$a=$（　　）时，函数 $f(x)=\dfrac{|a|+\ln x^2}{1+x}$ 有可去间断点.

A.0　　　　　　B.1　　　　　　C.2　　　　　　D.e

4.设 $f(x)=\cos\dfrac{1}{x}$，$x=0$ 为 $f(x)$ 的（　　）.

A.第一类间断点　　B.第二类间断点　　C.连续点　　D.无法确定

5.设 $x=0$ 是函数 $f(x)=\begin{cases}\dfrac{1}{x}\tan\dfrac{x}{a},&x\neq0\\b,&x=0\end{cases}$（$a\neq0$）的间断断点,则有（　　）.

A.$a=b$　　　　B.$a\neq b$　　　　C.$ab=1$　　　　D.$ab\neq1$

二、填空题

1.若 $x=0$ 是函数 $f(x)$ 的可去间断点,且 $\lim\limits_{x\to0^-}f(x)=e^2$,则 $\lim\limits_{x\to0^+}f(x)=$ ＿＿＿＿＿＿.

2.函数 $f(x) = \dfrac{x}{(x-1)(e^x-1)}$ 的第一类间断点是 _____.

3.设 $f(x)$ 在点 x_0 的邻域内有定义且 x_0 为其间断点,则 $\lim\limits_{\Delta x \to 0} [f(x_0 + \Delta x) - f(x_0)]$ _____.

4.设 $f(x) = \begin{cases} (a-b)e^x, & x<0 \\ abx\sin\dfrac{1}{x}, & x \leqslant 0 \end{cases}$ 在 $(-\infty, +\infty)$ 内不连续,则常数 a 与 b 的关系是 _____.

5.若 $f(x)$ 在 $x=1$ 处连续,且 $\lim\limits_{x \to 1} \dfrac{x-1}{e-f(x)} = 1$,则 $f(1) = $ _____.

三、解答题

1.判断函数 $f(x) = \begin{cases} e^x, & 0 \leqslant x \leqslant 1 \\ 1+x, & 1 < x \leqslant 2 \end{cases}$ 的连续性,并画出函数的图形.

2.下列函数 $f(x)$ 在 $x=0$ 无定义,请补充定义 $f(0)$ 的值使得 $f(x)$ 在 $x=0$ 处连续:

(1) $f(x) = \dfrac{2^x - 1}{x}$;

(2) $f(x) = \begin{cases} \dfrac{\ln(1+x)}{x}, & x>0 \\ \dfrac{\sqrt{1+x} - \sqrt{1-x}}{x}, & -1 < x < 0 \end{cases}$.

3.求函数 $f(x) = \dfrac{x}{\sin \pi x}$ 的间断点,并判别其类型,若为可去间断点,写出连续延拓函数.

4.设 $f(x) = \dfrac{1}{\pi} - \dfrac{\sin \pi(1-x)}{\pi(1-x)}, x \in \left[\dfrac{1}{2}, 1\right]$.补充定义 $f(1)$,使 $f(x)$ 在 $\left[\dfrac{1}{2}, 1\right]$ 连续.

◆ 3.2 连续函数的运算与初等函数的连续性 ◆

3.2.1 基本要求

1.掌握连续函数的运算规律及其应用.
2.掌握初等函数的连续性及其应用.

3.2.2 知识要点

各类运算的连续性如表 3.2.1 所示.

表 3.2.1 各类运算的连续性

类别	性质
四则运算的连续性	若函数 $f(x)$ 和 $g(x)$ 都在同一点 x_0 处连续,则它们的和(差)$f(x) \pm g(x)$、积 $f(x) \cdot g(x)$、商 $f(x)/g(x)(g(x_0) \neq 0)$ 也都在点 x_0 处连续
反函数的连续性	若函数 $y = f(x)$ 在区间 I_x 上单调增加(或单调减少)且连续,则它的反函数 $x = f^{-1}(y)$ 也在对应的区间 $I_y = \{y \mid y = f(x), x \in I_x\}$ 上单调增加(或单调减少)且连续

续表

类别	性质
复合函数的连续性	设函数 $u=\varphi(x)$ 在点 $x=x_0$ 处连续,且 $\varphi(x_0)=u_0$,而函数 $y=f(u)$ 在点 $u=u_0$ 处连续,那么复合函数 $y=f[\varphi(x)]$ 在点 $x=x_0$ 处也连续
初等函数连续性	基本初等函数在它们的定义域内都是连续的
	一切初等函数在其定义域的定义区间内都连续的

3.2.3　答疑解惑

1.四则运算的连续性中有:若 $f(x)$ 和 $g(x)$ 都在点 x_0 处连续,则 $f(x)+g(x)$,$f(x)\cdot g(x)$ 在点 x_0 处也连续.那么

(1)若 $f(x)$ 在点 x_0 处连续,$g(x)$ 在点不 x_0 处连续,则 $f(x)+g(x)$,$f(x)\cdot g(x)$ 在点 x_0 处是否连续? 又有 $f(x_0)\neq 0$,则又如何?

(2)若 $f(x)$,$g(x)$ 在点 x_0 处都不连续,则 $f(x)+g(x)$,$f(x)\cdot g(x)$ 在点 x_0 处是否也不连续?

答:(1)$f(x)+g(x)$ 在点 x_0 处必不连续.反之,若 $f(x)+g(x)$ 在点 x_0 连续,由四则运算的连续性知 $g(x)=[f(x)+g(x)]-f(x)$ 在点 x_0 处连续.这与假设矛盾!

$f(x)\cdot g(x)$ 在点 x_0 处可能连续,也可能不连续.

例如,$f(x)=x^2$ 在 $x=0$ 处连续,$g(x)=\begin{cases}\dfrac{1}{x}, & x\neq 0 \\ 0, & x=0\end{cases}$,在 $x=0$ 处不连续,但 $f(x)\cdot g(x)=x$ 在 $x=0$ 处连续. 又如,$f(x)=x$ 在 $x=0$ 处连续,则 $f(x)g(x)=\begin{cases}1, & x\neq 0 \\ 0, & x=0\end{cases}$,在 $x=0$ 处不连续.

若又有 $f(x_0)\neq 0$,则 $f(x)\cdot g(x)$ 在点 x_0 处必不连续.否则,有 $g(x)=\dfrac{f(x)g(x)}{f(x)}$ 在 $x=0$ 处连续.这与假设 $g(x)$ 在点 x_0 不连续矛盾!

(2)$f(x)+g(x)$,$f(x)\cdot g(x)$ 在点 x_0 不一定不连续.

例如,$f(x)=\begin{cases}1, & x\neq 0 \\ 0, & x=0\end{cases}$ 与 $g(x)=\begin{cases}0, & x\neq 0 \\ 1, & x=0\end{cases}$,在点 x_0 处均不连续,但 $f(x)+g(x)=1$,$f(x)\cdot g(x)=0$ 在点 x_0 处均连续.

【评注】　间断是作为连续的否定的概念来定义的,故在判定或证明某函数必定间断时,常采用反证法,以便利用连续函数的运算法则与性质来轻松推理获得.

2.下列陈述是否正确?

(1)如果函数 $f(x)$ 在 x_0 处连续,则 $|f(x)|$ 在 x_0 处连续.

(2)如果函数 $|f(x)|$ 在 x_0 处连续,则 $f(x)$ 也在 x_0 处连续.

答:(1)正确.因 $y=|f(x)|$ 是由 $y=|u|$ 和 $u=f(x)$ 复合而成的函数,又 $u=f(x)$ 在 x_0 处连续,且由 $y=|u|$ 是 u 的连续函数知,$y=|u|$ 在 $u_0=f(x_0)$ 处也连续,则由复合函数连续性可

得, $y=|f(x)|$ 在 x_0 处连续.

(2)不正确.例如, $f(x)=\begin{cases}1, & x\geqslant 0 \\ -1, & x<0\end{cases}$, $|f(x)|$ 在 $x_0=0$ 处连续,而 $f(x)$ 在 $x_0=0$ 处不连续.

3.为什么初等函数连续性不能像基本初等函数那样表述成"在其定义域内都连续"?

答:事实上,尽管基本初等函数在其定义域内都是连续的,但初等函数在其定义域的某些点(如函数有定义的孤立点)上却不一定能定义连续性,因为定义函数在一点处连续的前提是函数在该点的某个邻域内有定义.

例如:初等函数 $f(x)=\sqrt{\sin x}+\sqrt{16-x^2}+\sqrt{-x}$,它的定义域 $D=[-4,-\pi]\cup\{0\}$, $f(x)$ 在 $x=0$ 处就无法定义其连续性,我们不能说 $f(x)$ 在其定义域 D 上连续,只能说 $f(x)$ 在其定义域的定义区间 $D=[-4,-\pi]$ 上连续.

一般地,由连续函数的运算法则可知,如果初等函数 $f(x)$ 的定义域 D 内的某点存在某个邻域包含在 D 内,即该点属于 $f(x)$ 的某个定义区间,那么 $f(x)$ 在该点必定连续,因此初等函数在其定义域的定义区间内是连续的.然而,若 I_x 是初等函数 $f(x)$ 的定义区间, x_0 是区间 I_x 的端点,但 $x_0\notin I_x$,则 $x=x_0$ 是 $f(x)$ 的间断点.

4.函数的连续区间是不是等同于函数的定义域?

答:函数的定义域和连续区间是两个不同的概念,两者不能等同.函数定义域是指使得函数有意义的一切点组成的集合,并不一定都能用区间来表示;函数的连续区间是指使得函数有意义且连续的点构成的区间,都用区间来表示.函数的连续区间必定是包含在定义域内的区间,但即使能完全用区间来表示的函数定义域也并不一定都是连续区间,如在分段点处不连续的分段函数就有这种情况.

5.如何求函数的连续区间?

答:(1)若函数为初等函数,求其连续区间即为求其定义域的定义区间.

(2)若函数为分段函数,求其连续区间即为求该分段函数在各分段上的定义开区间与连续或左(右)连续的分段点的并区间.

6.判断函数连续性的方法一般有哪些?

答:(1)利用函数连续性的定义来判断,一般多适用于抽象函数.

(2)利用一切初等函数在其定义域的定义区间内都连续的结论来判断.

(3)利用连续的充要条件来判断,即

函数 $f(x)$ 在点 x_0 处连续 $\Leftrightarrow f(x)$ 在点 x_0 处左、右均连续 $\Leftrightarrow f(x_0-0)=f(x_0+0)=f(x_0)$.

本方法一般多用于判断分段函数在分段点处的连续性.

7.如何讨论分段函数的连续性?

答:分段函数是连续性问题的重要研究对象.分段函数一般在各分段区间上是用初等函数的形式来表示的,但初等函数在其定义区间内都是连续的,因此对分段函数连续性的讨论,关键是对分段点处函数连续性的讨论,而分段点 x_0 处函数是连续的还是间断的主要依据是 $f(x_0-0)=\lim\limits_{x\to x_0^-}f(x)$, $f(x_0+0)=\lim\limits_{x\to x_0^+}f(x)$, $f(x_0)$ 三者是否均存在且相等.即归结为主要讨论分段函数在分段点 x_0 处是否左、右连续.

3.2.4　典型例题分析

题型 1　利用函数的连续性求极限

【例 3-2-1】 求下列极限:

(1) $\lim\limits_{x \to 1} \dfrac{x^{2x} + e^{\tan(1-x)}}{\arcsin^3(x-1) + \ln(1+x)^2}$.

(2) $\lim\limits_{x \to 0^+}(3\ln x - \ln \arcsin^3 x)$.

(3) $\lim\limits_{x \to 0}(1-x)^{\frac{1}{\tan x}}$.

分析: 这里所求极限形式为 $\lim\limits_{x \to x_0} f(x)$, 其中 $f(x)$ 均为初等函数, 在定义域上连续. 但在(1)中, x_0 是 $f(x)$ 定义域内一点, 所以可用代入法求极限, 即 $\lim\limits_{x \to x_0} f(x) = f(x_0)$. 而在(2)、(3)中, x_0 不是 $f(x)$ 定义域内一点, 不能直接用代入法求极限, 此时可利用函数的连续性和复合函数极限运算法则求解.

解　(1) 函数 $\dfrac{x^{2x} + e^{\tan(1-x)}}{\arcsin^3(x-1) + \ln(1+x)^2}$ 是初等函数, 且在点 $x=1$ 处及其附近有定义. 所以 $x=1$ 是该函数的连续点. 将 $x=1$ 代入原式, 得

$$\lim_{x \to 1} \frac{x^{2x} + e^{\tan(1-x)}}{\arcsin^3(x-1) + \ln(1+x)^2} = \frac{1^2 + e^{\tan 0}}{(\arcsin 0)^3 + \ln 2^2} = \frac{1 + e^0}{0^3 + 2\ln 2} = \frac{1+1}{0 + 2\ln 2} = \frac{1}{\ln 2}$$

(2) $\lim\limits_{x \to 0^+}(3\ln x - \ln \arcsin^3 x) = \lim\limits_{x \to 0^+}(\ln x^3 - \ln \arcsin^3 x)$

$$= \lim_{x \to 0^+} \ln\left(\frac{x}{\arcsin x}\right)^3 = \ln\left(\lim_{x \to 0^+} \frac{x}{\arcsin x}\right)^3 = \ln 1^3 = 0$$

(3) **解法 1**　因为 $(1-x)^{\frac{1}{\tan x}} = e^{\frac{1}{\tan x}\ln(1-x)}$, 又当 $x \to 0$ 时, $\tan x \sim x$, $\ln(1-x) = \ln[1 + (-x)] \sim -x$, 则利用函数的连续性和复合函数极限运算法则及无穷小等价替换, 便有

$$\lim_{x \to 0}(1-x)^{\frac{1}{\tan x}} = e^{\lim\limits_{x \to 0}\left[\frac{1}{\tan x}\ln(1-x)\right]} = e^{\lim\limits_{x \to 0}\frac{1}{x} \cdot (-x)} = e^{\lim\limits_{x \to 0}(-1)} = e^{-1}$$

解法 2　因为 $(1-x)^{\frac{1}{\tan x}} = (1-x)^{\frac{1}{x} \cdot \frac{x}{\tan x}} = e^{\frac{-x}{\tan x}\ln[1+(-x)]^{\frac{1}{-x}}}$,

利用函数的连续性及复合函数极限运算法则, 便有

$$\lim_{x \to 0}(1-x)^{\frac{1}{\tan x}} = e^{\lim\limits_{x \to 0}\left\{\frac{-x}{\tan x} \cdot \ln[1+(-x)]^{\frac{1}{-x}}\right\}} = e^{(-1) \cdot \ln e} = e^{-1}$$

注: 一般地, 对于形如 $[f(x)]^{g(x)}$ ($f(x) > 0$, $f(x) \neq 1$) 的函数(通常称为幂指函数), 若 $\lim f(x) = A > 0$, $\lim g(x) = B$, 那么 $\lim[f(x)]^{g(x)} = A^B$.

解法 2 给出了幂指函数 $[f(x)]^{g(x)}$ 极限的另一种求法, 为方便记, 称这种求法为换底法, 即先换底, 换成以 e 为底的指数函数形式, 再求极限 $\lim[f(x)]^{g(x)} = e^{\lim[g(x)\ln f(x)]}$.

注: 这里的 $\lim$ 都表示在同一自变量变化过程中的极限.

题型 2　讨论函数的连续性

【例 3-2-2】 讨论函数的连续性: $f(x) = \begin{cases} \dfrac{-2}{x^2}\ln\dfrac{1}{1+x^2}, & x < 0 \\ 1, & x = 0. \\ \dfrac{\sin[2(e^x - 1)]}{e^x - 1}, & x > 0 \end{cases}$

分析：在非分段点处，分段函数分别与某初等函数相同，故其连续性等同于某初等函数连续性．因此，讨论分段函数的连续性关键是判断其在分段点处的连续性．一般是利用函数在一点处连续的充要条件来判断．

解 当 $x \neq 0$ 时，$f(x)$ 分别在 $(-\infty, 0)$，$(0, +\infty)$ 与某初等函数相同，故 $f(x)$ 连续．

当 $x = 0$ 时，考察

$$\lim_{x \to 0^+} f(x) = \lim_{x \to 0^+} \frac{\sin[2(e^x - 1)]}{e^x - 1} = \lim_{x \to 0^+} 2 \cdot \frac{\sin[2(e^x - 1)]}{2(e^x - 1)} = 2$$

$$\lim_{x \to 0^-} f(x) = \lim_{x \to 0^-} \frac{-2}{x^2} \ln \frac{1}{1 + x^2} = \lim_{x \to 0^-} \frac{2\ln(1 + x^2)}{x^2} = 2$$

而 $f(0) = 1$，即 $f(0 - 0) = f(0 + 0) \neq f(0)$．

因此，$f(x)$ 在 $x \neq 0$ 处连续，$x = 0$ 是 $f(x)$ 的第一类间断点（可去间断点）．

注：对分段点 x_0，若函数 $f(x)$ 在点 x_0 两侧的表达式相同，可直接使用函数点连续的定义，即 $\lim_{x \to x_0} f(x) = f(x_0)$ 来判别 $f(x)$ 在点 x_0 处是否连续．若在点 x_0 的两侧表达式不同或虽相同但其为在点 x_0 处左、右极限不相等的函数 $\left(\text{如 } a^x(x \to 0), \arctan \frac{1}{x}(x \to 0) \right)$，则先求函数 $f(x)$ 在点 x_0 处的左、右极限，然后根据函数在点 x_0 处连续的充要条件 $f(x_0 - 0) = f(x_0 + 0) = f(x_0)$ 来判定 $f(x)$ 在点 x_0 处是否连续．

【例 3-2-3】 设 $f(x) = \lim\limits_{n \to \infty} \dfrac{\ln(e^n + x^n)}{n}$ $(x > 0)$，函数 $f(x)$ 在定义域内是否连续？

分析：$f(x)$ 是用极限式来定义的函数．为判断 $f(x)$ 的连续性，应先求出极限．极限式中的变量是 n，求极限的过程中 x 不变化，但随着 x 的取值不同，极限值也不同，因此要先求出用 x 表示的函数 $f(x)$，该函数一般为分段函数．要想求出这个分段函数，观察出分段点是关键，其标准是能求出极限式中的极限．本题中，因为当 $n \to \infty$ 时，若 $|x| < |e|$，则 $\left(\dfrac{x}{e}\right)^n \to 0$；若 $|x| > |e|$，则 $\left(\dfrac{e}{x}\right)^n \to 0$，故若以 $\left|\dfrac{x}{e}\right| = 1$，即 $|x| = |e|$ 为分段点，则可以求出题设极限式的极限．

解 当 $0 < x < e$ 时，$f(x) = \lim\limits_{n \to \infty} \dfrac{\ln e^n + \ln\left[1 + \left(\dfrac{x}{e}\right)^n\right]}{n} = 1 + \lim\limits_{n \to \infty} \dfrac{\left(\dfrac{x}{e}\right)^n}{n} = 1$；

当 $x > e$ 时，$f(x) = \lim\limits_{n \to \infty} \dfrac{\ln x^n + \ln\left[1 + \left(\dfrac{e}{x}\right)^n\right]}{n} = \ln x + \lim\limits_{n \to \infty} \dfrac{\left(\dfrac{e}{x}\right)^n}{n} = \ln x$；

当 $x = e$ 时，$f(e) = \lim\limits_{n \to \infty} \dfrac{\ln 2 + n}{n} = 1$，

所以 $f(x) = \begin{cases} 1, & 0 < x \leqslant e \\ \ln x, & x > e \end{cases}$．显然 $f(x)$ 的定义域为 $(0, +\infty)$．

由 $\lim\limits_{x \to e^-} f(x) = \lim\limits_{x \to e^+} f(x) = f(e) = 1$，知 $f(x)$ 在 $x = e$ 处连续；又当 $0 < x < e$ 时，$f(x) = 1$ 连续；当 $x > e$ 时，$f(x) = \ln x$ 连续，故 $f(x)$ 在 $(0, +\infty)$ 内连续．

注：以 x 为参变量，以自变量 n 的无限变化趋势（即 $n \to \infty$）为极限所定义的函数 $f(x)$，即

$$f(x)=\lim_{n\to\infty}g(x,n)$$

称为极限函数.参变量是该函数的自变量.参变量取不同值时,其极限值将不同.极限函数一般是分段函数,而参变量划分区间的分界点,正是分段函数的分段点.判断极限函数连续性,应先求出极限函数 $f(x)$,再判断 $f(x)$ 的连续性.求极限函数一般程序是:①根据所给极限式确定极限函数,即分段函数的分段点;②根据参变量的不同取值范围求极限,便可得到极限函数.其中,确定划分区间的分界点,即分段函数的分段点是关键,划分区间的标准是能求出极限式中的极限.

题型3 求函数的连续区间

【例3-2-4】 确定下列各函数的连续区间:

$(1)f(x)=\arcsin\dfrac{2x}{x+1}$;$(2)g(x)=\begin{cases}\dfrac{\mathrm{e}^{\frac{1}{x}}-a}{\mathrm{e}^{\frac{1}{x}}+a}, & x\neq0\\ 1, & x=0\end{cases}$($a$ 为非零常数).

分析:$f(x)$ 是初等函数,因为初等函数在其定义域的定义区间内连续,所以确定它的连续区间就是确定其定义域的定义区间.$g(x)$ 是分段函数,当 $x\neq0$ 时,$g(x)$ 等同于某初等函数,按照讨论初等函数连续性的方法可知,此时它是连续的.因此求它的连续区间,关键是判断 $g(x)$ 在分段点 $x=0$ 处的连续性.

解 (1)$f(x)$ 是初等函数.仅当 $-1\leqslant\dfrac{2x}{x+1}\leqslant1$ $(x\neq-1)$ 时反正弦函数有意义,解此不等式:

若 $x+1>0$,有 $-(x+1)\leqslant2x\leqslant x+1$,即 $-\dfrac{1}{3}\leqslant x\leqslant1$;

若 $x+1<0$,有 $-(x+1)\geqslant2x\geqslant x+1$,无解.

因此,$f(x)$ 的定义域为 $-\dfrac{1}{3}\leqslant x\leqslant1$,从而 $f(x)$ 的连续区间就是 $\left[-\dfrac{1}{3},1\right]$.

(2)$g(x)$ 是分段函数.当 $x\neq0$ 时,$g(x)$ 与某初等函数相同,故它在定义区间 $(-\infty,0)$ 及 $(0,+\infty)$ 内都是连续的.

在分段点 $x=0$ 处,$g(0)=1$,考察其左、右极限:

$$\lim_{x\to0^-}g(x)=\lim_{x\to0^-}\frac{\mathrm{e}^{\frac{1}{x}}-a}{\mathrm{e}^{\frac{1}{x}}+a}=\frac{0-a}{0+a}=-1\left(\text{注意到 } x\to0^-,\frac{1}{x}\to-\infty,\lim_{x\to0^-}\mathrm{e}^{\frac{1}{x}}=0,a\neq0\right)$$

$$\lim_{x\to0^+}g(x)=\lim_{x\to0^+}\frac{\mathrm{e}^{\frac{1}{x}}-a}{\mathrm{e}^{\frac{1}{x}}+a}=\lim_{x\to0^+}\frac{1-a\mathrm{e}^{-\frac{1}{x}}}{1+a\mathrm{e}^{-\frac{1}{x}}}=\frac{1-a\cdot0}{1+a\cdot0}=1\left(\text{注意到 } x\to0^+,-\frac{1}{x}\to-\infty,\lim_{x\to0^+}\mathrm{e}^{-\frac{1}{x}}=0\right)$$

由于 $\lim\limits_{x\to0^-}g(x)\neq g(0)$,$\lim\limits_{x\to0^+}g(x)=g(0)$,所以 $g(x)$ 在 $x=0$ 处左不连续,但右连续.

综上可知,$g(x)$ 的连续区间是 $(-\infty,0)$,$[0,+\infty)$.

题型4 由函数连续性确定函数表达式中的参数

【例3-2-5】 适当选取 a、b,使函数 $f(x)=\begin{cases}\mathrm{e}^{\sin^2x}, & x<0\\ a\ln(x+1)+b^2, & x\geqslant0\end{cases}$ 处处连续.

分析:$f(x)$ 是分段函数.它在非分段点处,无论 a、b 取何值都是连续的.这是因为在分段区间上分段函数 $f(x)$ 均由初等函数表示,而初等函数在其定义区间都是连续的.因此,本题的

关键是如何选取 a 和 b,使函数 $f(x)$ 在分段点 $x=0$ 处连续.

解 显然 $x<0$ 时,$f(x)=\mathrm{e}^{\sin^2 x}$,$\mathrm{e}^{\sin^2 x}$ 是初等函数,当 $x<0$ 时连续,于是 $x<0$ 时 $f(x)$ 连续. 当 $x>0$ 时,$f(x)=a\ln(x+1)+b^2$,对任意常数 a、b,它也是连续的. 因此,关键是选取 a、b 使 $f(x)$ 在 $x=0$ 处连续.

因为 $f(x)$ 是分段定义的函数,且 $x=0$ 是连续点,我们分别考察 $x=0$ 处的左、右连续性.

$$f(0)=a\ln(0+1)+b^2=a\cdot 0+b^2=b^2$$

$$\lim_{x\to 0^-}f(x)=\lim_{x\to 0^-}\mathrm{e}^{\sin^2 x}=\mathrm{e}^0=1,\lim_{x\to 0^+}f(x)=\lim_{x\to 0^+}[a\ln(x+1)+b^2]=b^2$$

$$f(x)\text{ 在 }x=0\text{ 处连续}\Leftrightarrow\lim_{x\to 0^-}f(x)=\lim_{x\to 0^+}f(x)=f(0),\text{ 即 }b^2=1=b^2.$$

因此,仅当 $b=\pm 1$,a 为任意常数时,$f(x)$ 在 $x=0$ 处连续,从而 $f(x)$ 在 $(-\infty,+\infty)$ 内连续.

注意:解此题时易犯以下错误.

错解 1 因 $\lim_{x\to 0^-}f(x)=\lim_{x\to 0^-}\mathrm{e}^{\sin^2 x}=\mathrm{e}^0=1$,$\lim_{x\to 0^+}f(x)=\lim_{x\to 0^+}[a\ln(x+1)+b^2]=b^2$

$$f(0)=a\ln(0+1)+b^2=a\cdot 0+b^2=b^2$$

由 $\lim_{x\to 0^+}f(x)=\lim_{x\to 0^-}f(x)=f(0)$ 得 $b=\pm 1$,

所以 a 为任意实数,$b=\pm 1$ 时 $f(x)$ 连续.

【评注】 此解法是不完整的,没有说明 $f(x)$ 在 $(-\infty,0)$ 与 $(0,+\infty)$ 内连续.

错解 2 因 $\lim_{x\to 0^-}f(x)=\lim_{x\to 0^-}\mathrm{e}^{\sin^2 x}=\mathrm{e}^0=1$,$\lim_{x\to 0^+}f(x)=\lim_{x\to 0^+}[a\ln(x+1)+b^2]=b^2$,

由 $\lim_{x\to 0^+}f(x)=\lim_{x\to 0^-}f(x)$ 得 $b=\pm 1$,所以 a 为任意实数,$b=\pm 1$ 时,$f(x)$ 连续.

【评注】 此解法除了没说明在 $(-\infty,0)$ 与 $(0,+\infty)$ 内连续外,还错在,由 $\lim_{x\to 0^+}f(x)=\lim_{x\to 0^-}f(x)$ 不一定能保证 $f(x)$ 在 $x=0$ 处连续. 因 $f(x)$ 在 $x=0$ 处连续 $\Leftrightarrow\lim_{x\to 0^+}f(x)=\lim_{x\to 0^-}f(x)=f(0)$.

【例 3-2-6】 设 $f(x)=\dfrac{x}{a+\mathrm{e}^{bx}}$ 在 $(-\infty,+\infty)$ 内连续,且 $\lim_{x\to-\infty}f(x)=0$,试确定常数 a,b.

分析:$a+\mathrm{e}^{bx}\neq 0$,$\mathrm{e}^{bx}>0$.

解 由 $f(x)$ 连续,得到 $a+\mathrm{e}^{bx}\neq 0$,又因为 $\mathrm{e}^{bx}>0$,故 $a\geqslant 0$. 又由 $\lim_{x\to-\infty}f(x)=0$ 得到 $b<0$. 否则,若 $b\geqslant 0$,则 $\lim_{x\to-\infty}\mathrm{e}^{bx}=0$,因而 $\lim_{x\to-\infty}f(x)=-\infty$,这与题设矛盾.

综上可得,$a\geqslant 0$,$b<0$.

3.2.5 同步练习

一、选择题

1. 下列说法中正确的是( ).

A. 如果函数 $f(x)$ 在 x_0 处连续,则 $|f(x)|$ 在 x_0 处连续

B. 如果函数 $|f(x)|$ 在 x_0 处连续,则 $f(x)$ 在 x_0 处也连续

C.如果函数 $f(x)$ 在 x_0 处连续,则 $\dfrac{1}{f(x)}$ 在 x_0 处连续

D.如果函数 $f(x)$ 在 x_0 处连续,则 $\dfrac{1}{f(x)}$ 在 x_0 处不连续

2.设 $f(x)=\begin{cases}x^2-1, & -1\leqslant x<0 \\ x, & 0\leqslant x<1 \\ 2-x, & 1\leqslant x\leqslant 2\end{cases}$,则 $f(x)$ 连续的区间为(　　).

A. $[-1,2]$ 　　　　　　　　　　 B. $[-1,0),[0,2]$

C. $[-1,1),[1,2]$ 　　　　　　　 D. $[-1,0),[0,1),[1,2]$

3.两函数 $f(x)$、$g(x)$ 连续是它们的乘积 $f(x)g(x)$ 连续的(　　).

A.充要条件 　　　　　　　　　　 B.非充分非必要条件

C.仅必要条件 　　　　　　　　　 D.仅充分条件

4.已知函数 $f(x)=\tan x$,以下哪一个是它的定义区间? (　　)

A. $(-3,3)$ 　　　 B. $(-2,2]$ 　　　 C. $[-1,1]$ 　　　 D. $[-1,2]$

5.设 $f(x)$ 在 $(-\infty,+\infty)$ 内有定义,且 $\lim\limits_{x\to\infty}f(x)=0$,若设 $g(x)=\begin{cases}f\left(\dfrac{1}{x}\right), & x\neq 0 \\ 0, & x=0\end{cases}$,则 $x=$

0 必是 $g(x)$ 的(　　).

A.连续点 　　　 B.第一类间断点 　　　 C.第二类间断点 　　　 D.无法确定

二、填空题

1.若 $f(x)$ 的连续区间为 $[0,1]$,则 $f(x^2)$ 的连续区间为 _____.

2.若 $x=0$ 为初等函数 $f(x)$ 定义区间内一点,且 $f(0)=\sqrt[n]{\pi}$,a 为常数,则 $\lim\limits_{x\to 0}[f^n(ax)]=$

_____.

3.设 $f(x)=\lim\limits_{n\to\infty}\dfrac{(n-1)^2 x}{(nx)^2+1}$,则 $f(x)$ 的连续区间为 _____.

4. $\lim\limits_{x\to\infty}\cos^2\dfrac{ax}{x^2+x+1}$ (a 为常数)= _____.

5.已知函数 $f(x)=\begin{cases}(2x+1)^{\frac{1}{x}}, & x\neq 0 \\ \mathrm{e}^a, & x=0\end{cases}$ 为连续函数,则 a 的值是 _____.

三、解答题

1.当 a 为何值时,函数 $f(x)=\begin{cases}x^3+a^2 & x\leqslant 0 \\ \dfrac{1-\cos 2x}{x^2} & x>0\end{cases}$ 的连续区间为 $(-\infty,+\infty)$?

2.计算 $\lim\limits_{x\to\frac{\pi}{2}}(\sin x)^{2\sec^2 x}$.

3.设 $f(x)=2x^2+3+4x$,$\lim\limits_{x\to 1}f(x)$ 在 $x=1$ 处连续,求 $\lim\limits_{x\to 1}f(x)$.

3.3 闭区间上连续函数的性质

3.3.1 基本要求

1. 掌握闭区间上连续函数的性质及其应用.

2. 会用零点定理证明或分析方程根的存在性.

3.3.2 知识要点

闭区间上连续函数的性质如表 3.3.1 所示.

表 3.3.1 闭区间上连续函数的性质

定义		定理	内容	注意
$f(x)$ 在 闭 区 间 $[a,b]$ 上连续	$f(x)$ 在 $[a,b]$ 上 连 续 是 指 $f(x)$ 在 (a,b) 内 每 一 点连续且 $\lim\limits_{x \to a^+} f(x) = f(a)$, $\lim\limits_{x \to b^-} f(x) = f(b)$	最值定理	1. 闭区间上的连续函数在该区间上一定会取得最大值和最小值; 2. 闭区间上的连续函数一定在该区间上有界, 即有界性定理	使用这些闭区间上连续函数的定理,必须先满足函数在闭区间上连续,若这一条件不满足,就不能保证结论的正确性
		介值定理	1. 若 $f(x)$ 在 $[a,b]$ 上连续, $f(a)=A$, $f(b)=B$, 且 $A \neq B$, 则对于 A 与 B 之间的任意一个数 C, 在 (a,b) 内至少有一点 ξ, 使得 $f(\xi)=C (a < \xi < b)$; 2. 闭区间上的连续函数, 一定会取得介于最大值 M 与最小值 N 之间的任何值, 即中间值定理; 3. 若 $f(x)$ 在 $[a,b]$ 上连续, 且 $f(a)$ 与 $f(b)$ 异号, 即 $f(a)f(b)<0$, 则在 (a,b) 内至少存在一点 ξ, 使得 $f(\xi)=0 (a < \xi < b)$, 即零点定理. **注**: 若存在 $x=\xi$ 使得 $f(\xi)=0$, 则称 $x=\xi$ 是方程 $f(x)=0$ 的实根, 又称点 $x=\xi$ 为函数 $f(x)$ 的零点.	

3.3.3 答疑解惑

1. 下列命题是否正确?

(1) 若 $f(x)$ 在 (a,b) 内连续, 则 $f(x)$ 在 (a,b) 内有界.

(2) 若 $f(x)$ 在 (a,b) 内连续且有界, 则 $f(x)$ 在 (a,b) 内必有最大值和最小值.

(3) 若 $f(x)$ 定义在 $[a,b]$ 上, 在 (a,b) 内连续, 又 $f(a) \cdot f(b) < 0$, 则必存在 $\xi \in (a,b)$ 使得 $f(\xi)=0$.

分析: 若要说明某一命题正确, 必须给出严格的证明; 反之, 表明某一命题为假时, 只要举出一个反例即可.

答:(1)不正确.例如,令 $f(x)=\dfrac{1}{x-a}$,则 $f(x)$ 在 (a,b) 内连续,但 $f(x)$ 在 (a,b) 内无界,如图 3.3.1 所示.

(2)不正确.例如,令 $f(x)=x$,则 $f(x)$ 在 (a,b) 内连续且有界,但 $f(x)$ 在 (a,b) 内不存在最大值和最小值,如图 3.3.2 所示.

(3)不正确.显然,若 $f(x)$ 在 $x=a$ 处右连续,在 $x=b$ 处左连续,$f(x)$ 在 $[a,b]$ 上连续,于是由零点定理知,$\exists \xi \in (a,b)$,使 $f(\xi)=0$.因此,只需考察 $f(x)$ 在 $x=a$ 或 $x=b$ 不连续的情形.

若 $f(x)$ 定义在 $[a,b)$ 连续,恒正,而 $f(b)<0$,则 $f(x)$ 满足题中所设条件,但不存在 $\xi \in (a,b)$ 使得 $f(\xi)=0$,如图 3.3.3 所示.

2.若函数 $f(x)$ 在 $[a,b]$ 连续,则 $f(x)$ 可以取到 $f(a)$、$f(b)$ 之间的一切值;反之,若一个函数 $f(x)$ 可以取到 $f(a)$、$f(b)$ 之间的一切值,它是否在 $[a,b]$ 连续?

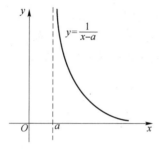

图 3.3.1

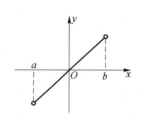

图 3.3.2

答:不一定.例如,$f(x)=\begin{cases} x, & 0\leqslant x<1 \\ 3-x, & 1\leqslant x\leqslant 2, \\ x, & 2<x\leqslant 3 \end{cases}$ 它可以取到 $f(0)=0$,$f(3)=3$ 之间的一切值,但不连续,在 $[0,3]$ 中有不连续点 $x=1$ 与 $x=2$,如图 3.3.4 所示.

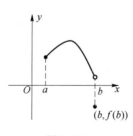

图 3.3.3

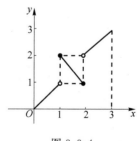

图 3.3.4

3.如何用零点定理证明根的存在性?

答:证明根的存在性,通常需要根据题设的条件和所证结论采取相应的策略:

(1)如果题设直接给出函数,需先对函数阐明两点:一是函数在某个闭区间上连续,二是该区间两端点的函数值异号,然后用零点定理即可得到结论.

(2)如果题设给出方程,首先将方程写成 $f(x)=0$ 的形式;其次,设函数 $f(x)$,并利用(1)的方法证明 $f(x)$ 在某个闭区间有零点,即可得到结论.

(3)如果题目是证明存在 $\xi \in (a,b)$ 使一个含 ξ 的等式成立,这时,先将要证的含 ξ 的等式写成 $f(\xi)=0$ 的形式,这相当于证明方程 $f(x)=0$ 存在根 ξ. 这只要作辅助函数 $f(x)$,再利用(1)的方法证明即可.

(4)如果要证方程 $f(x)=0$ 在 (a,b),$[a,b)$ 和 $[a,b]$ 上存在根,除用零点定理证明在开区间 (a,b) 内存在根外,还应对区间的端点加以讨论.

4.利用闭区间上连续函数的性质证明 $f(\xi)=C$ 一般有哪些方法?

答:利用闭区间上连续函数的性质证明函数 $f(x)$ 在点 $x=\xi$ 的函数值 $f(\xi)$ 等于某一确定的常数 C,即证明 $f(\xi)=C$,一般有两种方法:

(1)用零点定理.将 $f(\xi)=C$ 改写成 $f(\xi)-C=0$,作辅助函数 $F(x)=f(x)-C$. 只要证明方程 $F(x)=0$ 存在根 ξ 即可.

(2)用介值定理.若 $f(x)$ 在闭区间 $[a,b]$ 上连续,且最大值与最小值分别为 M 和 m,只要能证明 C 介于 m 与 M 之间,即可得出要证的结论.

5.如何证明方程根的唯一性?

答:(1)用零点定理证明方程 $f(x)=0$ 在开区间 (a,b) 内存在根;

(2)验证函数 $f(x)$ 在 $[a,b]$ 单调;或用反证法,设方程有两个实根,从而导出矛盾.

6.设连续函数 $f(x)$ 在 $[a,b]$ 取到最大值 M 与最小值 m,则 $f(x)$ 在 $[a,b]$ 的值域是 $[m,M]$.这一命题正确吗? 若 $f(x)$ 在 $[a,b]$ 不连续,又如何?

答:正确.

首先,对任意的 $x \in [a,b]$,由最大值、最小值的定义知 $m \leqslant f(x) \leqslant M$.

其次,因 $f(x)$ 在 $[a,b]$ 上连续,由最值定理知,存在 $x_1,x_2 \in [a,b]$,使得

$$f(x_1)=m, f(x_2)=M$$

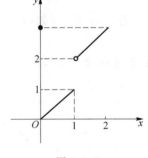

最后,由中间值定理知,对任意的 $y \in (m,M)$,存在 x 在 x_1 与 x_2 之间,即 $x \in [a,b]$,使得 $f(x)=y$.这就证明了 $f(x)$ 在 $[a,b]$ 连续,则 $f(x)$ 在 $[a,b]$ 的值域为 $[m,M]$.

但若 $f(x)$ 在 $[a,b]$ 有不连续点,则命题就不一定成立了.例如,如图 3.3.5 所示,给定函数

$$f(x)=\begin{cases} x, & 0 \leqslant x \leqslant 1 \\ x+1, & 1 < x \leqslant 2 \end{cases}$$

则 $f(x)$ 在 $[0,2]$ 上取到最大值 $M=3=f(2)$ 和最小值 $m=0=f(0)$.它的值域是 $[0,1] \cup (2,3]$,而不是 $[0,3]=[m,M]$.

图 3.3.5

注:求 $[a,b]$ 上连续函数 $f(x)$ 的值域,可以通过求它的最大值 M 与最小值 m.

7.若 $f(x)$ 在 $[a,b]$ 上连续,且 $f(x)$ 在 $[a,b]$ 上无零点,则 $f(x)$ 在 $[a,b]$ 上不变号.这一命题正确吗?

答:正确.可用反证法证明.若不然,则 $f(x)$ 在 $[a,b]$ 上变号,即 $\exists x_1,x_2 \in [a,b]$,使得 $f(x_1)>0$,$f(x_2)<0$,即 $f(x_1) \cdot f(x_2)<0$.由零点定理知,$\exists \xi \in (x_1,x_2)$(不妨设 $x_1<x_2$),使得 $f(\xi)=0$,ξ 是 $f(x)$ 在 $[a,b]$ 上的一个零点.这与 $f(x)$ 在 $[a,b]$ 上无零点矛盾! 因此,$f(x)$ 在 $[a,b]$ 上不变号.

3.3.4　典型例题分析

题型 1　证明曲线(或函数)有交点(或零点)

【例 3-3-1】 设函数 $y=x^5-3x-1$,则曲线 y 与 x 轴在 1 和 2 之间至少有一个交点.

分析:证明曲线 $y=x^5-3x-1$ 与 x 轴在 1 和 2 之间至少有一个交点,就是证明函数 $y=x^5-3x-1$ 在 $x=1$ 与 $x=2$ 之间至少有一个零点 ξ,即至少存在一点 $\xi\in(1,2)$,使得 $y(\xi)=0$,于是考虑用运零点定理.运用零点定理需阐明两点:一是函数在闭区间上连续(因为是初等函数,这一点是显然的);二是区间端点处的函数值异号.

证明　函数 $y=x^5-3x-1$ 显然在 $[1,2]$ 上连续,并且
$$y(1)=1-3-1=-3<0,\qquad y(2)=32-6-1=25>0$$

由零点定理知,函数 $y=x^5-3x-1$ 在 $(1,2)$ 内至少有一个零点,即曲线与 x 轴在 1 和 2 之间至少有一个交点.

注:任一个奇数次多项式(或任一奇数次代数方程)至少有一个实根.

【例 3-3-2】 证明两曲线 $f(x)=|x|^{\frac{1}{4}}+|x|^{\frac{1}{2}}$ 和 $g(x)=\cos x$ 至少有两个交点.

分析:证明两曲线 $f(x)=|x|^{\frac{1}{4}}+|x|^{\frac{1}{2}}$ 和 $g(x)=\cos x$ 至少有两个交点,可转化为证明函数 $F(x)=f(x)-g(x)=|x|^{\frac{1}{4}}+|x|^{\frac{1}{2}}-\cos x$ 至少有两个零点.因 $F(x)$ 是偶函数,根据对称性,只要证明函数 $F(x)$ 在 $(0,+\infty)$ 内至少有一个零点.显然 $F(x)$ 是连续函数,在 **R** 内连续,为证明 $F(x)$ 有零点,只需找到两点 a,b,使得 $F(a)$ 与 $F(b)$ 异号,如可取 $a=0,b=1$.

证明　令函数 $F(x)=f(x)-g(x)=|x|^{\frac{1}{4}}+|x|^{\frac{1}{2}}-\cos x$,显然 $F(x)$ 是连续函数,则 $F(x)$ 在 $[0,1]$ 上连续,又
$$F(0)=-1<0,F(1)=2-\cos 1>0$$

因此,由零点定理知,在 $(0,1)$ 内 $F(x)$ 至少有一个零点,即两曲线 $f(x)$ 和 $g(x)$ 在 $x=0$ 与 $x=1$ 之间至少有一个交点.

因 $F(x)$ 是偶函数,根据对称性,可知在 $(-\infty,+\infty)$ 内 $F(x)$ 至少有两个零点,即两曲线 $f(x)$ 和 $g(x)$ 至少有两个交点.

题型 2　证明方程有实根

【例 3-3-3】 试证方程 $x=\cos x$ 在 $(-\infty,+\infty)$ 内至少有一个实根.

分析:转化为证明 $F(x)=x-\cos x$ 在 $(-\infty,+\infty)$ 内至少存在一个零点.因 $F(x)$ 在 $(-\infty,+\infty)$ 内连续,为证明 $F(x)$ 有零点,只需找到两点 a,b,使得 $F(a)$ 与 $F(b)$ 异号.用观察法易知,可取 $a=0,b=\dfrac{\pi}{2}$.

证明　令 $F(x)=x-\cos x$,显然 $F(x)$ 在 $(-\infty,+\infty)$ 内连续,则 $F(x)$ 在 $\left[0,\dfrac{\pi}{2}\right]$ 上连续,又由于
$$F(0)=-1<0,F\left(\frac{\pi}{2}\right)=\frac{\pi}{2}>0$$

因此,由零点定理可知,$F(x)$ 在 $\left(0,\dfrac{\pi}{2}\right)$ 内至少存在一个零点,故方程 $F(x)=0$,即 $x=\cos x$ 在 $(-\infty,+\infty)$ 内至少有一个实根.

注：把所给方程的一边移到另一边，或稍作初等变换后构造一辅助函数，或许是函数构造中最简单的一种构造思想，但它有着很重要的实际意义．

【例 3-3-4】 设 $g(x)$ 在 $[a,b]$ 上连续，且 $g(a)\leqslant a, g(b)\geqslant b$，证明在 $[a,b]$ 上至少存在一点 ξ，使 $g(\xi)=\xi$．

分析：要证明在 $[a,b]$ 上至少存在一点 ξ，使 $g(\xi)=\xi$，就是证明方程 $g(x)=x$ 在 $[a,b]$ 存在根．此时，通常是构造辅助函数 $F(x)$，转化为证明 $F(x)$ 在 $[a,b]$ 存在零点．由 $g(a)\leqslant a$ 和 $g(b)\geqslant b$ 得到 $g(a)-a\leqslant 0$ 和 $g(b)-b\geqslant 0$，为使构造的函数 $F(x)$ 在区间两端点的函数值异号，应令 $F(x)=g(x)-x$．于是，命题等价于证明 $F(x)=g(x)-x$ 在 $[a,b]$ 上有零点．由零点定理可证得 $F(x)$ 在 (a,b) 内存在零点．因是要证 $F(x)$ 在 $[a,b]$ 存在零点，故还需对区间端点的函数 $F(a)=0, F(b)=0$ 的特殊情形加以讨论．

证明 设 $F(x)=g(x)-x$，因 $g(x)$ 在 $[a,b]$ 上连续，故 $F(x)$ 在 $[a,b]$ 上连续，又由题设有 $F(a)=g(a)-a\leqslant 0, F(b)=g(b)-b\geqslant 0$．

(1)若 $F(a), F(b)$ 中至少有一个是零，则 a, b 中至少有一个可作为 ξ，使得 $g(\xi)=\xi$．

(2)若 $F(a)<0, F(b)>0$，则由零点定理知，在 (a,b) 内至少有一点 ξ 使得 $F(\xi)=g(\xi)-\xi=0$，即 $g(\xi)=\xi$．

综上可得，在 $[a,b]$ 上至少存在一点 ξ，使得 $g(\xi)=\xi$．

注：如果连续函数 $F(x)$ 在闭区间 $[a,b]$ 的两个端点的函数值 $F(a)$ 与 $F(b)$，有 $F(a)\geqslant 0, F(b)\leqslant 0$；或 $F(a)\leqslant 0, F(b)\geqslant 0$，则应对特殊情形 $F(a)=0, F(b)=0$ 分别单独讨论，这是特殊事件特殊处理的思维方式，然后对 $F(a)F(b)<0$ 的一般情形应用零点定理，进而命题得证．

【例 3-3-5】 试证明方程 $x-a\sin x=b$ 至少存在一正根 $\xi\in(0,a+b]$，其中常数 a,b 满足 $0<a<1, b>0$．

分析：证明方程 $x-a\sin x=b$ 在半开区间 $(0,a+b]$ 有根，除用零点定理证明方程在开区间 $(0,a+b)$ 内有根外，还需对区间右端点 $x=a+b$ 处加以讨论．

证法 1 令 $F(x)=x-a\sin x-b$．显然 $F(x)$ 在闭区间 $[0,a+b]$ 上连续，且 $F(0)=-b<0$，$F(a+b)=a[1-\sin(a+b)]$．

当 $F(a+b)=0$ 时，如取 $a+b=2k\pi+\dfrac{\pi}{2}$（k 为正整数），则 $\xi=a+b$ 就是原方程的一个正根．

当 $F(a+b)\neq 0$ 时，有 $1-\sin(a+b)>0$，故 $F(a+b)>0$，则由零点定理知，原方程在开区间 $(0,a+b)$ 内至少存在一正根 ξ．

综合二者便得本命题结论成立．

证法 2 令函数 $f(x)=x-a\sin x$，则所考虑的方程为 $f(x)=b, b>0$，显然 $f(x)$ 是闭区间 $[0,a+b]$ 上的连续函数，且严格单调增加．故 $f(x)$ 在闭区间 $[0,a+b]$ 上的最小值为 $f(0)=0$，最大值为 $f(a+b)=b+a[1-\sin(a+b)]$．

当 $1-\sin(a+b)=0$ 时，$f(a+b)=b$，则 $\xi=a+b$ 是原方程的一个正根．

当 $1-\sin(a+b)>0$ 时，$f(a+b)>b>0=f(0)$，即常数 b 介于 $f(x)$ 在 $[0,a+b]$ 上的最小值与最大值之间，则由介值定理知，在 $(0,a+b)$ 内至少存在一点 ξ，使得

$$f(\xi)=\xi-a\sin\xi=b$$

综合两方面，本命题获证．

题型 3　证明方程根的唯一性

【例 3-3-6】 证明方程 $x^3-3x^2-9x+1=0$ 在 $(0,1)$ 内有唯一实根.

分析：对于此类问题,首先利用零点定理证明根的存在性,然后利用单调性或反证法说明根的唯一性.

证法 1

存在性. 令 $f(x)=x^3-3x^2-9x+1$,则 $f(0)=1>0,f(1)=-10<0$,且 $f(x)$ 在 $[0,1]$ 上连续,故由零点定理知,至少存在 $\xi_1\in(0,1)$,使 $f(\xi_1)=0$.

唯一性. 设存在 $\xi_2\in(0,1)(\xi_2\neq\xi_1)$,使 $f(\xi_1)=0$,则 $f(\xi_2)-f(\xi_1)=0,\xi_2^3-3\xi_2^2-9\xi_2+1-\xi_1^3+3\xi_1^2+9\xi_1-1=0$,

即 $(\xi_2-\xi_1)[(\xi_2^2+\xi_1\xi_2+\xi_1^2)-3(\xi_2+\xi_1)-9]=0$,因为 $\xi_2^2+\xi_1\xi_2+\xi_1^2-3(\xi_2+\xi_1)-9<0$(注意 ξ_1,$\xi_2\in(0,1)$),所以 $\xi_2-\xi_1=0$,即 $\xi_2=\xi_1$,从而方程 $x^3-3x^2-9x+1=0$ 在 $(0,1)$ 内只有唯一的实根.

证法 2　令 $f(x)=x^3-3x^2-9x+1$,则有

$$f(0)=1>0,f(1)=-10<0$$

$$\lim_{x\to-\infty}f(x)=\lim_{x\to-\infty}(x^3-3x^2-9x+1)=\lim_{x\to-\infty}\left\{x\left[\left(x-\frac{3}{2}\right)^2-\frac{45}{4}\right]+1\right\}=-\infty$$

$$\lim_{x\to+\infty}f(x)=\lim_{x\to+\infty}(x^3-3x^2-9x+1)=+\infty$$

且 $f(x)$ 在 $(-\infty,+\infty)$ 内连续,则 $f(x)$ 在 $(-\infty,0)$、$(0,1)$、$(1,+\infty)$ 各区间内至少有一个零点,即方程 $f(x)=0$ 在此三个区间内至少各有一个实根. 又因为所给方程为一元三次方程,最多只有三个实根,所以方程 $f(x)=0$ 在该三区间内各恰有一个实根,即方程 $x^3-3x^2-9x+1=0$ 在 $(0,1)$ 内有唯一实根.

3.3.5　同步练习

一、选择题

1. 函数 $f(x)=g(x)+1$ 在 **R** 上单调连续,它在区间(　　)上最小值必存在.

A.$[-2,-1]$　　　B.$(-2,-1)$　　　C.$(-2,-1]$　　　D.$[-2,-1)$

2. 方程 $f(x)=c$ 有实根,则(　　).

A.$f(x)$ 有零点　　　　　　　　B.$f(x)-c$ 有零点

C.$f(x)=0$　　　　　　　　　　D.$f(0)=c$

3. 设函数 $f(x)$ 在 $[a,b]$ 上有最大、最小值,则 $f(x)$ 在 $[a,b]$ 上必(　　).

A.连续　　　　　B.有零点　　　　　C.有界　　　　　D.单调

4. 当 $|x|<\dfrac{\pi}{2}$ 时,函数 $f(x)=\sin x+1$(　　).

A.有最大、最小值　　　　　　　B.无最大、最小值

C.仅有最大值　　　　　　　　　D.仅有最小值

5. $f(x)$ 在 $[a,b]$ 上连续是 $f(x)$ 在 $[a,b]$ 上有界的(　　).

A.必要条件　　　　　　　　　　B.充分条件

C.充分必要条件　　　　　　　　D.既不充分也不必要

二、填空题

1.若函数 $f(x)$ 和 $\varphi(x)$ 在 $[-1,1]$ 上连续,则 $f[\varphi(x)]$ 在 _____ 上有最大、最小值.

2.$f(x)$ 在 $[0,\pi]$ 上连续,则满足条件 _____ 时,$f(x)=0$ 至少有一正根.

3.设 $f(x)$ 在 $(-\infty,+\infty)$ 内连续,对任意的两点 $x_1<x_2$,若 $f(x_1)\neq f(x_2)$,则对 $f(x_1)$ 与 $f(x_2)$ 之间任何数 η,必存在 $c\in$ _____,使得 $f(c)=\eta$.

4.设 $f(x)$ 在 $[a,b]$ 上连续,若 $f(x)=0$ 在 (a,b) 内没有实根,则必有 $f(a)f(b)$ _____.

5.若 $f(x)$ 在 $[a,b]$ 上单调连续,且 $f(a)f(b)<0$,则方程 $f(x)=0$ 有 _____ 个实根.

三、解答题

1.设 $f(x)=4\sin x+\dfrac{\pi}{2}$,证明在 $\left(-\dfrac{\pi}{2},0\right)$ 内方程 $f(x)=x$ 至少有一个实根.

2.证明方程 $x^3-9x-1=0$ 恰有三个实根.

3.证明 $\cos x-\dfrac{1}{x}=0$ 有无穷多个正根,并指出这一事实的几何意义.

◆ 本章总复习 ◆

一、重点

1.连续与间断点的判定

连续性是函数的重要性质,它是用极限方法研究函数性质的第一个范例.函数点连续的三个要素为有定义、有极限、极限值等于函数值,这三个要素主要部分是有极限.

函数在某一点连续的充要条件是左、右极限存在且相等,并等于该点的函数值.运用此结论是判断函数在某些点的连续性(特别是分段函数在分段点处的连续性)或间断点的类型的一种最有效的方法.对于分段函数,其分段点要考虑左、右连续.判别函数间断点类型时,主要讨论在该点的左、右极限.

2.求连续函数的极限

根据函数 $f(x)$ 在 $x=x_0$ 点连续的定义可知,求连续函数 $f(x)$ 在 $x\to x_0$ 时的极限,只需求 $x=x_0$ 时的函数值 $f(x_0)$.因此,对于初等函数 $f(x)$,其定义区间内一点 $x=x_0$,极限为 $\lim\limits_{x\to x_0}f(x)=f(x_0)$.

3.零点定理的应用

零点定理的条件可以说由三部分组成:一是闭区间 $[a,b]$;二是在此区间上连续的函数 $f(x)$;三是 $f(x)$ 在区间端点值异号($f(a)f(b)<0$).零点定理往往用于证明一些命题尤其是

根的存在性命题,常常只给出上述三条件中的部分条件,另一些条件需证明.

二、难点

1.间断点类型的判别

若 x_0 为 $f(x)$ 的间断点,其类型由 $\lim\limits_{x \to x_0^-} f(x)$、$\lim\limits_{x \to x_0^+} f(x)$ 或 $\lim\limits_{x \to x_0} f(x)$ 的状态决定:在点 x_0 处,若左、右极限 $\lim\limits_{x \to x_0^-} f(x)$、$\lim\limits_{x \to x_0^+} f(x)$ 均存在,则 x_0 为第一类间断点;否则为第二类间断点.

其中,

(1)若 $\lim\limits_{x \to x_0} f(x) = c$(常数),则 x_0 为可去间断点.

(2)若 $\lim\limits_{x \to x_0^-} f(x)$、$\lim\limits_{x \to x_0^+} f(x)$ 均存在但不相等,则 x_0 为跳跃间断点.

(3)若 $\lim\limits_{x \to x_0^-} f(x)$、$\lim\limits_{x \to x_0^+} f(x)$ 至少有一个为 ∞,则 x_0 为无穷间断点.

(4)若 $\lim\limits_{x \to x_0} f(x)$ 不存在的起因是 $f(x)$ 的无限次振荡,则 x_0 为振荡间断点.

可去间断点与跳跃间断点属于第一类间断点,而无穷间断点和振荡间断点属于第二类间断点.

2.函数连续性的讨论

有关函数连续性的讨论要综合地利用函数、极限、连续等概念、性质和求极限的各种方法.在讨论这类问题时首先要明确并记住关于初等函数连续性的下列结论:

(1)基本初等函数在其定义域内连续.

(2)初等函数在其定义区间(注意这里不是指定义域)连续.

由于初等函数在其定义区间内总是连续的,故对于初等函数的连续性没有什么可讨论的.这里关于函数连续性的讨论,主要是针对非初等函数而言的.一般常见的非初等函数有分段函数、带绝对值的函数及由极限定义的函数等.因带绝对值的函数及由极限定义的函数一般都可用分段函数表示,所以也可以说,讨论函数连续性主要就是讨论分段函数的连续性.分段函数在非分段点处一般是连续的,这是因为在分段区间上分段函数一般都是用初等函数表示的,而初等函数在其定义区间都是连续的.因此,讨论分段函数的连续性主要归结为讨论在分段点处的连续性.

讨论这类比较复杂的问题时,最容易出现的错误是分析、思考问题不全面.常出现遗漏分段点和计算极限不正确的情况.

3.闭区间上连续函数性质的应用

闭区间上连续函数性质:最值可达性;整体有界性;介值性;根的存在性.这些都是函数很重要的整体性质,有着广泛的应用,常常用于证明某些结论,如讨论方程的实根、函数的有界性等.

利用闭区间上连续函数性质证明某些结论一般采用两种方法:

(1)直接法:先利用最值定理,再利用介值定理,有可能需对函数作一些小变形.

(2)间接法:先作辅助函数 $F(x)$,再利用零点定理.辅助函数作法是首先把结论中的 ξ(或

x_0)改写成 x,其次移项,使等式右边为零,令左边式子为 $F(x)$,则 $F(x)$ 即为所求.

熟练应用闭区间上连续函数性质,正确理解其结构和意义尤为重要.它们的几何意义是很明显的,要结合图像来理解.同时,应能按逆向思维分别正确表述它们的逆否命题,并理解其意义,也十分重要.例如,零点定理的逆否命题为:设 $f(x)$ 在 $[a,b]$ 上连续,若 $f(x)=0$ 在 (a,b) 内没有实根,则 $f(a)f(b)\geqslant 0$.

对某个方程实根的讨论是零点定理或介值定理的重要应用,主要包括:确定某个给定方程的实根是否存在;确定该方程的实根是否唯一,或它的个数;确定这些实根所在范围,或者求该方程的近似解.

在证明方程存在某个实根的基础上,用函数单调性或反证法可证明其唯一性.

三、知识图解

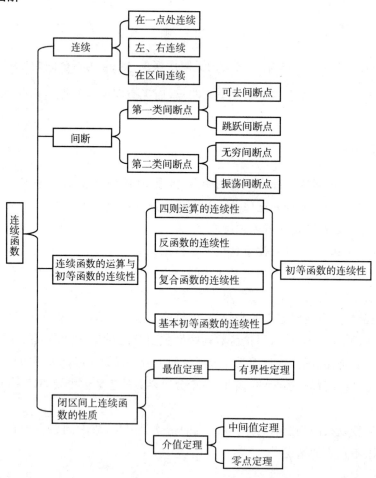

四、自测题

自测题 A(基础型)

一、选择题(每题 3 分,共 24 分)

1. 函数 $f(x)$ 在点 x_0 处有定义是 $f(x)$ 在点 x_0 处连续的(　　　)条件.

A. 必要条件　　　　　B. 充分条件　　　　　C. 充要条件　　　　　D. 无关条件

2. 函数 $f(x)$ 在 **R** 上连续,它在区间( )一定存在最大值.

A. $[1,2)$　　　　　B. $(1,2)$　　　　　C. $(1,2]$　　　　　D. $[1,2]$

3. 初等函数在其定义区间都( ).

A. 有界　　　　　B. 有零点　　　　　C. 连续　　　　　D. 有最大、最小值

4. 设 $f(x)=\mathrm{e}^{\frac{1}{x}}$,则 $x=0$ 是 $f(x)$ 的( ).

A. 第一类间断点　　　B. 第二类间断点　　　C. 连续点　　　　　D. 无法确定

5. 若函数 $f(x)$ 在 $[a,b]$ 上无界,则 $f(x)$ 在 $[a,b]$ 上必( ).

A. 无最大值　　　　B. 无最小值　　　　C. 间断　　　　　D. 连续

6. 若 $f(x)$ 为连续函数,则 $f(x)$ 一定是( )函数.

A. 有界　　　　　B. 初等　　　　　C. 分段　　　　　D. 无法确定

7. $f(x)$ 在 $[a,b]$ 上连续是 $f(x)$ 在其上有最大、最小值的( ).

A. 必要条件　　　B. 充分条件　　　C. 充分必要条件　　　D. 非充分非必要条件

8. 若 $f(x)=\begin{cases}\cos x+x\sin\dfrac{1}{x}, & x<0 \\ x^2+1, & x\geqslant0\end{cases}$,则 $x=0$ 是 $f(x)$ 的( ).

A. 第一类间断点　　　B. 第二类间断点　　　C. 连续点　　　　　D. 零点

二、填空题(每题 3 分,共 24 分)

1. 若函数 $f(x)$ 在点 x_0 处自变量变化很小,函数值变化也很小,则 $\lim\limits_{x\to x_0}f(x)=$＿＿＿＿＿＿.

2. 补充定义 $f(0)=$＿＿＿＿＿＿＿＿＿＿可使函数 $f(x)=(1+\sin x)^{\frac{1}{x}}$ 在 $x=0$ 处连续.

3. 若 $x=\mathrm{e}$ 是 $f(x)=\dfrac{\ln x-a}{x-\mathrm{e}}$ 的可去间断点,则 $a=$＿＿＿＿＿＿＿＿＿.

4. 函数 $f(x)=\begin{cases}2x, & 0\leqslant x\leqslant2 \\ x-1, & -1<x<0\end{cases}$ 的连续区间为＿＿＿＿＿＿＿＿＿.

5. 函数 $f(x)=\begin{cases}\mathrm{e}^x, & x<0 \\ k^3, & x=0 \\ 1+x\sin\dfrac{1}{x}, & x>0\end{cases}$ (k 为常数)在 $x=0$ 处连续的充分必要条件是 $k=$

＿＿＿＿＿＿＿＿＿＿.

6. 若定义在 $[a,b]$ 上的连续函数 $f(x)$ 有最大值 M 和最小值 m,则 $f(x)$ 在 $[a,b]$ 上的值域

为＿＿＿＿＿＿＿＿＿.

7. 设函数 $f(x)=\dfrac{x^2-1}{x^2-x}$,则它的第一类间断点共有＿＿＿＿＿＿＿＿＿个.

8. 若 $f(x)$ 在 $x=0$ 处连续,且对任意的 $x,y\in(-\infty,+\infty)$ 有 $f(x+y)=f(x)+f(y)$,则

$\lim\limits_{x\to0}f^2(x)=$＿＿＿＿＿＿＿＿＿.

三、解答题(第 1 题 7 分,其余每题 9 分,共 52 分)

1. 求函数 $f(x)=\dfrac{1}{\lg(1-x)}$ 的连续区间.

2. 设 $f(x) = \begin{cases} (1+x)^{-\frac{1}{x}}, & x \neq 0 \\ e, & x = 0 \end{cases}$, 求出 $f(x)$ 的间断点,并说明其类型;若存在可去间断点,请写出连续延拓函数.

3. 设 $f(x) = \begin{cases} 2, & x = 1, \\ \dfrac{x^4 + ax + b}{x-1}, & x \neq 1 \end{cases}$ 在 $x = 1$ 处连续,试确定常数 a, b 的值.

4. 讨论函数 $f(x) = \begin{cases} |x|, & |x| \leqslant 1 \\ \dfrac{x}{|x|}, & 1 < x \leqslant 1 \end{cases}$ 的连续性,并作出函数图形.

5. 试证方程 $2^x = x^2 + 1$ 在区间 $(-1, 5)$ 内至少有三个实根.

6. 设函数 $f(x) = \begin{cases} x, & x < 1 \\ a, & x \geqslant 1 \end{cases}$, $g(x) = \begin{cases} b, & x < 0 \\ x+2, & x \geqslant 0 \end{cases}$, 且 $y = f(x) + g(x)$ 在 $(-\infty, +\infty)$ 内连续,试确定常数 a, b 的值.

自测题 B(提高型)

一、选择题(每题 3 分,共 24 分)

1. 设 $f(x) = \sin x$, $\varphi(x) = \begin{cases} x - \pi, & x \leqslant 0 \\ x + \pi, & x > 0 \end{cases}$, 则 $x = 0$ 是 $f[\varphi(x)]$ 的(   ).

A. 连续点　　　　B. 第一类间断点　　　C. 第二类间断点　　　D. 无法确定

2. $f(x) = \ln \arcsin x$ 的连续区间是(   ).

A. $(0, 1]$　　　　B. $(0, 1)$　　　　C. $[-1, 1]$　　　　D. $(-1, 1)$

3. 若 $x = x_0$ 是函数 $f(x)$ 的第一类间断点,且 $\lim\limits_{x \to x_0^-} f(x) = -1$, 则 $\lim\limits_{x \to x_0^+} f(x)$(   ).

A. $= -1$　　　　B. $\neq -1$　　　　C. 不存在　　　　D. 无法确定

4. 若函数 $f(x)$ 和 $g(x)$ 点 x_0 处连续,则 x_0 必是 $\dfrac{g(x)}{f(x)}$ 的(   )点.

A. 连续　　　　B. 间断　　　　C. 有极限　　　　D. 以上都不对

5. 在点 x_0 处,若 $f(x)$ 连续,$g(x)$ 间断,则 $f(x) + g(x)$ 必(   ).

A. 连续　　　　B. 间断　　　　C. 恒等于 0　　　　D. 无意义

6. 函数 $f(x) = \dfrac{(e^x - 1)}{x(x+1)\ln|x|}$ 可去间断点的个数为(   ).

A. 0　　　　B. 1　　　　C. 2　　　　D. 3

7. 不能断定函数 $f(x)$ 在点 x_0 处连续的极限式是(   ).

A. $\lim\limits_{\Delta x \to 0} [f(x_0 + \Delta x) - f(x_0)] = 0$　　　　B. $\lim\limits_{x \to x_0} f(x) = f(x_0)$

C. $\lim\limits_{\Delta x \to 0} [f(x_0 + \Delta x) - f(x_0 - \Delta x)] = 0$　　　　D. $\lim\limits_{\Delta x \to 0} \dfrac{f(x_0 + \Delta x) - f(x_0)}{\Delta x}$ 存在

8. 若 $\lim\limits_{x \to a^-} f(x) = k_1$, $\lim\limits_{x \to a^+} f(x) = k_2$, 其中 k_1, k_2 为确定的实常数,则 $x = a$ 不可能是(   ).

A. 连续点　　　　B. 第一类间断点　　　C. 第二类间断点　　　D. 无极限点

二、填空题(每题 3 分,共 24 分)

1. 若函数 $f(x) = \begin{cases} \dfrac{1 - \cos\sqrt{x}}{ax}, & x > 0 \\ b, & x \leqslant 0 \end{cases}$ 在 $x = 0$ 处连续,则常数 a, b 满足_____.

2. 设在 (a,b) 内,函数 $f(x)$ 和 $g(x)$ 有定义且 $f(x)<g(x)$,若 $f(x)$ 和 $g(x)$ 在点 x_0 连续 $(x_0\in(a,b))$,则 $\lim\limits_{x\to x_0} f(x)$ _____ $\lim\limits_{x\to x_0} g(x)$.

3. 若 $f(x)=\lim\limits_{n\to\infty}\dfrac{(2-n)x^2}{nx^3-3x+1}$,则 $f(x)$ 的间断点为 $x=$ _____.

4. $x=0$ 是 $f(x)=\dfrac{\sin 2x}{|x|}$ 的第 _____ 类间断点.

5. 设函数 $f(x)=\begin{cases}\dfrac{\tan\frac{x}{2}}{1-e^{\sin x}}, & x>0\\ \dfrac{1}{2}e^{x^2}-a, & x\leqslant 0\end{cases}$ 处处连续,则 $a=$ _____.

6. 设 $f(x)=\dfrac{x-\sin x}{x+\sin x}(x\neq 0)$,要使 $f(x)$ 在 $x=0$ 处连续,$f(0)$ 应取值为 _____.

7. 若 $x=0$ 是函数 $f(x)$ 的第二类间断点,且 $\lim\limits_{x\to 0^-}f(x)=0$,则 $\lim\limits_{x\to 0^+}f(x)=$ _____.

8. 若 $f(x)$ 在 $x=1$ 处连续,且 $f(1)=1$,则 $\lim\limits_{x\to 0}[f(x+1)-1]=$ _____.

三、解答题(第 1 题 7 分,其余每题 9 分,共 52 分)

1. 设 $f(x)=\begin{cases}x\sin\dfrac{1}{x}, & x>0\\ a+\cos x, & x\leqslant 0\end{cases}$,要使 $f(x)$ 在 $(-\infty,+\infty)$ 内连续,常数 a 如何取值?

2. 求函数 $f(x)=\begin{cases}x, & |x|<1\\ 1, & |x|\geqslant 1\end{cases}$ 的连续区间,并画出函数的图形.

3 常数 a,b 取什么值时,函数 $f(x)=\dfrac{e^x-b}{(x-a)(x-1)}$ 有无穷间断点 $x=0$?

4. 设 $x=0$ 是函数 $g(x)=\begin{cases}x^\alpha\sin\dfrac{1}{x}, & x>0\\ e^x+\beta, & x\leqslant 0\end{cases}$ 的第一类间断点,试确定常数 α,β 的取值.

5. 求函数 $f(x)=\lim\limits_{n\to\infty}\dfrac{(n+1)^2 x}{(nx)^2+e}$ 的间断点并判别其类型.

6. 若函数 $f(x)$ 在 $[0,1]$ 上连续,并且对 $[0,1]$ 上任意一点 x 有 $0\leqslant f(x)\leqslant 1$. 证明在 $[0,1]$ 上必存在一点 c,使 $f(c)=c(c$ 称为函数 $f(x)$ 的不动点).

◆ **参考答案与提示** ◆

3.1.5　同步练习

一、CCABD

二、1. e^2; 2. $x=0$; 3. $\neq 0$; 4. $a=b$; 5. e.

三、1. 因 $\lim\limits_{x\to 0^-}f(x)=\lim\limits_{x\to 0^-}e^x=e$,$\lim\limits_{x\to 0^+}f(x)=\lim\limits_{x\to 0^+}(1+x)=2$,$\lim\limits_{x\to 0^-}f(x)\neq\lim\limits_{x\to 0^+}f(x)$,故在点

$x=1$ 处 $f(x)$ 不连续，$x=1$ 为其第一类间断点(跳跃间断点).

显然，$f(x)$ 在 $[0,1)$ 及 $(1,2]$ 内为初等函数，因而连续.其图形见右图.

2.提示：补充定义 $f(0)=\lim\limits_{x\to 0}f(x)$，则 $f(x)$ 在 $x=0$ 处连续.关键是求出 $\lim\limits_{x\to 0}f(x)$.可求得：$(1)\lim\limits_{x\to 0}f(x)=\ln 2$；$(2)\lim\limits_{x\to 0}f(x)=1$.

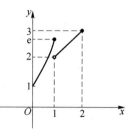

3.当 $x=k,k\in \mathbf{Z}$ 时，$\sin \pi x=0$，此时 $f(x)$ 无意义，因此，$x=k$，$k\in \mathbf{Z}$ 是 $f(x)$ 的间断点.

而当 $x=k\ne 0,k\in \mathbf{Z}$ 时，$\lim\limits_{x\to k}f(x)=\lim\limits_{x\to k}\dfrac{x}{\sin k\pi}=\infty$，故 $x=k\ne 0,k\in \mathbf{Z}$ 是 $f(x)$ 的第二类间断点(无穷间断点).

当 $x=0$ 时，$\lim\limits_{x\to 0}f(x)=\lim\limits_{x\to 0}\dfrac{x}{\sin \pi x}=\lim\limits_{x\to 0}\dfrac{x}{\sin \pi x}=\lim\limits_{x\to 0}\dfrac{\pi x}{\pi \sin \pi x}=\dfrac{1}{\pi}$，因而 $x=0$ 是 $f(x)$ 的第一类间断点(可去间断点).其连续延拓函数为

$$F(x)=\begin{cases}\dfrac{x}{\sin \pi x}, & x\ne 0 \\[3mm] \dfrac{1}{\pi}, & x=0\end{cases}$$

4.提示：实际是求函数在 $x=1$ 的左极限.$\lim\limits_{x\to 1^-}f(x)=-\dfrac{1}{\pi}$，因 $f(x)$ 在 $\left[\dfrac{1}{2},1\right)$ 连续，定义 $f(1)=-\dfrac{1}{\pi}$，就可使 $f(x)$ 在 $\left[\dfrac{1}{2},1\right]$ 上连续.

3.2.5 同步练习

一、ABDCA

二、1.$[-1,1]$；2.π；3.$(-\infty,0),(0,+\infty)$；4.1；5.2.

三、1.当 $x\ne 0$ 时，$f(x)$ 与某初等函数相同，则由初等函数的连续性知，当 $x\ne 0$ 时，对任意常数 a，均有 $f(x)$ 连续.因此，要使 $f(x)$ 在 $(-\infty,+\infty)$ 内连续，仅需在分段点 $x=0$ 处连续即可.因为

$$f(0)=a^2$$

$$\lim\limits_{x\to 0^-}f(x)=\lim\limits_{x\to 0^-}(x^3+a^2)=a^2$$

$$\lim\limits_{x\to 0^+}f(x)=\lim\limits_{x\to 0^+}\dfrac{1-\cos 2x}{x^2}=\lim\limits_{x\to 0^+}\dfrac{\dfrac{1}{2}(2x)^2}{x^2}=2 \quad \left(\text{注意：当}\ x\to 0^+\ \text{时},1-\cos x\sim \dfrac{1}{2}x^2\right)$$

所以，当 $\lim\limits_{x\to 0^+}f(x)=\lim\limits_{x\to 0^-}f(x)=f(0)$，即 $a^2=2$，也就是 $a=\pm\sqrt{2}$ 时，$f(x)$ 在 $x=0$ 处连续.

综上可知，当 $a=\pm\sqrt{2}$ 时，$f(x)$ 的连续区间为 $(-\infty,+\infty)$.

2.解法 1：$\lim\limits_{x\to \frac{\pi}{2}}(\sin x)^{2\sec^2 x}=\lim\limits_{x\to \frac{\pi}{2}}(\sin^2 x)^{\sec^2 x}=\lim\limits_{x\to \frac{\pi}{2}}(1-\cos^2 x)^{\frac{1}{\cos^2 x}}$

$$=\lim\limits_{x\to \frac{\pi}{2}}\left\{\left[1+(-\cos^2 x)\right]^{\frac{-1}{\cos^2 x}}\right\}^{-1}=\mathrm{e}^{-1}$$

解法 2：$\lim\limits_{x\to \frac{\pi}{2}}(\sin x)^{2\sec^2 x}=\lim\limits_{x\to \frac{\pi}{2}}\mathrm{e}^{\ln (\sin x)^{2\sec^2 x}}=\lim\limits_{x\to \frac{\pi}{2}}\mathrm{e}^{\sec^2 x\ln \sin^2 x}$

而 $\lim\limits_{x\to\frac{\pi}{2}}\sec^2x\ln\sin^2x=\lim\limits_{x\to\frac{\pi}{2}}\dfrac{\ln[1+(-\cos^2x)]}{\cos^2x}=\lim\limits_{x\to\frac{\pi}{2}}\dfrac{-\cos^2x}{\cos^2x}=\lim\limits_{x\to0}\dfrac{-1}{1}=-1$（注意：当 $x\to\dfrac{\pi}{2}$

时, $\ln[1+(-\cos^2x)]\sim-\cos^2x$ ）.

所以, $\lim\limits_{x\to\frac{\pi}{2}}(\sin x)^{2\sec^2x}=e^{\lim\limits_{x\to\frac{\pi}{2}}\sec^2x\ln\sin^2x}=e^{-1}$.

3. $A=-\dfrac{5}{3}$. 提示: 由 $f(x)$ 在 $x=1$ 处连续知 $\lim\limits_{x\to1}f(x)$ 存在, 即该极限为一常数, 故可设 $\lim\limits_{x\to1}f(x)=A$. 由题设列出关于 A 的方程求解.

3.3.5　同步练习

一、ABCDB

二、1. $[-1,1]$; 2. $f(0)f(\pi)<0$; 3. (x_1,x_2) ; 4. $\geqslant0$; 5.1.

三、1. 提示: 用零点定理证明. 设 $F(x)=x-f(x)=x-4\sin x-\dfrac{\pi}{2}$.

2. 提示: 令 $F(x)=x^3-9x-1$. 用零点定理证明 $F(x)$ 在 $(-3,-2),(-2,0),(0,4)$ 内分别至少有一个零点, 即方程 $x^3-9x-1=0$ 至少有三个实根, 又该方程为一元三次方程, 至多能有三个实根. 这就证明了方程恰有三个实根.

3. 提示: 令 $f(x)=\cos x-\dfrac{1}{x}$, 可取 $a_n=2n\pi$, $b_n=(2n+1)\pi(n=1,2,\cdots)$, 在 $[a_n,b_n]=[2n\pi,(2n+1)\pi](n=1,2,\cdots)$ 上用零点定理(注意 $0<a_n<b_n<a_{n+1}<b_{n+1}(n=1,2,\cdots)$).

$f(x)=\cos x-\dfrac{1}{x}=0$ 有无穷多个正根的几何意义是曲线与正

x 轴有无穷多个交点. 将方程改写为 $\cos x=\dfrac{1}{x}$, 则 $\cos x-\dfrac{1}{x}=0$ 有

无穷多个正根的另一个几何意义是曲线 $y=\cos x$ 与 $y=\dfrac{1}{x}$ 当 $x>0$

时有无穷多个交点, 见右图.

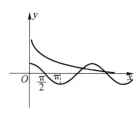

自测题 A

一、ADCBC　DBC

二、1. $f(x_0)$; 2. e; 3.1; 4. $(-1,0),(0,2]$; 5.1; 6. $[m,M]$; 7.1; 8.0.

三、1. 因为 $\lg(1-x)\neq0$, 即 $1-x\neq1$, 也即 $x\neq0$; 又因为 $1-x>0$, 即 $x<1$.

综上可知, 函数 $f(x)$ 的定义域为 $(-\infty,0)\cup(0,1)$, 即为所求的连续区间.

2. 显然 $f(x)$ 的定义域为 $(-\infty,+\infty)$.

在 $x\neq0$ 处, $f(x)=(1+x)^{-\frac{1}{x}}$ 为初等函数的形式, 所以当 $x\neq0$ 时, $f(x)$ 连续.

在 $x=0$ 处, $f(0)=e$, 而 $\lim\limits_{x\to0}f(x)=\lim\limits_{x\to0}(1+x)^{-\frac{1}{x}}=\lim\limits_{x\to0}\left[(1+x)^{\frac{1}{x}}\right]^{-1}=e^{-1}$, 所以 $\lim\limits_{x\to0}f(x)\neq f(0)$.

故 $x=0$ 是 $f(x)$ 的间断点且为第一类间断点中的可去间断点. 其连续延拓函数为

$$F(x)=\begin{cases}(1+x)^{-\frac{1}{x}}, & x\neq0\\[2mm]\dfrac{1}{e}, & x=0\end{cases}$$

3. 因 $f(x)$ 在 $x=1$ 处连续,故

$$\lim_{x\to1}f(x)=\lim_{x\to1}\frac{x^4+ax+b}{x-1}=2=f(1)$$

因该有理分式的极限存在,且分母的极限 $\lim_{x\to1}(x-1)=0$,故它的分子极限必须为零,即

$$\lim_{x\to1}(x^4+ax+b)=1+a+b=0$$

得 $a=-(1+b)$. 把它代入极限 $\lim_{x\to1}f(x)=f(1)$,有

$$\lim_{x\to1}\frac{x^4-(1+b)x+b}{x-1}=\lim\frac{(x^4-x)-b(x-1)}{x-1}=\lim(x^3+x^2+x-b)=3-b=2$$

由此得 $b=1$,故 $a=-2$.

4. 已知 $f(x)=\begin{cases}|x|, & |x|\leqslant1\\[1mm]\dfrac{x}{|x|}, & 1<|x|\leqslant3\end{cases}$,可得 $f(x)=\begin{cases}-x, & -1\leqslant x<0\\ x, & 0\leqslant x\leqslant1\\ 1, & 1<x\leqslant3\end{cases}$.

显然 $f(x)$ 的定义域为 $[-1,3]$. 因为在 $[-1,0),(0,1),(1,3)$ 内 $f(x)$ 的表达式分别为 $-x,x,1$,这都是初等函数的形式,所以 $f(x)$ 在有定义的区间 $[-1,0)$、$(0,1)$、$(1,3)$ 内连续.

在 $x=0$ 处,$\lim_{x\to0^-}f(x)=\lim_{x\to0^-}(-x)=0=f(0)$,$\lim_{x\to0^+}f(x)=\lim_{x\to0^+}(x)=0=f(0)$.

所以,$f(x)$ 在 $x=0$ 处既左连续也右连续,即 $f(x)$ 在 $x=0$ 处连续.

在 $x=1$ 处,$\lim_{x\to1^-}f(x)=\lim_{x\to1^-}x=1=f(1)$,$\lim_{x\to1^+}f(x)=1=f(1)$.

所以,$f(x)$ 在 $x=1$ 处既左连续也右连续,即 $f(x)$ 在 $x=1$ 处连续.

综上可知,$f(x)$ 在其定义域 $[-1,3]$ 内连续.

$f(x)$ 的图像见右图.

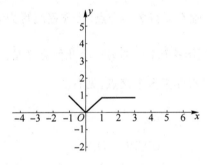

注:讨论绝对值函数连续性,一般先去掉绝对值改写成分段函数,再按分段函数来讨论.

5. 提示:零点定理证明. 令 $F(x)=2^x-x^2-1$,则 $F(-1)<0,F(5)>0$. 用观察法在 $(-1,5)$ 内找出两点 x_1,x_2,假设 $x_1<x_2$,使 $F(x_1)>0,F(x_2)<0$. 然后,方程 $F(x)=0$ 在区间 $(-1,x_1),(x_1,x_2)$,$(x_2,5)$ 内分别至少有一个实根.

6. $a=1,b=2$. 提示:利用函数连续的充要条件等求解.

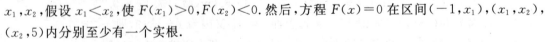

自测题 B

一、AADDB BCC

提示:5. 用反证法推断. 若 $f(x)+g(x)$ 连续,则由连续函数四则运算法则知 $g(x)=[f(x)+g(x)]-f(x)$ 连续. 这与假设矛盾!故选 B.

二、1. $ab=\dfrac{1}{2}$;2. $<$;3. 0;4. 一;5. 1;6. 0;7. 不存在;8. 0.

三、1. $a=-1$. 提示:使 $f(x)$ 在 $(-\infty,+\infty)$ 内连续,只要选择 a 使 $f(x)$ 在点 $x=0$ 连续即

可,需注意到连续的充要条件.

2.$(-\infty,1],(-1,+\infty)$. 提示:$f(x)=\begin{cases}x, & -1<x<1 \\ 1, & -\infty<x\leqslant-1,1\leqslant x<+\infty\end{cases}$.

3.$a=0,b\neq1$. 提示:$\lim\limits_{x\to0}\dfrac{e^x-b}{(x-a)(x-1)}=\infty$,即$\lim\limits_{x\to0}\dfrac{(x-a)(x-1)}{e^x-b}=0$.

4.$a>0,\beta\neq-1$. 提示:讨论、确定使 $g(x)$ 在 $x=0$ 处有左、右极限但不相等的 α,β 的取值.

5.$x=0$ 是 $f(x)$ 的间断点,属于第二类间断点(无穷间断点). 提示:$f(x)=\dfrac{1}{x}$.

6.提示:可设 $F(x)=f(x)-x$,用零点定理证明 $F(x)=0$,即 $f(x)=x$ 在开区间$(0,1)$内存在实根 c.注意:对于区间两端点 0 和 1 可使 $F(x)=0$ 的情形需加以另外讨论.

第 4 章

导数与微分

◆ **4.1 导数的概念** ◆

4.1.1 基本要求

1.理解并掌握导数的定义及其几何意义,熟练应用导数定义解决相关问题.

2.理解并掌握单侧导数,即左导数和右导数;理解导数存在的充要条件以及导数与连续的关系.

4.1.2 知识要点

导数的定义和几何意义如表 4.1.1 所示.

表 4.1.1 导数的定义和几何意义

名称	内容
导数的定义	设函数 $y=f(x)$ 在 $x=a$ 的某个邻域内有定义,若极限 $\lim\limits_{\Delta x \to 0}\dfrac{\Delta y}{\Delta x}=\lim\limits_{x \to a}\dfrac{f(x)-f(a)}{x-a}$ 存在,则称函数 $f(x)$ 在 $x=a$ 处可导,此极限称为函数 $f(x)$ 在 $x=a$ 处的导数,记为 $f'(a)$,或 $y'\big|_{x=a}$,$\dfrac{\mathrm{d}y}{\mathrm{d}x}\big|_{x=a}$,$\dfrac{\mathrm{d}f(x)}{\mathrm{d}x}\big|_{x=a}$. 若极限不存在,就说函数 $f(x)$ 在 $x=a$ 处不可导
导数定义的几种等价表示	$f'(a)=\lim\limits_{\Delta x \to 0}\dfrac{\Delta y}{\Delta x}=\lim\limits_{x \to a}\dfrac{f(x)-f(a)}{x-a}=\lim\limits_{\Delta x \to 0}\dfrac{f(a+\Delta x)-f(a)}{\Delta x}=\lim\limits_{h \to 0}\dfrac{f(a+h)-f(a)}{h}$
左、右导数和充要条件	左导数:$f'_-(a)=\lim\limits_{\Delta x \to 0^-}\dfrac{\Delta y}{\Delta x}=\lim\limits_{x \to a^-}\dfrac{f(x)-f(a)}{x-a}$; 右导数:$f'_+(a)=\lim\limits_{\Delta x \to 0^+}\dfrac{\Delta y}{\Delta x}=\lim\limits_{x \to a^+}\dfrac{f(x)-f(a)}{x-a}$. $f'(a)$ 存在 $\Leftrightarrow f'_-(a)$,$f'_+(a)$ 存在,且 $f'_-(a)=f'_+(a)$
导数的几何意义	函数 $f(x)$ 在点 a 的导数 $f'(a)$ 在几何上表示曲线 $y=f(x)$ 在点 $(a,f(a))$ 处的切线斜率,即 $k=f'(a)$
切线方程和法线方程	函数 $f(x)$ 在点 $(a,f(a))$ 处的切线方程为:$y-f(a)=f'(a)(x-a)$; 法线方程为:$y-f(a)=-\dfrac{1}{f'(a)}(x-a)$,$f'(a)\neq 0$; 当 $f'(a)=0$ 时,法线方程为 $x=a$

4.1.3 答疑解惑

1.怎样正确理解和应用导数定义?

答:函数 $y=f(x)$ 在点 a 处的导数定义式主要有三种形式:

$$f'(a) = \lim_{\Delta x \to 0} \frac{\Delta y}{\Delta x} = \lim_{x \to a} \frac{f(x) - f(a)}{x - a} \tag{1}$$

$$f'(a) = \lim_{\Delta x \to 0} \frac{\Delta y}{\Delta x} = \lim_{\Delta x \to 0} \frac{f(a + \Delta x) - f(a)}{\Delta x} \tag{2}$$

$$f'(a) = \lim_{\Delta x \to 0} \frac{\Delta y}{\Delta x} = \lim_{h \to 0} \frac{f(a + h) - f(a)}{h} \tag{3}$$

理解和应用导数定义时应注意下述问题：

(1)上述三式的右端都是 $\frac{0}{0}$ 型.

(2)若函数 $f(x)$ 在点 a 处的导数存在，$f'(a)$ 是一个数值，则它与 $f(a)$ 有关. 由此，在用上述三式计算 $f'(a)$ 时，必须先知道 $f(a)$ 的值，要特别注意 $f(a) = 0$ 的情形.

(3)在比式 $\frac{f(x) - f(a)}{x - a}$，$\frac{f(a + \Delta x) - f(a)}{\Delta x}$，$\frac{f(a + h) - f(a)}{h}$ 中，分子与分母是相对应的改变量，即分母是自变量 x 在点 a 取得的改变量，而分子是与 $(x - a)$ 或 Δx 或 h 相对应的函数 $y = f(x)$ 的改变量.

(4) $f'(a)$ 只是 a 的函数，取决于 f 和 a，与 Δx 无关，在求极限的表达式中 Δx 只是无穷小量，与它的具体形式无关，因此

$$\frac{f(a + \alpha \cdot \Delta x) - f(a)}{\alpha \cdot \Delta x}, \frac{f(a - \alpha \cdot h) - f(a)}{-\alpha \cdot h} (\alpha \neq 0),$$

即 $\Delta x \to 0 (h \to 0)$ 的极限都是 $f'(a)$.

2.极限式 $\lim\limits_{h \to 0} \dfrac{f(a + 2h) - f(a + h)}{h}$ 可以表示函数在点 a 处的导数吗？

答：可以. 导数的本质是 $f'(a) = \lim\limits_{\Delta x \to 0} \dfrac{\Delta y}{\Delta x}$，其中只要满足本质结构都可以表示导数. 函数增量 $\Delta y = f(a + 2h) - f(a + h)$，相应的自变量增量是 $\Delta x = (a + 2h) - (a + h) = h$. 则函数 $f(x)$ 在点 a 处的导数也可表示为：$f'(a) = \lim\limits_{\Delta x \to 0} \dfrac{\Delta y}{\Delta x} = \lim\limits_{h \to 0} \dfrac{f(a + 2h) - f(a + h)}{h}$，因此 $f'(a)$ 的表达式只要符合本质结构即可.

3.函数 $f(x)$ 在点 a 处有极限、连续、可导，三个概念有什么关系？

答：三个概念的关系为：

函数 $y = f(x)$ 在点 $x = a$ 处可导是函数在该点处连续的充分条件，函数 $f(x)$ 在点 $x = a$ 处连续是函数在该点处可导的必要条件，即可导必连续，连续不一定可导，不连续必不可导.

函数 $y = f(x)$ 在点 $x = a$ 处连续是函数 $f(x)$ 在该点处有极限的充分条件，函数在点 $x = a$ 处有极限是在该点处连续的必要条件，即连续必有极限，但有极限不一定连续，如下图所示.

$$可导 \rightleftarrows 连续 \rightleftarrows 有极限$$

4.如何判断函数在某点处的可导性？

答：对于初等函数，可以用定义法来判断导数是否存在，也可以根据连续性和可导性的关系来判断，不连续一定不可导，但是如果该点连续，还需要用导数定义判断其可导性.

对于分段函数在分段点处的可导性问题，要根据左、右导数的情况进行判断，即左、右导数都存在且相等，则该点导数存在，这个值即为该点的导数.

4.1.4 典型例题分析

题型 1 利用导数定义求极限

用导数定义求极限的题型,大致有两种情况:其一是题设所求极限存在;其二是题设函数 $f(x)$ 可导或在 a 处可导.而所求的极限式均与 $f(x)$ 或 $f(a)$ 有关,经恒等变形后,极限式一般可化为导数定义式.

【例 4-1-1】 已知 $f'(a)=1$,求 $\lim\limits_{h\to 0}\dfrac{f(a+3h)-f(a)}{-h}$ 的值.

分析:在导数定义表达式 $f'(a)=\lim\limits_{\Delta x\to 0}\dfrac{f(a+\Delta x)-f(a)}{\Delta x}$ 中,Δx 的符号是可正可负的,只要表达式中分母的"Δx"与 $f(a+\Delta x)$ 中的 Δx 一致就行了.

在本例中,$f'(a)=\lim\limits_{\Delta x\to 0}\dfrac{\Delta y}{\Delta x}=1$,可认为"$\Delta x$"为 $3h$,即 $\Delta y=f(a+3h)-f(a)$,相应地,$\Delta x=(a+3h)-a=3h$.

当 $h\to 0$ 时,$3h\to 0$,即 $\Delta x\to 0$,因此,函数 $f(x)$ 在点 a 处的导数为:

$$f'(a)=\lim_{\Delta x\to 0}\frac{\Delta y}{\Delta x}=\lim_{h\to 0}\frac{f(a+3h)-f(a)}{3h}=1.$$

所以 $\lim\limits_{h\to 0}\dfrac{f(a+3h)-f(a)}{-h}=\lim\limits_{h\to 0}(-3)\cdot\dfrac{f(a+3h)-f(a)}{3h}=(-3)f'(a)=-3.$

【例 4-1-2】 设 $f'(a)$ 存在,且 $a\neq 0$,求 $\lim\limits_{x\to a}\dfrac{xf(a)-af(x)}{x-a}$.

分析:对于初等函数,可以用定义式 $f'(a)=\lim\limits_{x\to a}\dfrac{f(x)-f(a)}{x-a}$ 来求解,这里

$$\begin{aligned}
\lim_{x\to a}\frac{xf(a)-af(x)}{x-a}&=\lim_{x\to a}\frac{xf(a)-af(a)+af(a)-af(x)}{x-a}\\
&=\lim_{x\to a}\frac{[xf(a)-af(a)]-[af(x)-af(a)]}{x-a}\\
&=\lim_{x\to a}\frac{(x-a)f(a)-a[f(x)-f(a)]}{x-a}\\
&=f(a)-af'(a)
\end{aligned}$$

【例 4-1-3】 设 $\lim\limits_{x\to 0}\dfrac{f(1+x^2)-f(1)}{\sin^2 x}$ 存在,试求之.

分析:当 $x\to 0$ 时,$\sin x\sim x$,所求的极限式可变为 $\lim\limits_{x\to 0}\dfrac{f(1+x^2)-f(1)}{x^2}$,由此可用导数定义式 $f'(a)=\lim\limits_{h\to 0}\dfrac{f(a+h)-f(a)}{h}$ 来求解.

解 因为当 $x\to 0$ 时,$\sin x\sim x$,

所以 $\lim\limits_{x\to 0}\dfrac{f(1+x^2)-f(1)}{\sin^2 x}=\lim\limits_{x^2\to 0^+}\dfrac{f(1+x^2)-f(1)}{x^2}=f'_+(1).$

此处,当 $x\to 0$ 时,只有 $x^2\to 0^+$,不可能有 $x^2\to 0^-$,故此处只能得 $f'_+(1)$,而不能得到 $f'(1)$.

【评注】 可导函数的差值与自变量差值之比(差商)的极限常用导数定义求之.

题型 2　判断函数在某点的可导性

【例 4-1-4】　讨论函数 $f(x)=\begin{cases} x-1, & x<1 \\ \ln x, & x\geqslant 1 \end{cases}$ 在 $x=1$ 处是否可导.

分析：对于分段函数在分段点处的可导性，需要根据左、右导数的情况进行判断.

解　$f'_-(1)=\lim\limits_{h\to 0^-}\dfrac{f(1+h)-f(1)}{h}=\lim\limits_{h\to 0^-}\dfrac{[(1+h)-1]-\ln 1}{h}=\lim\limits_{h\to 0^-}\dfrac{h}{h}=1$

$f'_+(1)=\lim\limits_{h\to 0^+}\dfrac{f(1+h)-f(1)}{h}=\lim\limits_{h\to 0^+}\dfrac{\ln(1+h)-\ln 1}{h}=\lim\limits_{h\to 0^+}\dfrac{\ln(1+h)}{h}=1$（当 $h\to 0$ 时，

$\ln(1+h)\sim h$）

因为 $f'_-(1)=f'_+(1)=1$，所以函数 $f(x)$ 在 $x=1$ 处可导，且 $f'(1)=1$.

【例 4-1-5】　判断函数 $f(x)=\begin{cases} \mathrm{e}^x, & x\geqslant 0 \\ \sin x, & x<0 \end{cases}$ 在 $x=0$ 处的导数是否存在.

分析：判断分段函数在分段点处的可导性一般利用导数存在的充要条件进行判断，但如果函数在某一点处不连续，则利用函数连续性与可导性的关系更为简便.

解　易知 $f(0)=\mathrm{e}^0=1$.

由于
$$\lim_{x\to 0^-}f(x)=\lim_{x\to 0^-}\sin x=0\neq f(0)$$
$$\lim_{x\to 0^+}f(x)=\lim_{x\to 0^+}\mathrm{e}^x=1=f(0)$$

根据连续的定义，函数 $f(x)$ 在 $x=0$ 处不连续. 又根据函数连续性与可导性的关系，不连续一定不可导. 因此可知，函数 $f(x)$ 在 $x=0$ 处不可导.

【例 4-1-6】　确定 a 和 b 的值，使 $f(x)=\begin{cases} b(1+\sin x)+a+2, & x\geqslant 0 \\ \mathrm{e}^{ax}-1, & x<0 \end{cases}$ 在 $x=0$ 处可导.

分析：题设 $f(x)$ 在 $x=0$ 处可导，利用导数与连续的关系（可导必连续）知，$f(x)$ 在 $x=0$ 处连续，从而根据连续的定义可找到 a,b 的关系，然后根据函数在某点处可导的充要条件：左导数和右导数存在且相等，就可以求出 a,b 的值.

解　因为函数 $f(x)$ 在 $x=0$ 处可导，故函数 $f(x)$ 在 $x=0$ 必连续，易知 $f(0)=b+a+2$.

而 $\lim\limits_{x\to 0^-}f(x)=\lim\limits_{x\to 0^-}(\mathrm{e}^{ax}-1)=0$，$\lim\limits_{x\to 0^+}f(x)=\lim\limits_{x\to 0^+}[b(1+\sin x)+a+2]=b+a+2$，于是由

$\lim\limits_{x\to 0^-}f(x)=\lim\limits_{x\to 0^+}f(x)=f(0)$ 可得 $b+a+2=0$.

又因为当函数 $f(x)$ 在 $x=0$ 处可导时，函数 $f(x)$ 在 $x=0$ 处的左、右导数存在且相等.
由 $f(0)=b+a+2=0$，得 $a=-b-2$，则有
$$f'_-(0)=\lim_{x\to 0^-}\frac{f(x)-f(0)}{x-0}=\lim_{x\to 0^-}\frac{\mathrm{e}^{ax}-1-0}{x}=\lim_{x\to 0^-}\frac{ax}{x}=a$$

$$f'_+(0)=\lim_{x\to 0^+}\frac{f(x)-f(0)}{x-0}=\lim_{x\to 0^+}\frac{b(1+\sin x)+a+2}{x}=\lim_{x\to 0^+}\frac{b(1+\sin x)+(-b-2)+2}{x}$$

$$=\lim_{x\to 0^+}\frac{b\sin x}{x}=b$$

故由 $f'_-(0)=f'_+(0)$ 得 $a=b$，又有 $b+a+2=0$，因此 $a=b=-1$.

4.1.5　同步练习

一、选择题

1. 函数在点 a 处连续是 $f'(a)$ 存在的（　　　）条件.

A. 充分必要　　　　　B. 充分　　　　　C. 必要　　　　　D. 既不充分也不必要

2. 已知 $f'(a)=1$，求 $\lim\limits_{h\to0}\dfrac{f(a-2h)-f(a)}{h}$ 的值.

A. 1　　　　　　B. 2　　　　　　C. -2　　　　　　D. -1

3. 若 $f'(a)=2$，则 $f(x+a)$ 在点 $x=0$ 处（　　　）.

A. 连续　　　　　B. 不连续　　　　　C. 无界　　　　　D. 不可导

4. 下列函数在 $x=0$ 处不可导的是（　　　）.

A. $\dfrac{1}{2}x^2+x$　　　　B. $\sin x$　　　　C. xe^x　　　　D. $\begin{cases}x\cos\dfrac{1}{x}, & x\neq0 \\ 1, & x=0\end{cases}$

5. 若 $f(x+1)=af(x)$ 总成立，且 $f'(0)=b,a,b$ 为非零常数，则 $f(x)$ 在 $x=1$ 处（　　　）.

A. 不可导　　　　　　　　　　B. 可导且 $f'(1)=a$

C. 可导且 $f'(1)=ab$　　　　　　　D. 可导且 $f'(1)=b$

二、填空题

1. 设 $f(x)=\cos\pi$，则 $f'(x)=$ ＿＿＿＿＿＿＿＿＿＿＿．

2. 已知函数 $f(x)=\sqrt{x}$，则 $f'(1)=$ ＿＿＿＿＿＿＿＿＿＿＿．

3. 已知 $f'(2)=2$，则 $\lim\limits_{x\to2}\dfrac{f(x)-f(2)}{2x-4}=$ ＿＿＿＿＿＿＿＿＿＿＿．

4. 已知函数 $f(x)=\begin{cases}x^2, & x\geqslant0 \\ -x, & x<0\end{cases}$，则 $f'(-1)$ ＿＿＿＿＿＿＿＿＿＿＿．

5. 函数 $y=\dfrac{\sin x}{x}$ 在 $x=0$ 处＿＿＿＿＿＿＿＿＿＿＿．（可导或不可导）

三、解答题

1. 求函数 $f(x)=x^2+2x-1$ 在 $x=1$ 处的切线方程.

2. 已知 $y=\begin{cases}\ln(1-x), & x<0 \\ -x, & x\geqslant0\end{cases}$，求函数在 $x=0$ 处的导数.

3. 讨论 $f(x)=\begin{cases}x^2\sin\dfrac{1}{x}, & x\neq0 \\ x, & x=0\end{cases}$ 在 $x=0$ 处的连续性与可导性.

4. 若函数 $f(x)=\begin{cases}x^2, & x\leqslant1 \\ ax+b, & x>1\end{cases}$ 在 $x=1$ 处连续且可导，求 a,b 的值.

5. 用导数定义证明 $f(x)=x^2$ 在实数范围内处处可导.

6. 设 $f(x)=x(x-1)(x-2)\cdots(x-99)$，用导数定义求 $f'(0)$.

◆ 4.2 导函数及其四则运算法则 ◆

4.2.1 基本要求

1. 理解和掌握导函数的概念,掌握根据导数定义推导一些基本初等函数的导数.

2. 熟练掌握基本求导公式和导数的四则运算法则,会用它们求解一些函数的导数.

4.2.2 知识要点

导函数的概念、四则运算法则和基本求导公式如表 4.2.1 所示.

表 4.2.1 导函数的概念、四则运算法则和基本求导公式

名称	内容
导函数的概念	若函数 $f(x)$ 在开区间 (a,b) 内可导,对于任意 $x\in(a,b)$,通过对应关系 $\lim\limits_{\Delta x\to 0}\dfrac{f(x+\Delta x)-f(x)}{\Delta x}$,都有唯一的函数值(即导数)$f'(x)$ 与之对应(极限唯一性准则),这样就构成一个新的函数,这个函数叫作函数 $f(x)$ 的导函数(简称导数),记为 $f'(x)$、y'、$\dfrac{\mathrm{d}y}{\mathrm{d}x}$ 或 $\dfrac{\mathrm{d}f(x)}{\mathrm{d}x}$
导数的四则运算法则	若 $u=u(x)$ 和 $v=v(x)$ 都可导,则有: (1) $(u\pm v)'=u'\pm v'$; (2) $(uv)'=u'v+uv'$,特别地,$(Cu)'=Cu'$(C 为常数); (3) $\left(\dfrac{u}{v}\right)'=\dfrac{u'v-uv'}{v^2}$(其中 $v\neq 0$)
基本求导公式	(1) $C'=0$(C 为常数);(2) $(x^n)'=nx^{n-1}$(n 为任意实数); (3) $(a^x)'=a^x\ln a$($a>0,a\neq 1$);(4) $(\mathrm{e}^x)'=\mathrm{e}^x$; (5) $(\log_a x)'=\dfrac{1}{x\ln a}$($a>0,a\neq 1$);(6) $(\ln x)'=\dfrac{1}{x}$; (7) $(\sin x)'=\cos x$;(8) $(\cos x)'=-\sin x$; (9) $(\tan x)'=\sec^2 x=\dfrac{1}{\cos^2 x}$;(10) $(\cot x)'=-\csc^2 x=-\dfrac{1}{\sin^2 x}$; (11) $(\sec x)'=\sec x\tan x$;(12) $(\csc x)'=-\csc x\cot x$; (13) $(\arcsin x)'=\dfrac{1}{\sqrt{1-x^2}}$;(14) $(\arccos x)'=-\dfrac{1}{\sqrt{1-x^2}}$; (15) $(\arctan x)'=\dfrac{1}{1+x^2}$;(16) $(\mathrm{arccot}\, x)'=-\dfrac{1}{1+x^2}$

4.2.3 答疑解惑

1. $f'(a)$、$[f(a)]'$ 和 $f'(x)$ 有什么区别?

答:(1) $f'(a)$ 表示函数 $f(x)$ 在 $x=a$ 处的导数,是导函数 $f'(x)$ 在 $x=a$ 处的函数值,是一

个常数,即 $f'(x)|_{x=a} = f'(a)$.

(2)$[f(a)]'$ 是函数值 $f(a)$ 的导数,恒等于 0.

(3)$f'(x)$ 为函数 $f(x)$ 的导数:$f'(x) = \lim\limits_{\Delta x \to 0} \dfrac{\Delta y}{\Delta x} = \lim\limits_{\Delta x \to 0} \dfrac{f(x+\Delta x) - f(x)}{\Delta x}$,如果求出 $f(x)$ 在任一点的导数 $f'(x)$,则 $f'(x)$ 就是函数 $f(x)$ 的导函数,$f'(x)$ 是一个函数.

2.如果函数 $f(x)$ 和 $g(x)$ 在点 x_0 处都不可导,那么函数 $f(x)+g(x)$ 或 $f(x)g(x)$ 在点 x_0 处是否一定不可导?

答:不一定.例如,(1)取 $f(x) = x + \dfrac{1}{x}$,$g(x) = x - \dfrac{1}{x}$,它们在 $x=0$ 处均不可导,但是 $f(x)+g(x) = 2x$ 在 $x=0$ 处是可导的;(2)取 $f(x) = \sqrt[3]{x}$,$g(x) = \sqrt[3]{x^2}$,它们在 $x=0$ 处均不可导,但是 $f(x)g(x) = x$ 在 $x=0$ 处是可导的.

4.2.4　典型例题分析

题型 1　求函数的导数

【例 4-2-1】求下列函数 $f(x)$ 的导数 $f'(x)$:

(1)$f(x) = \sqrt{x}(x^2 + \cos x)$; 　　　　(2)$f(x) = \dfrac{\sin 2x}{1 - \cos 2x}$;

(3)$f(x) = (2^x + \tan x)^2$; 　　　　(4)$f(x) = \dfrac{\ln x}{x^2}$.

分析:①直接利用基本导数公式和导数的四则运算法则求之,导数运算法则往往要多次且交替使用;②求导运算要注意先将函数化为最简形式,再求导;③该函数需要转化为两个函数相乘,应用乘法求导法则;④应用法则时一般"能加、减,不乘、除,能乘不除",采用乘法求导法则一般会比除法法则要简单.

解　(1)$f'(x) = [\sqrt{x}(x^2 + \cos x)]'$

$\qquad = (\sqrt{x})' \cdot (x^2 + \cos x) + \sqrt{x} \cdot (x^2 + \cos x)'$

$\qquad = \dfrac{1}{2\sqrt{x}} \cdot (x^2 + \cos x) + \sqrt{x}(2x - \sin x)$

$\qquad = \dfrac{5}{2}x^{\frac{3}{2}} + \dfrac{\cos x}{2\sqrt{x}} - \sqrt{x}\sin x.$

(2)因为 $f(x) = \dfrac{\sin 2x}{1 - \cos 2x} = \dfrac{2\sin x\cos x}{1 - 1 + 2\sin^2 x} = \dfrac{\cos x}{\sin x} = \cot x$,

所以 $f'(x) = (\cot x)' = -\csc^2 x.$

(3)$f'(x) = [(2^x + \tan x)^2]' = [(2^x + \tan x) \cdot (2^x + \tan x)]'$

$\qquad = (2^x + \tan x)' \cdot (2^x + \tan x) + (2^x + \tan x) \cdot (2^x + \tan x)'$

$\qquad = 2(2^x + \tan x) \cdot (2^x + \tan x)' = 2(2^x + \tan x)(2^x \ln 2 + \sec^2 x)$

(4)**解法 1**　$f'(x) = \left(\dfrac{\ln x}{x^2}\right)' = \dfrac{(\ln x)' x^2 - (x^2)' \ln x}{x^4} = \dfrac{x - 2x\ln x}{x^4} = \dfrac{1 - 2\ln x}{x^3}.$

解法 2　$f'(x) = \left(\dfrac{\ln x}{x^2}\right)' = \left(\ln x \cdot \dfrac{1}{x^2}\right)'$

$\qquad = (\ln x)'\dfrac{1}{x^2} + (\ln x) \cdot \left(\dfrac{1}{x^2}\right)' = \dfrac{1}{x^3} + \ln x \cdot (-2x^{-3}) = \dfrac{1 - 2\ln x}{x^3}.$

【例 4-2-2】 若 $f(x) = \begin{cases} \sqrt[3]{x} \sin x, & x < 0 \\ x^2, & x \geqslant 0 \end{cases}$，求 $f'(x)$.

分析：在求分段函数的导数时，在非分段点处可以利用基本求导公式和四则运算法则求导，但是在分段点处的可导性，必须用左、右导数的定义来判别.

解 当 $x < 0$ 时，$f'(x) = (\sqrt[3]{x} \sin x)' = (\sqrt[3]{x})' \sin x + \sqrt[3]{x}(\sin x)' = \frac{1}{3} x^{-\frac{2}{3}} \sin x + \sqrt[3]{x} \cos x$；

当 $x > 0$ 时，$f'(x) = (x^2)' = 2x$；

当 $x = 0$ 时，$f'_+(0) = \lim\limits_{x \to 0^+} \frac{f(x) - f(0)}{x - 0} = \lim\limits_{x \to 0^+} \frac{x^2 - 0}{x} \lim\limits_{x \to 0^+} x = 0$,

$f'_-(0) = \lim\limits_{x \to 0^-} \frac{f(x) - f(0)}{x - 0} = \lim\limits_{x \to 0^-} \frac{\sqrt[3]{x} \sin x}{x} = \lim\limits_{x \to 0^-} \frac{\sqrt[3]{x} \cdot x}{x} = \lim\limits_{x \to 0^-} \sqrt[3]{x} = 0$

所以，$f'(0) = 0$.

综上所述，$f'(x) = \begin{cases} \frac{1}{3} x^{-\frac{2}{3}} \sin x + \sqrt[3]{x} \cos x, & x < 0 \\ 0, & x = 0 \\ 2x, & x > 0 \end{cases}$.

题型 2　求函数在某点 a 处的导数

【例 4-2-3】 求下列函数的导数：

(1) 已知 $f(x) = x^2 + 4 \sin x$，求 $f'\left(\frac{\pi}{2}\right)$；

(2) 已知 $f(x) = x(x-1)(x-2)$，求 $f'(0)$；

(3) 已知 $f(x) = \frac{x+3}{x^2+3}$，求 $f'(3)$.

分析：求函数某点处的导数，先要求出它的导函数，然后将该点代入导函数表达式中.

解　(1) $f'(x) = (x^2 + 4\sin x)' = (x^2)' + 4(\sin x)' = 2x + 4\cos x$,

$$f'\left(\frac{\pi}{2}\right) = 2 \cdot \frac{\pi}{2} + 4\cos \frac{\pi}{2} = \pi + 0 = \pi.$$

(2) $f'(x) = [x(x-1)(x-2)]' = (x^3 - 3x^2 + 2x)' = 3x^2 - 6x + 2$,

$f'(0) = 3 \times 0^2 - 6 \times 0 + 2 = 2$.

(3) $f'(x) = \left(\frac{x+3}{x^2+3}\right)' = \frac{(x+3)' \cdot (x^2+3) - (x+3) \cdot (x^2+3)'}{(x^2+3)^2}$

$= \frac{1 \cdot (x^2+3) - (x+3) \cdot 2x}{(x^2+3)^2} = \frac{-x^2 - 6x + 3}{(x^2+3)^2}$.

$f'(3) = \frac{-3^2 - 6 \times 3 + 3}{(3^2+3)^2} = -\frac{1}{6}$.

【例 4-2-4】 已知函数 $f(x) = \begin{cases} \sin x, & x < 0 \\ e^x, & x \geqslant 0 \end{cases}$，则 $f'(0)$.

分析：求分段函数在分界点处的导数时，必须讨论左、右导数的情况.

解　$f'_+(0) = (e^x)'|_{x=0} = e^x|_{x=0} = 1$，$f'_-(0) = (\sin x)'|_{x=0} = \cos x|_{x=0} = 1$.

因为 $f'_-(0) = f'_+(0) = 1$，所以 $f'(0) = 1$.

4.2.5　同步练习

一、选择题

1. 设 $f(x) = \mathrm{e}^x + \sin \mathrm{e}$，则 $f'(x) = ($　　$)$.

A. $\mathrm{e}^x + \cos 1$　　　　B. 0　　　　　　C. e^x　　　　　　D. $\mathrm{e}^x + \sin 1$

2. 求 $(\mathrm{e}^x \cos x)'_n = ($　　$)$.

A. 0　　　　　　B. 1　　　　　　C. -1　　　　　　D. 2

3. 设 $f(x) = x^2 \sin x$，则 $f'(x) = ($　　$)$.

A. $2x \sin x + x^2 \cos x$　　　　　　B. $2x \sin x - x^2 \cos x$

C. $2x \cos x + x^2 \sin x$　　　　　　D. $2x \cos x - x^2 \sin x$

4. 若函数 $f(x) = ax^4 + bx^2 + c$，满足 $f'(1) = 2$，则 $f'(-1) = ($　　$)$.

A. -1　　　　B. -2　　　　C. 2　　　　D. 0

5. 设 $f(x) = \dfrac{1}{x^2 - 1}$，则 $f'(x) = ($　　$)$.

A. $-\dfrac{1}{(x^2-1)^2}$　　B. $-\dfrac{2x}{(x^2-1)^2}$　　C. $\dfrac{2x}{(x^2-1)^2}$　　D. $\dfrac{2}{(x^2-1)^2}$

二、填空题

1. 设函数 $f(x) = \ln x - \mathrm{e}^x$，则 $f'(x) = $ _____.

2. 设函数 $f(x) = 2^x - \sin \dfrac{x}{2} \cos \dfrac{x}{2}$，则 $\dfrac{\mathrm{d}f(x)}{\mathrm{d}x} = $ _____.

3. 设函数 $f(x) = \dfrac{\ln x}{x^2}$，则 $f'(1) = $ _____.

4. 设函数 $f(x) = (2x - 3)^2$，则 $f'(x) = $ _____.

5. 设 $y = \mathrm{e}^x (x^2 - 3x + 1)$，则 $\left. \dfrac{\mathrm{d}y}{\mathrm{d}x} \right|_{x=0} = $ _____.

三、解答题

1. 已知 $y = x^2 - \sqrt[3]{x}$，求 $y'|_{x=1}$.

2. 求函数 $f(x) = \dfrac{2x}{\arctan x}$ 的导数 y'.

3. $f(x) = \dfrac{\sin^2 x}{1 + \cos x}$，求 $f'\left(\dfrac{\pi}{2}\right)$.

4. 已知 $f(x) = \dfrac{u(x) + 2x}{v(x)}$，求 $f'(x)$.

5. 已知 $f(x) = x|x - 1|$，求 $f'(x)$.

◆◆ 4.3　复合函数求导法则 ◆◆

4.3.1　基本要求

1. 掌握导数的强制型和默认型记号，并能够熟练相互转化.

2.掌握复合函数的链式求导法则,熟练求出复合函数的导数.

3.掌握初等函数以及含绝对值函数的求导方法.

4.3.2 知识要点

导数的记号和复合函数求导法则如表 4.3.1 所示.

表 4.3.1 导数的记号和复合函数求导法则

名称	内容
导数的记号	(1)默认型导数记号.默认型导数记号是指不明确标明函数关于哪一个变量求导的记号.例如:$(\sin x)'$、$f'(x)$、$\{f[g(x)]\}'$、$f'[g(x)]$. (2)强制型导数记号.强制型导数记号是指强行规定函数关于某一个变量求导的记号.一般采用加下标和微商两种方式. ①加下标的表示方法,求导变量以下标的方式体现出来.例如,$(\sin 2x)'_x$、$(\sin 2x)'_{2x}$、$\{f[g(x)]\}'_{g(x)}$. ②微商形式的表示方法,如 $\dfrac{\mathrm{d}f(x)}{\mathrm{d}x}$,求导变量在分母位置体现.例如,$\dfrac{\mathrm{d}f(x)}{\mathrm{d}x}=f'(x)$,$\dfrac{\mathrm{d}\sin 2x}{\mathrm{d}2x}=(\sin 2x)'_{2x}$
复合函数求导法则 (链式求导法则)	若函数 $y=f(u)$ 与 $u=g(x)$ 复合成函数 $y=f[g(x)]$,则有 $\{f[g(x)]\}'=f'[g(x)] \cdot g'(x)$ 或 $y'_x=y'_u \cdot u'_x$ 或 $\dfrac{\mathrm{d}f[g(x)]}{\mathrm{d}x}=\dfrac{\mathrm{d}f[g(x)]}{\mathrm{d}g(x)} \cdot \dfrac{\mathrm{d}g(x)}{\mathrm{d}x}$. 推广:若函数 $y=f(u)$,$u=\varphi(v)$,$v=\psi(x)$ 均为可导函数,则构成的复合函数 $y=f\{\varphi[\psi(x)]\}$ 也可导,且有 $\dfrac{\mathrm{d}y}{\mathrm{d}x}=\dfrac{\mathrm{d}y}{\mathrm{d}u} \cdot \dfrac{\mathrm{d}u}{\mathrm{d}v} \cdot \dfrac{\mathrm{d}v}{\mathrm{d}x}$ 或 $y'_x=y'_u \cdot u'_v \cdot v'_x$

4.3.3 答疑解惑

1.如何理解基本求导公式中的"三元统一"?

答:套用基本求导公式时要满足"三元统一"原则.

(1)第一元是求导复合函数最外层的中间变量.例如 $e^{\sin 2x}$,最外层的中间变量是 $u=\sin 2x$,代换后可使 $e^{\sin 2x}=e^u$ 具备基本初等函数形式.

(2)第二元是求导问题中所指定的求导变量.

(3)第三元是由第一元和第二元决定的,它与第一元和第二元是一致的.第三元在结果表达式中的位置与套用基本求导公式结果中的自变量的位置一致.

2.如何计算复合函数的导数?

答:首先分清复合函数的结构,即该函数是由哪些基本初等函数经过怎样的运算过程复合而成的;然后求导时,按照复合次序由最外层起,向内一层一层对中间变量求导,直到对自变量求导为止.

3.(1)已知函数 $y=\sin^2 2x$,下列写法正确吗?

①$y'=(\sin^2 2x)' \cdot (\sin 2x)' \cdot (2x)'$.

②$y'=(\sin^2 2x)'=2\sin 2x \cdot (2x)'$.

③$y'=(\sin^2 2x)'=2\sin 2x \cdot \cos 2x.$

(2)已知 $y=\ln(x+\sqrt{1+x^2})$，下列写法正确吗？

$$y'=[\ln(x+\sqrt{1+x^2})]'=\frac{1}{x+\sqrt{1+x^2}} \cdot \left(1+\frac{1}{2\sqrt{1+x^2}}\right) \cdot (1+x^2)'$$

答：都错误.

(1)设 $y=\sin^2 2x$ 由 $y=u^2,u=\sin v,v=2x$ 复合而成.

①这个写法对导数记号的意义理解出现错误. $(\sin^2 2x)'$ 表示 y 对 x 求导，$(\sin 2x)' \cdot (2x)'$ 是多写的两个因子，而复合函数求导方法是从外到内逐层求导，$y'=(\sin^2 2x)' \cdot (\sin 2x)' \cdot (2x)'$ 这个写法没有标出求导变量，所以是错误的. 复合函数求导过程应该注意写出求导变量，正确的写法是 $y'=(\sin^2 2x)'_{\sin 2x} \cdot (\sin 2x)'_{2x} \cdot (2x)'_x.$

②此写法错在中间漏层，没求 $(\sin v)'_v.$

③此写法错在求导数时没有达到对自变量 x 求导，没有 $(2x)'.$

(2)此写法错在看错了复合层次. 正确的写法是：

$$y'=[\ln(x+\sqrt{1+x^2})]'=\frac{1}{x+\sqrt{1+x^2}} \cdot \left[1+\frac{1}{2\sqrt{1+x^2}} \cdot (1+x^2)'\right]$$

【评注】 求复合函数的导数易出现的错误：①看错复合层次；②中间漏层；③没有达到对自变量求导；④对导数的记号使用不当.

4. 如何求解含有绝对值函数的导数？

答：对于含有绝对值函数的求导，首先将绝对值去掉，再分类讨论进行求导.

例如，求 $f(x)=\ln|x-1|=\begin{cases}\ln(x-1), & x\geqslant 1 \\ \ln(1-x), & x<1\end{cases}$ 的导数.

当 $x\geqslant 1$ 时，$f'(x)=[\ln(x-1)]'=\frac{1}{x-1} \cdot (x-1)'=\frac{1}{x-1};$

当 $x<1$ 时，$f'(x)=[\ln(1-x)]'=\frac{1}{1-x} \cdot (1-x)'=\frac{1}{1-x} \cdot (-1)=\frac{1}{x-1}.$

所以，$(\ln|x-1|)'=\frac{1}{x-1}.$

4.3.4 典型例题分析

【例 4-3-1】 求下列函数的导数 $f'(x)$：

(1)$f(x)=\cos\ln 2x;$ 　　　　　　　(2)$f(x)=e^x\sin 2x+\ln 3x;$

(3)$f(x)=\sin(x^3+\ln 2x);$ 　　　　(4)$f(x)=|x-1|.$

解 (1)分析：该函数属于复合函数求导，利用链式求导法则由外向内逐层求导.

解法1 $f'(x)=(\cos\ln 2x)'=(\cos\ln 2x)'_{\ln 2x} \cdot (\ln 2x)'_{2x} \cdot (2x)'_x$

$$=-\sin\ln 2x \cdot \frac{1}{2x} \cdot 2=-\frac{1}{x}\sin\ln 2x.$$

解法2 $f'(x)=(\cos\ln 2x)'=-\sin\ln 2x(\ln 2x)'$

$$=-\sin\ln 2x \cdot \frac{1}{2x}(2x)'=-\frac{1}{x}\sin\ln 2x.$$

(2)分析：该函数是由复合函数经四则运算组成的初等函数，求导时，先用四则运算法则，再用复合函数求导法则.

解法 1
$$f'(x) = (e^x \sin 2x + \ln 3x)' = (e^x \sin 2x)' + (\ln 3x)'$$
$$= (e^x)'_x \cdot \sin 2x + e^x \cdot (\sin 2x)'_{2x} \cdot (2x)'_x + (\ln 3x)'_{3x} \cdot (3x)'_x$$
$$= e^x \cdot \sin 2x + e^x \cdot \cos 2x \cdot 2 + \frac{1}{3x} \cdot 3$$
$$= e^x \sin 2x + 2e^x \cos 2x + \frac{1}{x}$$

解法 2
$$f'(x) = (e^x \sin 2x + \ln 3x)' = (e^x \sin 2x)' + (\ln 3x)'$$
$$= (e^x)'_x \cdot \sin 2x + e^x \cdot (\sin 2x)' + (\ln 3x)'$$
$$= e^x \cdot \sin 2x + e^x \cdot \cos 2x (2x)' + \frac{1}{3x}(3x)'$$
$$= e^x \sin 2x + 2e^x \cos 2x + \frac{1}{x}$$

(3)**分析**：该函数属于初等函数,在函数复合中有四则运算.与上述的(2)进行对比分析,在求导时,分清函数的结构,遇到复合运算求导时,使用复合函数求导法则求导;遇到四则运算法则求导时,则使用运算法则求导.本题求导时,先用复合运算求导,再用四则运算求导.

解法 1
$$f'(x) = [\sin(x^3 + \ln 2x)]' = [\sin(x^3 + \ln 2x)]'_{x^3 + \ln 2x} \cdot (x^3 + \ln 2x)'_x$$
$$= \cos(x^3 + \ln 2x) \cdot [(x^3)'_x + (\ln 2x)'_x]$$
$$= \cos(x^3 + \ln 2x) \cdot \left[3x^2 + \frac{1}{2x} \cdot (2x)'\right]$$
$$= \cos(x^3 + \ln 2x) \cdot \left(3x^2 + \frac{1}{x}\right)$$

解法 2
$$f'(x) = [\sin(x^3 + \ln 2x)]' = \cos(x^3 + \ln 2x) \cdot (x^3 + \ln 2x)'$$
$$= \cos(x^3 + \ln 2x) \cdot [(x^3)' + (\ln 2x)']$$
$$= \cos(x^3 + \ln 2x) \cdot \left[3x^2 + \frac{1}{2x} \cdot (2x)'\right]$$
$$= \cos(x^3 + \ln 2x) \cdot \left(3x^2 + \frac{1}{x}\right)$$

注：上述求解过程都用了两种写法.目的是让读者进一步了解求导中的"三元统一"原则.在解法 1 中,用了强制型导数记号,如(3)用加下标方式分别指明了对$(x^3 + \ln 2x)$求导和对x求导.而解法 2 是用默认型导数记号,不明确标明函数关于哪一个变量求导的记号,默认为对x求导.

注意区别求解过程的表达.例如解法 1 的写法,如不用下标指明是对$(x^3 + \ln 2x)$求导还是对x求导,则表达式是错误的.即下面的式子是错误的：
$$f'(x) = [\sin(x^3 + \ln 2x)]' = [\sin(x^3 + \ln 2x)]' \cdot (x^3 + \ln 2x)'$$

(4)**分析**：该函数为带绝对值符号的复合函数.对于有些比较复杂的函数,如果能先化简,先尽量化简,再求导,这样会使求导的过程更加简洁.

本例就把含有绝对值的函数的求导问题转化为分段函数的求导问题,而对于分段函数的导数,除了每一段的导数外,还要用导数定义确定分段点的导数.

解　$f(x) = |x-1| = \begin{cases} x-1, & x \geq 1 \\ 1-x, & x < 1 \end{cases}.$

当 $x<1$ 时，$f'(x)=(1-x)'=-1$；

当 $x>1$ 时，$f'(x)=(x-1)'=1$；

当 $x=1$ 时，由于 $f'_-(1)=\lim\limits_{x\to 1^-}\dfrac{f(x)-f(1)}{x-1}=\lim\limits_{x\to 1^-}\dfrac{1-x-0}{x-1}=-1$，而 $f'_+(1)=$

$\lim\limits_{x\to 1^+}\dfrac{f(x)-f(1)}{x-1}=\lim\limits_{x\to 1^+}\dfrac{x-1-0}{x-1}=1$，

即 $x=1$ 处左、右导数不相等，所以 $f'(1)$ 不存在.

综上所述，$f'(x)=\begin{cases}1, & x>1 \\ 不存在，& x=1. \\ -1, & x<1\end{cases}$

【例 4-3-2】　求下列函数的导数：

$(1)\ y=\ln\dfrac{\sqrt{x^2+1}}{\sqrt[3]{x-2}}(x>2)$；　　　　　$(2)\ y=\dfrac{1}{x-\sqrt{x^2-1}}$.

分析：求初等函数的导数时，有时可根据函数的特点，如有可能，则先化简或化成便于求导数的形式，以使求导过程简化.

解　(1)　$y=\ln\dfrac{\sqrt{x^2+1}}{\sqrt[3]{x-2}}=\dfrac{1}{2}\ln(x^2+1)-\dfrac{1}{3}\ln(x-2)$

$y'=\left[\dfrac{1}{2}\ln(x^2+1)-\dfrac{1}{3}\ln(x-2)\right]'=\dfrac{1}{2(x^2+1)}\cdot 2x-\dfrac{1}{3(x-2)}\cdot 1=\dfrac{x}{x^2+1}-\dfrac{1}{3(x-2)}$

(2)　$y=\dfrac{1}{x-\sqrt{x^2-1}}=\dfrac{x+\sqrt{x^2-1}}{(x-\sqrt{x^2-1})(x+\sqrt{x^2-1})}=x+\sqrt{x^2-1}$

$y'=(x+\sqrt{x^2-1})'=1+\dfrac{1}{2\sqrt{x^2-1}}(x^2-1)'=1+\dfrac{x}{\sqrt{x^2-1}}$

【例 4-3-3】　已知 $y=f(\arctan x^2)$，求 y'.

分析：求抽象函数的导数，主要分清函数的复合结构，由外向里逐层求导即可.

解　$y'=[f(\arctan x^2)]'=[f(\arctan x^2)]'_{\arctan x^2}\cdot(\arctan x^2)'_{x^2}\cdot(x^2)'_x$

$=f'(\arctan x^2)\cdot\dfrac{1}{1+x^4}\cdot 2x=\dfrac{2x\cdot f'(\arctan x^2)}{1+x^4}$

4.3.5　同步练习

一、选择题

1. 若 $f(x)=(2x+1)^{50}$，则 $f'(x)=($　　　　$)$.

A. $50(2x+1)^{49}$　　　B. $50(2x+1)^{51}$　　　C. $100(2x+1)^{49}$　　　D. $100(2x+1)^{51}$

2. 若 $f(x)=\mathrm{e}^{5x}\cos 3x$，则 $f'(x)=($　　　　$)$.

A. $\mathrm{e}^{5x}(\cos 3x-3\sin 3x)$　　　　　　　　B. $\mathrm{e}^{5x}(5\cos 3x-3\sin 3x)$

C. $\mathrm{e}^{5x}(5\cos 3x+3\sin 3x)$　　　　　　　　D. $\mathrm{e}^{5x}(\cos 3x-3\sin 3x)$

3. 若 $y=\ln(x^2+\mathrm{e}^x)$，则 $\dfrac{\mathrm{d}y}{\mathrm{d}x}=($　　　　$)$.

A. $\dfrac{1}{x^2+\mathrm{e}^x}$　　　　B. $\dfrac{2x-\mathrm{e}^x}{x^2+\mathrm{e}^x}$　　　　C. $\dfrac{x+\mathrm{e}^x}{x^2+\mathrm{e}^x}$　　　　D. $\dfrac{2x+\mathrm{e}^x}{x^2+\mathrm{e}^x}$

4. 若 $f(x)=2^{\tan x}$，则 $f'(x)=($ $)$.

A. $\dfrac{2^{\tan x}}{\ln 2}$ B. $\dfrac{2^{\tan x}\ln 2}{\sin^2 x}$ C. $2^{\tan x}\ln 2$ D. $\dfrac{2^{\tan x}\ln 2}{\cos^2 x}$

5. 若 $f(x)=\ln\dfrac{x^2-1}{x^2+1}$，则 $f'(1)=($ $)$.

A. $\dfrac{1}{4}$ B. 0 C. -1 D. 不存在

二、填空题

1. 若 $y=\sin(x^2-1)$，则 $y'=$ _____.

2. 设 $f(x)=e^x\cos 2x$，则 $f'(0)=$ _____.

3. 设 $y=\ln(2x+1)-\arcsin x$，则 $y'|_{x=0}=$ _____.

4. 设 $f(x)=e^{2x}+\dfrac{1}{\cos x}$，则 $f(x)'|_{x=0}=$ _____.

5. 曲线 $y=\tan^3 2x$ 在点 $x=\dfrac{\pi}{8}$ 处的切线斜率为 _____.

三、解答题

1. 求下列函数的导数 y'：

(1) $y=(2x+3)^{10}$；   (2) $y=\ln(1-x^2)$；

(3) $y=(\sin 3x)\cos\sqrt{x}$；   (4) $y=\ln(e^x+\sqrt{1+e^{2x}})$；

(5) $y=\ln\cos(x^3)$；   (6) $y=\arctan\ln u(x)$.

2. 求下列函数的导数 $f'(x)$：

(1) $f(x)=\ln\sqrt{\dfrac{1+x}{1-x}}$；   (2) $f(x)=\sin\cos[u(x)+v(x)]$；

(3) $f(x)=e^{\arcsin\sqrt{x}}$；   (4) $f(x)=\begin{cases}e^{-x}, & x\geqslant 0\\ \sqrt{1-2x}, & x<0\end{cases}$.

3. 设 $f(x)=\cos 3x$，求 $\{f[f(x)]\}'$.

4. 设 $y=\arctan(e^{2x}+x^3)$，求 y'.

5. 已知 $f(x)=\ln\dfrac{x^2-1}{x^2+1}$，求 $f'(0)$.

◆ 4.4　特殊求导法则 ◆

4.4.1　基本要求

1. 掌握反函数求导法，会应用该法则求解反函数的导数.

2. 理解隐函数的概念，掌握隐函数的求导方法，熟练求解隐函数的导数.

3. 掌握取对数技巧的求导法则，会应用法则求解幂指函数与连乘积、乘方、开方形式等一些特殊函数的导数.

4. 理解高阶导数的概念，掌握求解高阶导数的方法.

4.4.2 知识要点

特殊求导法则如表4.4.1所示.

表4.4.1 特殊求导法则

类型	求导法则
反函数	若函数 $y=f(x)$ 在点 x 的某邻域内严格单调且连续,在点 x 处可导且 $f'(x)\neq 0$;则它的反函数 $x=\varphi(y)$ 在 y 处可导,且 $$\varphi'(y)=\frac{1}{f'(x)}\ 或\ x'_y=\frac{1}{y'_x}\ 或\ \frac{\mathrm{d}x}{\mathrm{d}y}=\frac{1}{\dfrac{\mathrm{d}y}{\mathrm{d}x}}$$ 即反函数的导数等于直接函数导数的倒数.
隐函数	对于由方程 $F(x,y)=0$ 所确定的隐函数 $y=y(x)$,求其导数 y'_x 时,在方程两边同时关于 x 求导(求导时将 y 看成 x 的函数),得到关于 y'_x 的方程,再解出 y'_x.隐函数求导过程中经常还会用到复合函数的求导法
幂指函数	一般对于幂指函数 $u(x)^{v(x)}$,一般先采用式子两边取对数的方式进行化简后,再用隐函数求导法进行求导. (注:对于多个函数相乘、除、乘方或开方构成的复杂形式的函数,也常用此方法求导)
高阶导数	高阶导数是导函数再进行求导的结果.求高阶导数就是对函数连续依次求导,一般可以先求函数的一阶导、二阶导,三阶导等,以此类推,得到高阶导数,并且可以通过找规律,得到函数的 n 阶导数

4.4.3 答疑解惑

1.隐函数求导中为何要使用强制型的导数记号?

答:隐函数有两个变量 x 和 y,无所谓哪一个变量是因变量及哪一个变量是自变量.一般会把 y 看成函数,x 是自变量,当然也可以将 x 看成函数,y 是自变量,因此为了避免歧义,在隐函数求导时一般采用强制型导数记号.隐函数的 x'_y 和 y'_x 具有如下关系:$y'_x=\dfrac{1}{x'_y}$;隐函数的导数结果中可以同时包含 x 和 y,即求导后还是隐函数.

2.取对数技巧适用于哪种类型函数的求导呢?

答:(1)幂指函数 $u(x)^{v(x)}$ 的导数.首先两边取对数,得 $\ln y=\ln u(x)^{v(x)}=v(x)\cdot\ln u(x)$;再用隐函数求导即可.

(2)对于多个函数相乘、除、乘方或开方构成的复杂形式的函数,求其导数时,也可以采用两边取对数的方式化简,再利用对数运算性质转化为加减法的求导运算来处理.

3.幂指函数 $u(x)^{v(x)}$ 求导一定要用取对数的方法才能求导吗?

答:不一定.不能直接对幂指函数 $u(x)^{v(x)}$ 求导,需要两边取对数,把幂指函数转化为隐函数来求导.除了这个方法,还可以利用对数恒等式 $u(x)^{v(x)}=\mathrm{e}^{\ln u(x)^{v(x)}}=\mathrm{e}^{v(x)\ln u(x)}$,把幂指函数转化为复合函数来求导.例如:求 $y=x^{\cos x}$ 的导数,利用恒等式变形为:$y=x^{\cos x}=\mathrm{e}^{\cos x\ln x}$,转化为复合函数,再求导,得

$$(e^{\cos x \ln x})' = e^{\cos x \ln x} \cdot (\cos x \ln x)' = e^{\cos x \ln x} \cdot \left(-\sin x \ln x + \frac{\cos x}{x}\right) = x^{\cos x}\left(-\sin x \ln x + \frac{\cos x}{x}\right)$$

4.4.4 典型例题分析

题型 1 隐函数求导法

【例 4-4-1】 已知 $xy + e^y - \sin(xy^2) = 1$，求 y_x' 和 x_y'.

分析：该函数是隐函数，利用隐函数求导法则，对方程两边关于 x 直接求导，求导时要将 y 看作 x 的函数.

解 方程两边对 x 求导，有

$$\left[xy + e^y - \sin(xy^2)\right]_x' = 1_x'$$
$$\Rightarrow y + xy_x' + e^y y_x' - \cos(xy^2) \cdot (xy^2)_x' = 0$$
$$\Rightarrow y + xy_x' + e^y y_x' - \cos(xy^2) \cdot (y^2 + 2xy \cdot y_x') = 0$$
$$\Rightarrow \left[x + e^y - 2xy\cos(xy^2)\right]y_x' = y^2\cos(xy^2) - y$$
$$\Rightarrow y_x' = \frac{y^2\cos(xy^2) - y}{x + e^y - 2xy\cos(xy^2)}$$

故

$$x_y' = \frac{1}{y_x'} = \frac{x + e^y - 2xy\cos(xy^2)}{y^2\cos(xy^2) - y}$$

【评注】 由隐函数求导时，在 y_x' 的表达式中一般都含有 y，这里往往不要求将 y 换成 x 的表达式.

【例 4-4-2】 设 $e^y + xy - e^x = 0$，求 $y'|_{x=0}$.

分析：利用隐函数求导法则，式子两边关于 x 求导，求出隐函数的导数，再令 $x=0$，代入原式求出 y 的值，把 x,y 的数值代入导函数中即可.

解 方程两边对 x 求导，有

$$(e^y)_x' + (xy)_x' - (e^x)_x' = 0$$
$$\Rightarrow e^y \cdot y_x' + (x)_x' \cdot y + x \cdot y_x' - e^x = 0$$
$$\Rightarrow e^y \cdot y_x' + y + x \cdot y_x' - e^x = 0$$

解得

$$y_x' = \frac{e^x - y}{e^y + x}$$

把 $x=0$ 代入原方程，得 $y=0$，所以 $y'\Big|_{x=0} = \frac{e^0 - 0}{e^0 + 0} = 1$.

【评注】 $y'|_{x=0}$ 是一个数值. 由于在 y_x' 的表达式中一般都含有 y，故这个 y 也必须用与 $x=0$ 相对应的 y 的值代入，才能求得 y_x' 在 $x=0$ 时的值. 下面的结果是错误的：

$$y_x'\Big|_{x=0} = \frac{e^x - y}{e^y + x}\Big|_{x=0} = \frac{1 - y}{e^y}$$

题型 2 取对数技巧求导

【例 4-4-3】 设 $y = y(x)$ 是由方程 $e^y = x^{x+y}$ 确定的隐函数，求 y_x'.

分析：该函数属于隐函数，但是方程的右边式子 x^{x+y} 属于幂指函数，因此先对方程两边取对数，将式子化简.

解 方程 $e^y = x^{x+y}$ 两边取对数，即 $\ln e^y = \ln x^{x+y}$，得 $y = (x+y)\ln x$.

方程 $y = (x+y)\ln x$ 两边关于 x 求导，得

$$y'_x = (x+y)'_x \cdot \ln x + (x+y) \cdot (\ln x)'_x, \text{即 } y'_x = (1+y'_x) \cdot \ln x + (x+y) \cdot \frac{1}{x}$$

化简得到

$$y'_x = \frac{x(\ln x + 1) + y}{x(1 - \ln x)}$$

【例 4-4-4】 设 $y = \dfrac{\sqrt{x+2}(3-x)^4}{(1+x)^5}$,求 y'.

分析:该函数为多个因子相乘、相除构成,先利用取对数技巧化简,化为隐函数,再运用隐函数求导法.

解 原方程两边取对数,得

$$\ln y = \frac{1}{2}\ln(x+2) + 4\ln(3-x) - 5\ln(1+x)$$

式子两边对 x 求导,得

$$(\ln y)'_x = \left[\frac{1}{2}\ln(x+2) + 4\ln(3-x) - 5\ln(1+x)\right]'_x$$

即

$$\frac{1}{y}y' = \frac{1}{2(x+2)} - \frac{4}{3-x} - \frac{5}{1+x}$$

所以

$$y' = \frac{\sqrt{x+2}(3-x)^4}{(1+x)^5}\left[\frac{1}{2(x+2)} + \frac{4}{x-3} - \frac{5}{x+1}\right]$$

题型 3　高阶导数的求法

【例 4-4-5】 已知 $f(x) = \ln(1-x^2)$,求 $f''(x)$.

分析:求高阶导数,需要从一阶导数逐次求导即可.

解
$$f'(x) = [\ln(1-x^2)]' = \frac{-2x}{1-x^2}$$
$$f''(x) = \left(\frac{-2x}{1-x^2}\right)' = -2 \cdot \left(\frac{x}{1-x^2}\right)'$$
$$= -2 \cdot \frac{x'(1-x^2) - x(1-x^2)'}{(1-x^2)^2} = \frac{-2(1+x^2)}{(1-x^2)^2}.$$

【例 4-4-6】 $f(x) = x^n + \mathrm{e}^{\lambda x}$,求 $f^{(n)}(x)$.

分析:要求该函数的 n 阶导数,先求出一阶、二阶、三阶导数等,观察分析归纳出规律性,从而推导出函数的 n 阶导数的表达式.

解
$$f'(x) = nx^{n-1} + \lambda \mathrm{e}^{\lambda x}$$
$$f''(x) = n(n-1)x^{n-2} + \lambda^2 \mathrm{e}^{\lambda x}$$
$$f'''(x) = n(n-1)(n-2)x^{n-3} + \lambda^3 \mathrm{e}^{\lambda x}$$
$$\cdots$$

综上所述,得 $f^{(n)}(x) = n! + \lambda^n \mathrm{e}^{\lambda x}$.

4.4.5　同步练习

一、选择题

1.曲线 $x^2 + 3xy + y^2 + 1 = 0$ 在点 $(2,1)$ 处的切线斜率为(　　).

A. $\dfrac{1}{4}$ B. $-\dfrac{7}{8}$ C. 1 D. $\dfrac{1}{2}$

2. 设 $f(x) = \sin 3x$，则 $f'''(x) = ($ $)$.

A. $9\cos 3x$ B. $-9\cos 3x$ C. $-27\sin 3x$ D. $-27\cos 3x$

3. $(x^x)' = ($ $)$.

A. $1 + \ln x$ B. $x^x(1 + \ln x)$ C. $x^x \ln x$ D. $x \ln x$

4. 设 $e^x - e^y = \sin xy$，则 $y'|_{x=0} = ($ $)$.

A. 0   B. 2   C. 1   D. 3

5. 设 $(2y)^{x-1} = \left(\dfrac{x}{2}\right)^{y-1}$，则 $y'|_{x=1} = ($ $)$.

A. -2 B. 0   C. 1   D. -1

二、填空题

1. 设 $y = f(x)$ 由方程 $e^{x+y} + \cos xy = 0$ 确定，则 $\dfrac{\mathrm{d}y}{\mathrm{d}x} = $ _____.

2. 已知函数 $y = \ln \sin x$，则 $f''\left(\dfrac{\pi}{2}\right) = $ _____.

3. 已知 $x = \varphi(y)$ 是 $y = f(x)$ 的反函数，又知 $f'(x) = 2x$，则 $\varphi'(y) = $ _____.

4. 设 $y = (\sin 2x)^{\cos x}$，则 $y'_x = $ _____.

5. 设 $y = (e^{\sin x})^{2x}$，则 $y'_x = $ _____.

三、解答题

1. 已知 $xy = \sin(x^2 + y^2)$，求 x'_y.

2. 求函数 $y = (1 + x^2)^x$ 的导数 y'_x.

3. 已知 $y = \ln\sqrt{x}$，求 y''.

4. $y = x \ln y$，求 y 的导数.

5. 设 $y = \dfrac{x^2 \cdot \sqrt[3]{1 + 2x}}{x + 3}$，求 y'.

◆ 4.5 微分 ◆

4.5.1 基本要求

1. 了解微分的概念及其几何意义，并掌握微分的计算方法.

2. 熟悉微分的基本公式及其四则运算法则，并熟练应用法则求解微分.

3. 掌握复合函数的微分法则（一阶微分的形式不变性），并熟练应用法则求解复合函数、隐函数等函数的微分.

4.5.2 知识要点

微分的定义、公式和法则如表 4.5.1 所示.

表 4.5.1　微分的定义、公式和法则

名称	内容
微分的定义	函数 $y=f(x)$ 的微分：$\mathrm{d}y=f'(x)\mathrm{d}x$（可导必可微，可微必可导）
微分的四则运算法则	若函数 $u=u(x)$ 和 $v=v(x)$ 都可微，则 $(1)\mathrm{d}(u\pm v)=\mathrm{d}u\pm\mathrm{d}v;$　　　　$(2)\mathrm{d}(uv)=v\mathrm{d}u+u\mathrm{d}v;$ $(3)\mathrm{d}(Cu)=C\mathrm{d}u;$　　　　$(4)\mathrm{d}\left(\dfrac{u}{v}\right)=\dfrac{v\mathrm{d}u-u\mathrm{d}v}{v^2},v\neq0$
复合函数的微分法则 （一阶微分的形式不变性）	设 $y=f(u),u=\varphi(x)$ 都可微，则复合而成的复合函数 $y=f[\varphi(x)]$ 也可微，其微分为 $\mathrm{d}f(u)=f'(u)\mathrm{d}u$
微分公式	$(1)\mathrm{d}C=0(C\ 为常数)；$　$(2)\mathrm{d}(x^n)=nx^{n-1}\mathrm{d}x(n\ 为任意实数)；$ $(3)\mathrm{d}(a^x)=a^x\ln a\mathrm{d}x(a>0,a\neq1)；$　$(4)\mathrm{d}(\mathrm{e}^x)=\mathrm{e}^x\mathrm{d}x；$ $(5)\mathrm{d}(\log_a x)=\dfrac{1}{x\ln a}\mathrm{d}x(a>0,a\neq1)；$　$(6)\mathrm{d}(\ln x)=\dfrac{1}{x}\mathrm{d}x；$ $(7)\mathrm{d}(\sin x)=\cos x\mathrm{d}x；$　$(8)\mathrm{d}(\cos x)=-\sin x\mathrm{d}x；$ $(9)\mathrm{d}(\tan x)=\sec^2 x\mathrm{d}x=\dfrac{1}{\cos^2 x}\mathrm{d}x；$　$(10)\mathrm{d}(\cot x)=-\csc^2 x\mathrm{d}x=-\dfrac{1}{\sin^2 x}\mathrm{d}x；$ $(11)\mathrm{d}(\sec x)=\sec x\tan x\mathrm{d}x；$　$(12)\mathrm{d}(\csc x)=-\csc x\cot x\mathrm{d}x；$ $(13)\mathrm{d}(\arcsin x)=\dfrac{1}{\sqrt{1-x^2}}\mathrm{d}x；$　$(14)\mathrm{d}(\arccos x)=-\dfrac{1}{\sqrt{1-x^2}}\mathrm{d}x；$ $(15)\mathrm{d}(\arctan x)=\dfrac{1}{1+x^2}\mathrm{d}x；$　$(16)\mathrm{d}(\text{arccot } x)=-\dfrac{1}{1+x^2}\mathrm{d}x$

4.5.3　答疑解惑

1.导数与微分有什么区别和联系呢？

答：导数和微分是两个不同的概念，导数是函数增量与自变量增量之比的极限，几何意义是某点处切线的斜率，符号是 $\dfrac{\mathrm{d}f(x)}{\mathrm{d}x}$ 或 $f'(x)$．微分是函数增量的主要部分，几何意义是沿切线方向上纵坐标的增量，符号是 $\mathrm{d}f(x)$．对于一元函数，可导必可微，可微必可导．

2.函数的微分 $\mathrm{d}y=f'(x)\Delta x$ 中的 Δx 是否一定要绝对值很小？

答：按照微分定义，不一定要求 Δx 很小．若函数 $y=f(x)$ 在 x 处可微，则有 $\Delta y=\mathrm{d}y+o(\Delta x)$，在函数定义域内，不论 $|\Delta x|$ 大小，都有上式成立．但是在利用微分进行近似计算时，以 $\mathrm{d}y$ 近似代替 Δy，此时要求 $|\Delta x|$ 较小，否则误差 $o(\Delta x)$ 就可能较大，近似程度就比较差．

3.有几种求函数微分的方法呢？

答：(1)直接利用微分的定义，即微分与导数之间的关系：$\mathrm{d}y=f'(x)\mathrm{d}x$．对能正确求出 $f'(x)$ 的，在最后结果 $f'(x)$ 再乘以 $\mathrm{d}x$ 即可．

(2)用基本函数的微分公式和微分四则运算法则．

(3)用复合函数微分法则求微分．

4.如何理解微分公式的逆用？

答：要想运用微分公式，即将微分公式写成一个函数的微分，就需要对导数的逆运算比较熟悉,知道某个函数是可以通过哪个函数求导得到的.例如,我们知道函数 $\cos 2x$ 可以通过函数 $\frac{1}{2}\sin 2x$ 求导得到,因此出现 $\cos 2x\mathrm{d}x$ 的形式,就等价于 $\left(\frac{1}{2}\sin 2x\right)'\mathrm{d}x$,进而就可以写成 $\mathrm{d}\left(\frac{1}{2}\sin 2x\right)$ 微分的形式了.微分公式的逆用,写成一个函数的微分,叫作凑微分,后续第 6、7 章会用到.

4.5.4　典型例题分析

题型 1　利用微分法则求微分

【例 4-5-1】　(1)已知 $f(x)=\ln x+\mathrm{e}^x\cdot\cos 2x$,求 $\mathrm{d}f(x)$.

(2)已知 $f(x)=\dfrac{2x-1}{\sin x}$,求 $\mathrm{d}f(x)$.

(3)已知 $f(x)=\ln(x+\mathrm{e}^{x^2})$,求 $\mathrm{d}f(x)$.

(4)已知 $xy=y^2+\sin x$,求 $\mathrm{d}y$.

分析:求函数的微分,可以通过函数微分法则、复合函数的微分法则、隐函数求导法则,或综合运用上述方法求函数的微分.

解　(1)$\mathrm{d}f(x)=\mathrm{d}(\ln x+\mathrm{e}^x\cdot\cos 2x)=\mathrm{d}(\ln x)+\mathrm{d}(\mathrm{e}^x\cdot\cos 2x)$

$$=\frac{1}{x}\mathrm{d}x+\mathrm{d}(\mathrm{e}^x)\cdot\cos 2x+\mathrm{e}^x\cdot\mathrm{d}(\cos 2x)$$

$$=\frac{1}{x}\mathrm{d}x+\mathrm{e}^x\cos 2x\mathrm{d}x-2\mathrm{e}^x\sin 2x\mathrm{d}x$$

$$=\left(\frac{1}{x}+\mathrm{e}^x\cos 2x-2\mathrm{e}^x\sin 2x\right)\mathrm{d}x.$$

(2)$\mathrm{d}f(x)=\mathrm{d}\left(\dfrac{2x-1}{\sin x}\right)$

$$=\frac{\mathrm{d}(2x-1)\cdot\sin x-(2x-1)\cdot\mathrm{d}(\sin x)}{\sin^2 x}$$

$$=\frac{2\sin x\mathrm{d}x-(2x-1)\cos x\mathrm{d}x}{\sin^2 x}$$

$$=\frac{2\sin x-(2x-1)\cos x}{\sin^2 x}\mathrm{d}x.$$

(3)$\mathrm{d}f(x)=\mathrm{d}[\ln(x+\mathrm{e}^{x^2})]$

$$=\frac{1}{x+\mathrm{e}^{x^2}}\mathrm{d}(x+\mathrm{e}^{x^2})=\frac{1}{x+\mathrm{e}^{x^2}}(\mathrm{d}x+\mathrm{d}\mathrm{e}^{x^2})$$

$$=\frac{1}{x+\mathrm{e}^{x^2}}(\mathrm{d}x+\mathrm{e}^{x^2}\mathrm{d}x^2)=\frac{1}{x+\mathrm{e}^{x^2}}(\mathrm{d}x+2x\mathrm{e}^{x^2}\mathrm{d}x)$$

$$=\frac{1+2x\mathrm{e}^{x^2}}{x+\mathrm{e}^{x^2}}\mathrm{d}x.$$

(4)隐函数两边直接求微分,有

$$\mathrm{d}(xy)=\mathrm{d}(y^2+\sin x)$$

$$\Rightarrow y\mathrm{d}x+x\mathrm{d}y=\mathrm{d}y^2+\mathrm{d}\sin x$$

$$\Rightarrow y\mathrm{d}x + x\mathrm{d}y = 2y\mathrm{d}y + \cos x\mathrm{d}x,$$
$$\Rightarrow (x-2y)\mathrm{d}y = (\cos x - y)\mathrm{d}x$$

所以
$$\mathrm{d}y = \frac{\cos x - y}{x - 2y}\mathrm{d}x$$

题型2 微分公式的逆用

【例4-5-2】 (1)若 $(x+1)\mathrm{d}x = \mathrm{d}f(x)$,求 $f(x)$.

(2)若 $\cos 2x\mathrm{d}x = \mathrm{d}f(x)$,求 $f(x)$.

分析:根据微分公式的逆运算,写成一个函数的微分来求解.

解 (1)根据微分的定义,$\mathrm{d}f(x) = f'(x)\mathrm{d}x$. 从式子的右边推导到左边,首先要写成某个函数的导数的形式:$f'(x)\mathrm{d}x$. 因此,要将 $(x+1)\mathrm{d}x$ 写成 $f'(x)\mathrm{d}x$ 的形式,就要熟悉导数的逆运算.

由于式子 $(x+1)$ 是由函数 $\left(\frac{1}{2}x^2 + x\right)$ 求导得到的,因此 $(x+1)\mathrm{d}x$ 可以写成 $\left(\frac{1}{2}x^2 + x\right)'\mathrm{d}x$ 的形式.

根据微分定义,可得 $(x+1)\mathrm{d}x = \left(\frac{1}{2}x^2 + x\right)'\mathrm{d}x = \mathrm{d}\left(\frac{1}{2}x^2 + x\right)$. 因此,得

$$f(x) = \frac{1}{2}x^2 + x$$

(2)通过推导可以知道,函数 $\cos 2x$ 可以通过函数 $\frac{1}{2}\sin 2x$ 求导得到. 因此,$\cos 2x\mathrm{d}x$ 可以写成 $\left(\frac{1}{2}\sin 2x\right)'\mathrm{d}x$ 的形式. 根据微分定义,可得 $\cos 2x\mathrm{d}x = \left(\frac{1}{2}\sin 2x\right)'\mathrm{d}x = \mathrm{d}\left(\frac{1}{2}\sin 2x\right)$. 因此,得 $f(x) = \frac{1}{2}\sin 2x$.

4.5.5 同步练习

一、选择题

1.函数 $f(x)$ 在点 a 处可导是 $f(x)$ 在点 a 处可微的(　　).

　A. 充分条件　　　　B. 必要条件　　　　C. 充要条件　　　　D. 无关条件

2.$\mathrm{d}(\quad) = \sin 2x\mathrm{d}x$.

　A. $\frac{1}{2}\sin 2x$　　　B. $\sin 2x$　　　C. $-\cos 2x$　　　D. $-\frac{1}{2}\cos 2x$

3.设方程 $x + y + y^2 = \cos x$ 确定为函数,则 $\mathrm{d}y = (\quad)$.

　A. $\frac{\sin x + 1}{1 + 2y}\mathrm{d}x$　　　B. $\frac{-(\sin x + 1)}{1 + 2y}\mathrm{d}x$　　　C. $\frac{-\sin x + 1}{1 + 2y}\mathrm{d}x$　　　D. $\frac{\sin x - 1}{1 + 2y}\mathrm{d}x$

4.设 $xy^2 + \arctan y = \frac{\pi}{4}$,则 $\mathrm{d}y\big|_{x=0} = (\quad)$.

　A. $-2\mathrm{d}x$　　　　B. 0　　　　C. -2　　　　D. $2\mathrm{d}x$

5.设 $y = x^2\ln x^2 + \cos x$,则 $\mathrm{d}y\big|_{x=1} = (\quad)$.

　A. $(2-\cos 1)\mathrm{d}x$　　B. $(2-\sin 1)\mathrm{d}x$　　C. $(2+\sin 1)\mathrm{d}x$　　D. $2-\sin 1$

二、填空题

1. $(e^{3x})' dx = $ _____.

2. $d(\ln x^3)$ _____.

3. 已知 $f(x) = (2 + \ln x)^2$,则 $dy = $ _____.

4. 若 $df(x) = 0$,则 $f(x) = $ _____.

5. 将适当的函数填入空格内,使等式成立.

(1) $d\sqrt{x} = $ _____ dx; (2) d _____ $= \cos t dt$;

(3) _____ $dx = d\sqrt{1 - x^3}$; (4) $\dfrac{dx}{x} = $ _____ $d(1 - 5\ln x)$;

(5) d _____ $= e^{-2x} dx$; (6) $x dx = $ _____ $d(x^2 - 1)$.

三、解答题

1. 已知 $y = x^2 e^x$,求 dy.

2. 设 $f(x) = \ln(\sin^2 x)$,求 $df(x)$.

3. 已知 $x^2 + y^2 = e^y$,求 dy.

4. 求 $d\sin\sqrt{x^2 - 1}$.

5. 已知 $2^{xy} = \sin(x + y)$,求 dy.

◆ 本章总复习 ◆

一、重点

1. 函数在某点处可导的定义及充要条件

设函数 $y = f(x)$ 在 $x = a$ 的某个邻域内有定义,若极限 $\lim\limits_{\Delta x \to 0} \dfrac{\Delta y}{\Delta x} = \lim\limits_{x \to a} \dfrac{f(x) - f(a)}{x - a}$ 存在,则称函数 $f(x)$ 在 $x = a$ 处可导,此极限称为函数 $f(x)$ 在 $x = a$ 处的导数,记为 $f'(a)$.

函数 $f(x)$ 在 $x = a$ 处存在导数的充分必要条件是它的左、右导数都存在并且相等. 即 $f'(a)$ 存在 $\Leftrightarrow f'_-(a)$,$f'_+(a)$ 存在,且 $f'_-(a) = f'_+(a)$.

2. 导函数的概念、导数基本求导公式和导数的四则运算法则

(1) 函数 $f(x)$ 的导数:$f'(x) = \lim\limits_{\Delta x \to 0} \dfrac{\Delta y}{\Delta x} = \lim\limits_{\Delta x \to 0} \dfrac{f(x + \Delta x) - f(x)}{\Delta x}$.

(2) 导数基本求导公式:

① $C' = 0$ (C 为常数); ② $(x^n)' = n x^{n-1}$ (n 为任意实数);

③ $(a^x)' = a^x \ln a$ ($a > 0, a \neq 1$); ④ $(e^x)' = e^x$;

⑤ $(\log_a x)' = \dfrac{1}{x \ln a}$ ($a > 0, a \neq 1$); ⑥ $(\ln x)' = \dfrac{1}{x}$;

⑦ $(\sin x)' = \cos x$; ⑧ $(\cos x)' = -\sin x$;

⑨ $(\tan x)' = \sec^2 x = \dfrac{1}{\cos^2 x}$; ⑩ $(\cot x)' = -\cos^2 x = -\dfrac{1}{\sin^2 x}$;

⑪ $(\sec x)' = \sec x \tan x$；　　　　　　⑫ $(\csc x)' = -\csc x \cot x$；

⑬ $(\arcsin x)' = \dfrac{1}{\sqrt{1-x^2}}$；　　　　　⑭ $(\arccos x)' = -\dfrac{1}{1-x^2}$；

⑮ $(\arctan x)' = \dfrac{1}{1+x^2}$；　　　　　⑯ $(\text{arccot } x)' = -\dfrac{1}{1+x^2}$．

（3）导数的四则运算法则．

① $(u \pm v)' = u' \pm v'$；

② $(uv)' = u'v + uv'$，特别地，$(Cu)' = Cu'$　（C 为常数）；

③ $\left(\dfrac{u}{v}\right)' = \dfrac{u'v - uv'}{v^2}$　（其中 $v \neq 0$）．

3. 复合函数的求导法则

若函数 $y = f(u)$ 与 $u = g(x)$ 可以复合成函数 $y = f[g(x)]$，且 $y = f(u)$ 在点 u 可导和 $u = g(x)$ 在点 x 可导，则函数 $y = f[g(x)]$ 在点 x 也可导，并且有

$$\{f[g(x)]\}' = f'[g(x)] \cdot g'(x) \text{ 或 } y'_x = y'_u \cdot u'_x \text{ 或 } \frac{\mathrm{d}f[g(x)]}{\mathrm{d}x} = \frac{\mathrm{d}f[g(x)]}{\mathrm{d}g(x)} \cdot \frac{\mathrm{d}g(x)}{\mathrm{d}x}$$

4. 特殊函数求导法则

（1）反函数求导法则．

若函数 $y = f(x)$ 在点 x 的某邻域内严格单调且连续，在点 x 处可导且 $f'(x) \neq 0$，则它的反函数 $x = \varphi(y)$ 在 y 处可导，且

$$\varphi'(y) = \frac{1}{f'(x)}，\text{或 } x'_y = \frac{1}{y'_x} \text{ 或 } \frac{\mathrm{d}x}{\mathrm{d}y} = \frac{1}{\dfrac{\mathrm{d}y}{\mathrm{d}x}}$$

即反函数的导数等于直接函数导数的倒数．

（2）隐函数求导法则．

由方程 $F(x,y) = 0$ 所确定的隐函数 $y = y(x)$，求其导数 y'_x 时，在方程两边同时关于 x 求导（求导时将 y 看成 x 的函数），得到关于 y'_x 的方程，再解出 y'_x．

（3）取对数技巧求导．

一般对于幂指函数 $u(x)^{v(x)}$，或对于多个函数相乘、除、乘方或开方构成的复杂形式的函数，先采用式子两边取对数的方式进行化简，再用隐函数求导法进行求导．

（4）高阶函数求导．

高阶导数是导函数再进行求导的结果．求高阶导数就是对函数连续依次求导，一般可以先求函数的一阶导、二阶导，三阶导等，以此类推，得到高阶导数，并且可以通过找规律，得到函数的 n 阶导数．

5. 微分的定义和微分法则

（1）微分的定义．

① 函数 $y = f(x)$ 的微分：$\mathrm{d}f(x) = f'(x)\mathrm{d}x$．

②可导与可微的关系：可导必可微，可微必可导.

（2）微分的四则运算法则.

若函数 $u=u(x)$ 和 $v=v(x)$ 都可导，则

①$\mathrm{d}(u\pm v)=\mathrm{d}u\pm\mathrm{d}v$;　　　　　　②$\mathrm{d}(uv)=v\mathrm{d}u+u\mathrm{d}v$;

③$\mathrm{d}(Cu)=C\mathrm{d}u$　（C 为常数）;　　　　④$\mathrm{d}\left(\dfrac{u}{v}\right)=\dfrac{v\mathrm{d}u-u\mathrm{d}v}{v^2},v\neq0.$

（3）复合函数的微分法则.

设 $y=f(u),u=\varphi(x)$ 都可微，则复合而成的复合函数 $y=f[\varphi(x)]$ 也可微，其微分为 $\mathrm{d}f(u)=f'(u)\mathrm{d}u.$

二、难点

1. 判断函数在某点处可导的方法

（1）对于初等函数，可以用导数的定义来判断极限 $\lim\limits_{\Delta x\to0}\dfrac{\Delta y}{\Delta x}$ 是否存在.

（2）根据连续性和可导性的关系来判断，不连续一定不可导，如果该点处不连续，则该点处一定不可导，但是如果该点连续，则还需要用导数定义判断其可导性.

（3）对于分段函数在分界点处的可导性，需要根据左、右导数的情况进行判断.

2. 复合函数和初等函数的求导方法

（1）复合函数求导时，要分清楚复合函数的复合关系，由外向内逐层求导，在求导过程中注意求导变量，套用求导公式要满足"三元统一"原则，书写过程注意使用强制型导数记号，以免出现错误.

（2）对于有些比较复杂的初等函数，经常含有四则运算和复合运算，对于此类函数的求导，首先分清函数的结构，遇到复合运算，求导时使用复合函数求导法则，遇到四则运算，求导时用导数的四则运算法则. 初等函数求导通常是导数的四则法则和复合函数求导法则混合使用.

3. 隐函数求导方法

对于由方程 $F(x,y)=0$ 所确定的隐函数 $y=y(x)$，求其导数 y'_x 时，在方程两边同时关于 x 求导（求导时将 y 看成 x 的函数），得到关于 y'_x 的方程，再解出 y'_x.

4. 取对数技巧求导法

（1）对于幂指函数 $u(x)^{v(x)}$ 的导数，首先两边取对数，得 $\ln y=\ln u(x)^{v(x)}=v(x)\cdot\ln u(x)$，再用隐函数求导即可.

（2）对于多个函数相乘、除、乘方或开方构成的复杂形式的函数，求其导数时，也可以采用两边取对数的方式化简，再利用对数运算性质转化为加减法的求导运算来处理.

三、知识网络

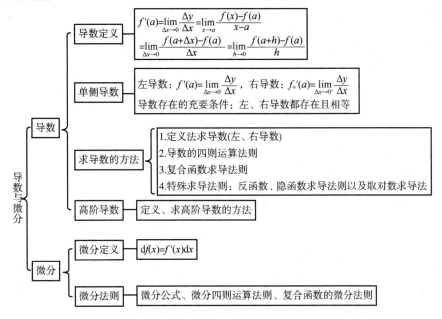

四、自测题

自测题 A（基础型）

一、选择题（每题 3 分，共 30 分）

1. 函数 $f(x)$ 在点 $x=a$ 处连续是 $f'(a)$ 存在的（　　）条件.

A. 充要　　　　　　B. 充分　　　　　　C. 必要　　　　　　D. 无关

2. 设 $f(0)=0$，且 $f'(x)$ 存在，则 $\lim\limits_{x\to 0}\dfrac{f(x)}{x}=$（　　）.

A. $f(0)$　　　　　B. $f'(0)$　　　　　C. $f'(x)$　　　　　D. 不存在

3. 若 $f'(x)=g'(x)$，则以下正确的是（　　）.

A. $f(x)=g(x)$　　　　　　　　　B. $f(x)>g(x)$

C. $f(x)=g(x)+C$　（C 为任意常数）　　　D. $f(x)<g(x)$

4. 设 $f(x)=\dfrac{1}{4}\ln(x^2-1)$，则 $f'(2)=$（　　）.

A. $\dfrac{1}{3}$　　　　　　B. $\dfrac{1}{6}$　　　　　　C. $\dfrac{1}{4}$　　　　　　D. $\dfrac{1}{12}$

5. 若 $f(x)$ 可导，且 $\lim\limits_{h\to 0}\dfrac{f(a-2h)-f(a)}{h}=4$，则 $f'(a)=$（　　）.

A. -1　　　　　　B. 1　　　　　　C. -2　　　　　　D. 2

6. 函数 $f(x)=x^2-2x-1$ 在点 $x=1$ 处的切线方程为（　　）.

A. $x=0$　　　　　　B. $x=-2$　　　　　　C. $y=0$　　　　　　D. $y=-2$

7. 下列等式中成立的是（　　）.

A. $e^{2x}dx=d(e^{2x})$　　　　　　　　　B. $d(\sin x^3)=\cos x^3 d(x^3)$

C. $d\left(\dfrac{1}{x}\right)=\ln x dx$　　　　　　　　D. $d\tan x=\dfrac{1}{1+x^2}dx$

8.设 $f(x)=\sin x$,则 $(\sin x)^{(4)}=($).

A. $\sin x$ B. $-\sin x$ C. $\cos x$ D. $-\cos x$

9.已知 $f(x)=\ln(\sin^2 x+1)$,则 $\dfrac{\mathrm{d}f(x)}{\mathrm{d}x}=($).

A. $\dfrac{1}{\sin^2 x+1}$ B. $\dfrac{\cos^2 x}{\sin^2 x+1}$ C. $\dfrac{\sin 2x}{\sin^2 x+1}$ D. $\dfrac{2\sin x}{\sin^2 x+1}$

10.已知 $\mathrm{e}^x=\mathrm{e}^y+\sin(x+y)$,则 $\dfrac{\mathrm{d}y}{\mathrm{d}x}\Big|_{x=0}=($).

A. 0 B. 1 C. -1 D. 2

二、填空题(每空 3 分,共 24 分)

1.已知 $f(x)=\ln\ln x$,则 $f'(x)=$ _____.

2. $\dfrac{\mathrm{d}x}{x}=$ _____ $\mathrm{d}(3-5\ln x)$.

3.已知 $y=\sqrt{1-x^2}$,则 $\dfrac{\mathrm{d}y}{\mathrm{d}x}=$ _____.

4.已知 $y=\mathrm{e}^x\ln x$,则 $\mathrm{d}y=$ _____.

5.曲线 $y=x^2-1$ 在点 $(2,3)$ 处的切线方程为 _____.

6.已知 $f(x)=\mathrm{e}^{2x-1}$,则 $f''(x)=$ _____.

7. $(x^{\sin x})'=$ _____.

8.已知曲线 $x^2+3xy+y^2=-1$,则 $y'_x=$ _____.

三、计算题(第 1 题 6 分,其余题每题 8 分,共 46 分)

1.已知 $y=2^x\ln x$,求 y'.

2.已知 $f(x)=\sin\sqrt{x}$,求 $\dfrac{\mathrm{d}f(x)}{\mathrm{d}x}$.

3.已知 $f(x)=\mathrm{e}^{2x}\cos 3x$,求 $\mathrm{d}f(x)$.

4.已知 $y+y^3=\ln x$,求 $\mathrm{d}y$.

5.已知 $x^2+y^2=\sin xy$,求 y'_x 和 x'_y.

6.已知 $y=\dfrac{(x+2)^3}{\sqrt{x^2+1}}$,求 y'.

自测题 B(提高型)

一、单项选择题(每题 2 分,共 20 分)

1.若 $f(x)$ 在点 $x=a$ 处可导,但 $g(x)$ 在该点处不可导,则 $f(x)g(x)$ 在 $x=a$ 处(   ).

A. 一定可导   B. 可能可导   C. 一定不可导   D. 以上都不正确

2. $f(x)$ 在某点处(   ).

A. 有导数不一定有切线   B. 没有导数则一定没有切线

C. 有切线一定有导数   D. 有切线不一定有导数

3.已知 $u=x+\dfrac{b}{a}$ ($\dfrac{b}{a}$ 为有理数),$a_n\neq 0$,则 $(a_n u^n+a_{n-1}u^{n-1}+\cdots+a_1 u+a_0)^{(n)}=($).

A. a_n B. $n!a_n$ C. a_n^{n+1} D. $\dfrac{b}{a}(n+1)$

4. 已知 $f'(a)=1$，$\lim\limits_{h\to 0}\dfrac{f(a)-f(a+kh)}{h}=2$，则 $k=(\quad)$.

A. -1　　　　　　B. 1　　　　　　C. -2　　　　　　D. 2

5. 若 $\mathrm{d}f(x)=C(C$ 为某常数$)$，则 $C=(\quad)$.

A. x　　　　　　B. 0　　　　　　C. 1　　　　　　D. $\sqrt[n]{f(x)}$

6. 若 $f(x)$ 可微，则 $\mathrm{d}f(x)$ 的几何意义是$(\quad)$.

A. 很小一段 $f(x)$ 的曲线弧长　　　　　B. 很小一段 $f(x)$ 的切线段

C. $\mathrm{d}f(x)$ 就是 $\Delta f(x)$，即函数增量　　　D. $f(x)$ 的切线的纵坐标增量

7. $f'(0)=2$，则 $\lim\limits_{h\to 0}\dfrac{f(h)-f(-h)}{h}=(\quad)$.

A. 1　　　　　　B. 2　　　　　　C. 3　　　　　　D. 4

8. 若 $f(x),x\in\mathbf{R}$ 是可导奇函数，则曲线 $f(x)$ 在点 $(1,f(x))$ 和点 $(-1,f(-1))$ 处的切线斜率关系是$(\quad)$.

A. 彼此相等　　　　　　　　　　B. 互为相反数

C. 互为倒数　　　　　　　　　　D. 互为负倒数

9. $f(x)=\ln\dfrac{x^2-1}{x^2+1}$，则 $f'(1)=(\quad)$.

A. 不存在　　　　　B. 0　　　　　C. 1　　　　　D. -1

10. 可导的周期函数的导数是$(\quad)$.

A. 0　　　　　　　　　　　　　　B. 非周期函数

C. 周期函数　　　　　　　　　　D. 无法确定是否为周期函数

二、填空题（每题 2 分，共 20 分）

1. $f(x)=x|x|$，则 $f'(x)=$ _____.

2. 已知 $\begin{cases}x=t^2+1\\y=t^2\end{cases}$，则 $y'_x=$ _____.

3. 若 $f'(2)$ 存在，则 $\lim\limits_{x\to 2}\dfrac{2f(x)-xf(2)}{x-2}=$ _____.

4. 曲线 $y=\sqrt{x}$ 在点 $(1,1)$ 处的切线方程为 _____.

5. 已知 $x=\arctan(x+y)$，则 $x'_y=$ _____.

6. $(x^{\sin x})'=$ _____.

7. $\mathrm{d}\ln\sin x=$ _____.

8. 已知 $f(x)=\begin{cases}2x, & x<0\\\varphi(x), & x\geqslant 0\end{cases}$ 可导，则 $\varphi'(0)=$ _____.

9. 曲线 $x^2+xy+y^2=3$ 在 $(1,1)$ 处的切线是 _____.

10. $f(x)$ 在某点可微是 $f(x)$ 在该点连续的 _____ 条件.

三、解答题（每题 10 分，共 60 分）

1. 证明 $f(x)=|x-1|$ 在 $x=1$ 处不可导.

2. 已知 $y=x+\sin x$，求 y'_{2x}.

3. 已知隐函数 $x+y+xy=\sin(x+y)$，求 x'_y 和 y'_x.

4. 求 $(\sqrt{\sin^2 x+1})'$.

5. 已知 $y=\ln\sqrt[3]{x}$，求 y''.

6. 求 $\sqrt[4]{0.98}$ 的近似值.

◆◆ 参考答案与提示 ◆◆

4.1.5 同步练习

一、CCADC

二、1. 0；2. $\dfrac{1}{2}$；3. 1；4. 不存在；5. 不可导.

三、

1. 解：$k=f'(1)=\lim\limits_{x\to1}\dfrac{f(x)-f(1)}{x-1}=\lim\limits_{x\to1}\dfrac{x^2+2x-3}{x-1}=\lim\limits_{x\to1}\dfrac{(x+3)(x-1)}{x-1}=\lim\limits_{x\to1}(x+3)=4$，

当 $x=1$ 时，$y=2$，故切线方程为 $y-2=4(x-1)$，即 $y=4x-2$.

2. 解：易知 $f(0)=0$，$f'_+(0)=\lim\limits_{x\to0^+}\dfrac{f(x)-f(0)}{x-0}=\lim\limits_{x\to0^+}\dfrac{-x}{x}=-1$；

$f'_-(0)=\lim\limits_{x\to0^-}\dfrac{f(x)-f(0)}{x-0}=\lim\limits_{x\to0^-}\dfrac{\ln(1-x)-0}{x}=\lim\limits_{x\to0^-}\dfrac{-x}{x}=-1$.

因为 $f'_-(0)=f'_+(0)=-1$，所以函数 $f(x)$ 在 $x=0$ 处可导，且 $f'(0)=-1$.

3. 解：因为 $f'(0)=\lim\limits_{x\to0}\dfrac{f(x)-f(0)}{x-0}=\lim\limits_{x\to0}\dfrac{x^2\sin\frac{1}{x}-0}{x-0}=\lim\limits_{x\to0}x\sin\dfrac{1}{x}=0$，

所以函数 $f(x)$ 在 $x=0$ 处可导.

根据可导与连续的关系：可导必连续，所以函数 $f(x)$ 在 $x=0$ 处连续. 因此，函数 $f(x)$ 在 $x=0$ 处连续且可导.

4. 解：因为函数 $f(x)$ 在 $x=1$ 处连续，易知 $f(1)=1$. 进而有 $\lim\limits_{x\to1^-}f(x)=\lim\limits_{x\to1^-}x^2=1$，

$\lim\limits_{x\to1^+}f(x)=\lim\limits_{x\to1^+}(ax+b)=a+b$.

由 $\lim\limits_{x\to1^-}f(x)=\lim\limits_{x\to1^+}f(x)=f(1)$，可知 $b+a=1$.

因为函数 $f(x)$ 在 $x=1$ 处可导，所以函数在该点处左、右导数存在且相等.

$$f'_-(1)=\lim\limits_{x\to1^-}\dfrac{f(x)-f(1)}{x-1}=\lim\limits_{x\to1^-}\dfrac{x^2-1}{x-1}=\lim\limits_{x\to1^-}(x+1)=2$$

$$f'_+(1)=\lim\limits_{x\to1^+}\dfrac{f(x)-f(1)}{x-1}=\lim\limits_{x\to1^+}\dfrac{ax+b-1}{x-1}=\lim\limits_{x\to1^+}\dfrac{ax+(1-a)-1}{x-1}$$

$$=\lim\limits_{x\to1^+}\dfrac{a(x-1)}{x-1}=\lim\limits_{x\to1^+}a=a$$

所以，$a=2$，又由 $b+a=1$，得 $b=-1$. 综上所述，$a=2$，$b=-1$.

5. 解：取任意 x，$f(x)$ 导数为 $f'(x)=\lim\limits_{\Delta x\to0}\dfrac{(x+\Delta x)^2-x^2}{\Delta x}=\lim\limits_{\Delta x\to0}(2x+\Delta x)=2x$.

6. 解：由题设知 $f(0)=0$，则有

$$f'(0) = \lim_{x \to 0} \frac{f(x) - f(0)}{x - 0} = \lim_{x \to 0}(x-1)(x-2)\cdots(x-99) = -99!$$

4.2.5 同步练习

一、CAABB

二、1. $\dfrac{1}{x} - e^x$；2. $2^x \ln 2 - \dfrac{1}{2}\cos x$；3. 1；4. $4(2x-3)$；5. -2.

三、

1. 解：$y' = (x^2 - \sqrt[3]{x})' = (x^2)' - (\sqrt[3]{x})' = 2x - \dfrac{1}{3}x^{-\frac{2}{3}}$；

$$y'|_{x=1} = \left(2x - \dfrac{1}{3}x^{-\frac{2}{3}}\right)\bigg|_{x=1} = 2 - \dfrac{1}{3} = \dfrac{5}{3}.$$

2. 解：$f'(x) = \left(\dfrac{2x}{\arctan x}\right)' = \dfrac{2\arctan x - \dfrac{2x}{1+x^2}}{(\arctan x)^2}.$

3. 解：$f(x) = \dfrac{\sin^2 x}{1 + \cos x} = \dfrac{1 - \cos^2 x}{1 + \cos x} = 1 - \cos x$；

$$f'(x) = (1 - \cos x)' = \sin x \quad f'\left(\dfrac{\pi}{2}\right) = \sin\dfrac{\pi}{2} = 1.$$

4. 解 $f'(x) = \left[\dfrac{u(x) + 2x}{v(x)}\right]' = \dfrac{[u(x) + 2x]'v(x) - [u(x) + 2x]v'(x)}{v^2(x)}$

$$= \dfrac{[u'(x) + 2]v(x) - [u(x) + 2x]v'(x)}{v^2(x)}$$

5. 解：$f(x) = \begin{cases} x^2 - x, & x > 1 \\ 0, & x = 1, \\ x - x^2 & x < 1 \end{cases}$，则 $f'(x) = \begin{cases} 2x - 1, & x > 1 \\ 不存在, & x = 1. \\ 1 - 2x, & x < 1 \end{cases}$

4.3.5 同步练习

一、CBDDD

二、1. $2x\cos(x^2 - 1)$；2. 1；3. 1；4. 2；5. 12.

三、

1. 解：(1) $y' = [(2x+3)^{10}]' = 10(2x+3)^9 \cdot (2x+3)' = 20(2x+3)^9.$

(2) $y' = \dfrac{d\ln(1-x^2)}{dx} = \dfrac{d\ln(1-x^2)}{d(1-x^2)} \cdot \dfrac{d(1-x^2)}{dx} = \dfrac{1}{1-x^2} \cdot (-2x) = \dfrac{-2x}{1-x^2}.$

(3) $[(\sin 3x)\cos\sqrt{x}]' = = 3(\cos 3x)\cos\sqrt{x} + \sin 3x \cdot (-\sin\sqrt{x}) \cdot \dfrac{1}{2\sqrt{x}}.$

(4) $y' = [\ln(e^x + \sqrt{1 + e^{2x}})]' = \dfrac{1}{e^x + \sqrt{1 + e^{2x}}}\left[e^x + \dfrac{1}{2}(1 + e^{2x})^{-\frac{1}{2}} \cdot 2e^{2x}\right]$

$$= \dfrac{1}{e^x + \sqrt{1 + e^{2x}}} \cdot \left(e^x + \dfrac{e^{2x}}{\sqrt{1 + e^{2x}}}\right) = \dfrac{e^x}{\sqrt{1 + e^{2x}}}.$$

(5) $y' = (\ln\cos x^3)' = (\ln\cos x^3)'_{\cos x^3} \cdot (\cos x^3)'_{x^3} \cdot (x^3)'_x$

$$= \frac{1}{\cos x^3} \cdot (-\sin x^3) \cdot 3x^2 = -3x^2 \tan x^3.$$

$(6)\, y' = [\arctan \ln u(x)]' = \frac{1}{1+[\ln u(x)]^2} \cdot \frac{1}{u(x)} \cdot u'(x) = \frac{u'(x)}{u(x)[1+\ln^2 u(x)]}$

2. 解:$(1)\, f(x) = \ln \sqrt{\frac{1+x}{1-x}} = \frac{1}{2}[\ln(1+x) - \ln(1-x)];$

$$f'(x) = \frac{1}{2}[\ln(1+x) - \ln(1-x)]' = \frac{1}{2}\left(\frac{1}{1+x} + \frac{1}{1-x}\right) = \frac{1}{1-x^2}.$$

$(2)\, f'(x) = \{\sin \cos[u(x) + v(x)]\}'$

$$= \cos \cos[u(x) + v(x)] \cdot \{-\sin[u(x) + v(x)]\} \cdot [u'(x) + v'(x)]$$

$$= -(u' + v')\sin(u+v)\cos[\cos(u+v)].$$

$(3)\, f'(x) = (e^{\arcsin \sqrt{x}})' = e^{\arcsin \sqrt{x}} \cdot \frac{1}{\sqrt{1-x}} \cdot \frac{1}{2\sqrt{x}} = \frac{e^{\arcsin \sqrt{x}}}{2\sqrt{x-x^2}}.$

$(4)\, f'(x) = \begin{cases} -e^{-x}, & x > 0 \\ -1, & x = 0 \\ \dfrac{-1}{\sqrt{1-2x}}, & x < 0 \end{cases}.$

3. 解:$f[f(x)] = \cos 3\cos 3x;$

$\{f[f(x)]\}' = (\cos 3\cos 3x)' = -\sin 3\cos 3x \cdot (3\cos 3x)'$

$$= -3\sin 3\cos 3x \cdot (-3\sin 3x) = 9\sin 3x \cdot \sin 3\cos 3x.$$

4. 解:$y' = [\arctan(e^{2x} + x^3)]' = [\arctan(e^{2x} + x^3)]'_{e^{2x}+x^3} \cdot (e^{2x} + x^3)'_x$

$$= \frac{2e^{2x} + 3x^2}{1 + (e^{2x} + x^3)^2}.$$

5. 解:$f(x) = \ln \frac{x^2-1}{x^2+1} = \ln(x^2-1) - \ln(x^2+1);$

$f'(x) = [\ln(x^2-1) - \ln(x^2+1)]' = \frac{2x}{x^2-1} - \frac{2x}{x^2+1}, f'(0) = \frac{0}{0^2-1} - \frac{0}{0^2+1} = 0.$

4.4.5 同步练习

一、BDBCD

二、1. $\dfrac{y\sin xy - e^{x+y}}{e^{x+y} - x\sin xy}$;2. -1;3. $\dfrac{1}{2x}$;4. $(\sin 2x)^{\cos x}(2\cot 2x\cos x - \sin x\ln\sin 2x)$;

5. $2(e^{\sin x})^{2x}(\sin x + x\cos x).$

三、

1. 解:对方程 $xy = \sin(x^2 + y^2)$ 两边关于 y 求导,即 $(xy)'_y = \sin(x^2 + y^2)'_y$,得

$$yx'_y + x = \cos(x^2 + y^2) \cdot (2xx'_y + 2y)$$

$$\Rightarrow yx'_y + x = 2x\cos(x^2 + y^2)x'_y + 2y\cos(x^2 + y^2)$$

$$\Rightarrow [y - 2x\cos(x^2 + y^2)] \cdot x'_y = 2y\cos(x^2 + y^2) - x$$

$$\Rightarrow x'_y = \frac{2y\cos(x^2 + y^2) - x}{y - 2x\cos(x^2 + y^2)}$$

2. 解:对方程 $y = (1+x^2)^x$ 两边取对数,得 $\ln y = x\ln(1+x^2);$

对方程 $\ln y = x\ln(1+x^2)$ 两边关于 x 求导,得

$$\frac{1}{y}y'_x = (x)'_x \cdot \ln(1+x^2) + x \cdot [\ln(1+x^2)]'_x$$

$$\Rightarrow \frac{1}{y}y'_x = \ln(1+x^2) + \frac{2x^2}{1+2x^2}$$

$$\Rightarrow y'_x = (1+x^2)^x \cdot \left[\ln(1+x^2) + \frac{2x^2}{1+2x^2}\right]$$

3. 解：$f'(x) = (\ln\sqrt{x})' = \frac{1}{\sqrt{x}} \cdot \frac{1}{2\sqrt{x}} = \frac{1}{2x}$；$f''(x) = \left(\frac{1}{2x}\right)' = -\frac{1}{2x^2}$.

4. 解：方程两边对 x 求导，得 $y' = \ln y + x \cdot \frac{1}{y} \cdot y'$，即 $\left(1 - \frac{x}{y}\right)y' = \ln y$，所以 $y' = \frac{y\ln y}{y-x}$.

5. 解：对方程两边取对数，得 $\ln y = 2\ln|x| + \frac{1}{3}\ln|1+2x| - \ln|x+3|$，

等式两边关于 x 求导，得

$$\frac{1}{y} \cdot y' = \frac{2}{x} + \frac{2}{3(1+2x)} - \frac{1}{x+3}$$

$$\Rightarrow y' = \frac{x^2 \cdot \sqrt[3]{1+2x}}{x+3}\left[\frac{2}{x} + \frac{2}{3(1+2x)} - \frac{1}{x+3}\right]$$

4.5.5 同步练习

一、CDBAB

二、1. $3e^{3x}dx$；2. $\frac{3}{x}dx$；3. $\frac{2(2+\ln x)}{x}dx$；4. $C(C$ 为常数$)$；

5. $(1)\frac{1}{2\sqrt{x}}$；$(2)\sin t$；$(3)-\frac{3}{2}\frac{x^2}{\sqrt{1-x^3}}$；$(4)-\frac{1}{5}$；$(5)\left(-\frac{1}{2}e^{-2x}\right)$；$(6)\frac{1}{2}$.

三、

1. 解：$y' = (x^2 e^x)' = 2xe^x + x^2 e^x = e^x(2x + x^2)$，$dy = e^x(2x+x^2)dx$.

2. 解：因为 $y' = (\ln\sin^2 x)' = (\ln\sin^2 x)'_{\sin^2 x} \cdot (\sin^2 x)'_{\sin x} \cdot (\sin x)'_x$

$$= \frac{1}{\sin^2 x} \cdot 2\sin x \cdot \cos x = 2\cot x,$$

故 $dy = 2\cot xdx$.

3. 解：隐函数两边直接求微分，有

$$d(x^2+y^2) = de^y$$

$$\Rightarrow 2xdx + 2ydy = e^y dy$$

$$\Rightarrow (e^y - 2y)dy = 2xdx$$

$$\Rightarrow dy = \frac{2xdx}{e^y - 2y}$$

4. 解：$d\sin\sqrt{x^2-1} = \cos\sqrt{x^2-1}\,d\sqrt{x^2-1} = \cos\sqrt{x^2-1} \cdot \frac{x}{\sqrt{x^2-1}}dx$

$$= \frac{x\cos\sqrt{x^2-1}}{\sqrt{x^2-1}}dx.$$

5. 解：方程两边关于 x 求导，得

$$2^{xy}\ln 2 \cdot (xy)'_x = \cos(x+y) \cdot (1+y'_x)$$

$$\Rightarrow 2^{xy} \ln 2 \cdot (y + x y_x') = \cos (x+y) \cdot (1 + y_x')$$

$$\Rightarrow [\cos (x+y) - 2^{xy} x \ln 2] y_x' = 2^{xy} y \ln 2 - \cos (x+y)$$

$$\Rightarrow y_x' = \frac{2^{xy} y \ln 2 - \cos (x+y)}{\cos (x+y) - 2^{xy} x \ln 2}$$

故 $dy = \dfrac{2^{xy} y \ln 2 - \cos (x+y)}{\cos (x+y) - 2^{xy} x \ln 2} dx$.

自测题 A

一、CBCAC　DBACA

二、1. $\dfrac{1}{x \ln x}$；2. $-\dfrac{1}{5}$；3. $\dfrac{-x}{\sqrt{1-x^2}}$；4. $\left(\dfrac{e^x}{x} + e^x \ln x\right) dx$；5. $y = 4x - 5$；6. $4 e^{2x-1}$；

7. $y' = x^{\sin x} \left(\cos x \ln x + \dfrac{\sin x}{x}\right)$；8. $-\dfrac{2x+3y}{3x+2y}$.

三、

1. 解：$y' = (2^x \ln x)' = (2^x)' \ln x + 2^x (\ln x)' = 2^x \ln 2 \ln x + \dfrac{2^x}{x}$.

2. 解：$\dfrac{df(x)}{dx} = \dfrac{d \sin \sqrt{x}}{dx} = \dfrac{d \sin \sqrt{x}}{d \sqrt{x}} \cdot \dfrac{d \sqrt{x}}{dx} = \cos \sqrt{x} \cdot \dfrac{1}{2\sqrt{x}} = \dfrac{\cos \sqrt{x}}{2\sqrt{x}}$.

3. 解：$(e^{2x} \cos 3x)' = 2 e^{2x} \cos 3x + e^{2x} (-3 \sin 3x) = e^{2x} (2\cos 3x - 3\sin 3x)$

$$df(x) = e^{2x} (2\cos 3x - 3\sin 3x) dx$$

4. 解：隐函数两边直接求微分，有

$$d(y + y^3) = d \ln x$$

$$\Rightarrow dy + 3y^2 dy = \frac{1}{x} dx$$

$$\Rightarrow dy = \frac{dx}{x(1 + 3y^2)}$$

5. 解：隐函数两边关于 x 求导，得

$$2x + 2y \cdot y_x' = \cos (xy) \cdot (y + x y_x')$$

$$\Rightarrow [2y - x\cos (xy)] y_x' = y\cos (xy) - 2x$$

$$\Rightarrow y_x' = \frac{y\cos (xy) - 2x}{2y - x\cos (xy)}, \quad x_y' = \frac{1}{y_x'} = \frac{2y - x\cos (xy)}{y\cos (xy) - 2x}$$

6. 解：方程 $y = \dfrac{(x+2)^3}{\sqrt{x^2+1}}$ 两边取对数，得

$$\ln y = 3\ln |x+2| - \frac{1}{2} \ln (x^2+1)$$

上式两边关于 x 求导，得

$$\frac{1}{y} y' = \frac{3}{x+2} - \frac{x}{(x^2+1)}$$

$$\Rightarrow y' = \frac{(x+2)^3}{\sqrt{x^2+1}} \cdot \left[\frac{3}{x+2} - \frac{x}{(x^2+1)}\right]$$

自测题 B

一、

1. B；

提示：例如 $|x|$ 在 $x=0$ 不可导，但 $x|x|$ 在 $x=0$ 处可导.

2. D；

提示：例如 $x^2+y^2=1$ 在 $x=1$ 处不可导，但存在切线 $x=1$；连续函数在 $x=a$ 处的导数趋于无穷大时，导数不存在，但这种情况下函数有一条垂直于 x 轴的切线.

3. A；4. C；

5. B；

提示：除非 $f(x)=C$，否则 $\mathrm{d}f(x)$ 中含有的 $\mathrm{d}x$ 不会消失.

6. D；7. D；8. A；

9. A；

提示：$f(x)$ 在 $x=1$ 不连续，不连续则不可导.

10. C.

提示：利用导数的极限定义公式来证明.

二、

1. $\begin{cases} -2x, & x<0 \\ 2x, & x\geqslant 0 \end{cases}$；2. 1；3. $2f'(2)-f(2)$；4. $x-2y+1=0$；5. $\dfrac{1}{(x+y)^2}$；

6. $x^{\sin x}\left(\cos x\ln x+\dfrac{\sin x}{x}\right)$；7. $\cot x\mathrm{d}x$；

8. 2；

提示：左导数必须等于右导数，而左导数等于 2.

9. $x+y-2=0$；

10. 充分.

提示：可微与可导等价，可导必连续.

三、

1. $f(x)=|x-1|=\begin{cases} 1-x, & x<1 \\ x-1, & x\geqslant 1 \end{cases}$，由于 $x=1$ 时，$1-x$ 与 $x-1$ 的值都等于 $f(1)=0$，所以可以用求导法则直接求左、右导数：$f'_-(1)=(1-x)'|_{x=1}=-1$，$f'_+(1)=(x-1)'|_{x=1}=1$，左、右导数不等，故 $f'(1)$ 不存在.

2. $y'_{2x}=y'_x\cdot x'_{2x}=(1+\cos x)\cdot\left(\dfrac{1}{2}\cdot 2x\right)'_{2x}=\dfrac{1}{2}(1+\cos x)\cdot x'_{2x}$；也可以这样求：令 $2x=u$，则 $x=\dfrac{u}{2}$，则 $x'_{2x}=\left(\dfrac{u}{2}\right)'_u=\dfrac{1}{2}$.

3. 两边关于 x 求导，得

$$1+y'_x+y+xy'_x=\cos(x+y)\cdot(1+y'_x)$$
$$\Rightarrow 1+y'_x+y+xy'_x=\cos(x+y)+\cos(x+y)y'_x$$
$$\Rightarrow [1+x-\cos(x+y)]y'_x=\cos(x+y)-y-1$$
$$\Rightarrow y'_x=\dfrac{\cos(x+y)-y-1}{1+x-\cos(x+y)}, \quad x'_y=\dfrac{1}{y'_x}=\dfrac{1+x-\cos(x+y)}{\cos(x+y)-y-1}$$

4. $(\sqrt{\sin^2 x+1})' = \left[(\sin^2 x+1)^{\frac{1}{2}}\right]' = \frac{1}{2}(\sin^2 x+1)^{-\frac{1}{2}} \cdot (\sin^2 x+1)'$

$$= \frac{1}{2}(\sin^2 x+1)^{-\frac{1}{2}} \cdot (2\sin x\cos x) = \frac{\sin x\cos x}{\sqrt{\sin^2 x+1}}.$$

5. $y' = \left(\ln\sqrt[3]{x}\right)' = \frac{1}{3}(\ln x)' = \frac{1}{3x}$；$y'' = \left(\frac{1}{3x}\right)' = \frac{1}{-3x^2}$.

6. 令 $f(x) = \sqrt[n]{1+x}$，则 $f'(x) = \frac{1}{n}(1+x)^{\frac{1}{n}-1}$ 在近似公式 $f(x) \approx f(a) + f'(a) \cdot (x-a)$

中，满足当 $a=0$ 时，$f(x) \approx f(0) + f'(0)x$，因此，$\sqrt[n]{1+x} \approx f(0) + f'(0)x = 1 + \frac{x}{n}$，本题

$\sqrt[4]{0.98} = \sqrt[4]{1+(-0.02)} \approx 1 - \frac{0.02}{4} = 0.995$.

第 5 章

中值定理与导数的应用

◆◆ **5.1 中值定理** ◆◆

5.1.1 基本要求

1. 理解罗尔定理及其几何意义,会用罗尔定理证明某些问题.

2. 理解拉格朗日中值定理及其几何意义,会用拉格朗日中值定理证明某些问题.

3. 了解柯西中值定理及其几何意义,会用柯西中值定理证明某些简单的问题.

5.1.2 知识要点

中值定理及几何意义如表 5.1.1 所示.

表 5.1.1 中值定理及几何意义

名称	定理	简图	几何意义
罗尔(Rolle)中值定理	如果函数 $f(x)$ 满足以下条件: (1)在闭区间 $[a,b]$ 上连续; (2)在开区间 (a,b) 内可导; (3) $f(a)=f(b)$. 则在 (a,b) 内至少存在一点 $\xi(a<\xi<b)$,使得 $f'(\xi)=0$		在满足定理的条件下,若连接曲线端点的弦是水平的,则曲线上至少存在一点,使得该点处的切线是水平的
拉格朗日(Lagrange)中值定理	如果函数 $f(x)$ 满足以下条件: (1)在闭区间 $[a,b]$ 上连续; (2)在开区间 (a,b) 内可导. 则在 (a,b) 内至少存在一点 ξ $(a<\xi<b)$, 使得 $f(b)-f(a)=f'(\xi)(b-a)$, 即 $f'(\xi)=\dfrac{f(b)-f(a)}{(b-a)}$		在满足定理的条件下,曲线上总存在一点,使得该点的切线与连接曲线端点的弦平行
推论 1	若 $f'(x)$ 恒为零,则 $f(x)=$ 常数		如果曲线的切线斜率恒为零,则此曲线必定是一条平行于 x 轴的直线
推论 2	若函数 $f(x)$ 与 $g(x)$ 在区间 I 上恒有 $f'(x)=g'(x)$,则 $f(x)=g(x)+C$(C 为常数)		如果两个函数在区间 I 上导数处处相等,则这两个函数在区间 I 上至多相差一个常数

续表

名称	定理	简图	几何意义
柯西 (Cauchy) 中值定理	如果函数 $f(x)$ 及 $g(x)$ 满足： (1)在闭区间 $[a,b]$ 上连续； (2)在开区间 (a,b) 内可导； (3)在 (a,b) 内每一点处， $g'(x) \neq 0$. 则在 (a,b) 内至少存在一点 $\xi(a < \xi < b)$，使得 $$\frac{f(a)-f(b)}{g(a)-g(b)} = \frac{f'(\xi)}{g'(\xi)}$$	 曲线图：$C(g(\xi),f(\xi))$，$B(g(b),f(b))$，$A(g(a),f(a))$	在满足定理条件下，在开区间 (a,b) 内至少存在一点 ξ，使得曲线上相应于 $x=\xi$ 处的 C 点的切线与割线 AB 平行

5.1.3 答疑解惑

1.罗尔中值定理的条件是缺一不可吗？请举例说明.

答：缺一不可.例如：

(1)函数 $f(x) = \begin{cases} 1-x, & 0 \leqslant x < 1 \\ 1, & x=1 \\ 3-x, & 1 < x \leqslant 2 \end{cases}$ 不满足在 $[0,2]$ 上连续的条件(因为 $f(x)$ 在 $x=1$ 处间断)；

(2)函数 $f(x) = |x-1|$，$x \in [0,2]$，不满足在 $(0,2)$ 内可导的条件(因为 $f(x)$ 在 $x=1$ 处不可导)；

(3)如函数 $f(x) = x$，$x \in [0,2]$，不满足 $f(0) = f(2)$ 的条件.

则这三个函数在区间 $(0,2)$ 内都不存在导数为零的点 ξ.

2.拉格朗日中值定理的条件是缺一不可吗？请举例说明.

答：缺一不可.例如：

(1)函数 $f(x) = \begin{cases} x^2, & 0 \leqslant x < 1 \\ 3, & x=1 \end{cases}$ 不满足在 $[0,1]$ 上连续的条件；

(2)函数 $f(x) = \dfrac{1}{x}$ ($x \in [a,b]$ 且 $ab < 0$)，不满足在 (a,b) 内可导的条件.

则这两个函数在指定区间内都不存在拉格朗日中值定理结论中的 ξ.

3.下列证明柯西中值定理的方法是否正确？请说明理由.

柯西中值定理：如果函数 $f(x)$ 及 $g(x)$ 在闭区间 $[a,b]$ 上连续，在 (a,b) 内可导，且 $g'(x) \neq 0$，则在 (a,b) 内至少存在一点 $\xi(a < \xi < b)$，使得 $\dfrac{f(a)-f(b)}{g(a)-g(b)} = \dfrac{f'(\xi)}{g'(\xi)}$.

证明 由已知条件可知，函数 $f(x)$ 及 $g(x)$ 在 $[a,b]$ 上满足拉格朗日中值定理的条件，所以至少存在一点 $\xi \in (a,b)$，使得 $f(b)-f(a) = f'(\xi)(b-a)$，$g(b)-g(a) = g'(\xi)(b-a)$.其中 $g'(\xi) \neq 0$，则有 $\dfrac{f(a)-f(b)}{g(a)-g(b)} = \dfrac{f'(\xi)}{g'(\xi)}$.

答：这种证明方法不正确.因为与函数 $f(x)$ 与 $g(x)$ 在 $[a,b]$ 上分别应用拉格朗日中值定

理所得到的 ξ 与函数有关,即应该是至少存在点 $\xi_1 \in (a,b)$,$\xi_2 \in (a,b)$,使得 $f(b) - f(a) = f'(\xi_1)(b-a)$,$g(b) - g(a) = g'(\xi_2)(b-a)$,其中 ξ_1 与 ξ_2 一般是不同的,而柯西中值定理中的 ξ 却是同一个值.

5.1.4 典型例题分析

题型 1 验证三个中值定理的正确性

注意:罗尔中值定理、拉格朗日中值定理、柯西中值定理中的点 ξ 是开区间内的某一点,而非区间内任意点或指定一点.换言之,这三个中值定理都仅"定性"地指出了中值点的存在性,而不是"定量"地指明具体数值和个数,只肯定了有 ξ 存在,而未指明如何确定该点.

【例 5-1-1】 对函数 $f(x) = x^3 - x^4$ 在区间 $[0,1]$ 上验证罗尔中值定理的正确性.

分析:先验证函数是否满足罗尔中值定理的三个条件,再尝试求函数在区间 $(0,1)$ 内导数为零的点.

解 因为函数 $f(x) = x^3 - x^4$ 为初等函数,所以 $f(x)$ 在区间 $[0,1]$ 上连续,又因为 $f'(x) = 3x^2 - 4x^3$ 在 $(0,1)$ 内处处有意义,所以 $f(x)$ 在 $(0,1)$ 内可导,且 $f(0) = f(1) = 0$,因此满足罗尔中值定理的三个条件,则在 $(0,1)$ 内存在一点 ξ,使得 $f'(\xi) = 3\xi^2 - 4\xi^3 = 0$,解得 $\xi = \dfrac{3}{4}$.

【例 5-1-2】 验证函数 $f(x) = x^3 + 2x$ 在 $[0,1]$ 上满足拉格朗日中值定理条件,并由结论求 ξ 的值.

分析:先验证函数是否满足拉格朗日中值定理的条件,再在区间 $(0,1)$ 内求点 ξ,使其满足拉格朗日中值定理的结论.

解 因为函数 $f(x) = x^3 + 2x$ 为初等函数,所以 $f(x)$ 在区间 $[0,1]$ 上连续,又因为 $f'(x) = 3x^2 + 2$ 在 $(0,1)$ 内处处有意义,所以 $f(x)$ 在 $(0,1)$ 内可导,$f(x)$ 在区间 $[0,1]$ 满足拉格朗日中值定理的条件,因此至少存在一点 ξ,使得 $f(1) - f(0) = f'(\xi)(1-0)$,$0 < \xi < 1$,即 $3 - 0 = 3\xi^2 + 2$,解得 $\xi = \dfrac{\sqrt{3}}{3}$.

题型 2 利用中值定理及推论证明根的存在性

【例 5-1-3】 设 $a_1, a_2, \cdots, a_n$ 为满足 $a_1 - \dfrac{a_2}{3} + \cdots + (-1)^{n-1}\dfrac{a_n}{2n-1} = 0$ 的实数,证明:方程

$$a_1 \cos x + a_2 \cos 3x + \cdots + a_n \cos(2n-1)x = 0$$ 在 $\left(0, \dfrac{\pi}{2}\right)$ 内至少存在一个实根.

分析:根据要证明的结论判断,用罗尔中值定理证明.首先需要把要证明的表达式凑成某个函数的导数在点 ξ 的值.注意到 $\left[\dfrac{\sin(2n-1)x}{2n-1}\right]' = \cos(2n-1)x$,结合已知条件,构造的辅助函数应为

$$f(x) = a_1 \sin x + \frac{1}{3}a_2 \sin 3x + \cdots + \frac{1}{2n-1}a_n \sin(2n-1)x$$

此类问题都可以用这种凑导数的方法.

证明 令 $f(x) = a_1 \sin x + \dfrac{1}{3}a_2 \sin 3x + \cdots + \dfrac{1}{2n-1}a_n \sin(2n-1)x$.

因为函数 $f(x)$ 为初等函数,所以 $f(x)$ 在区间 $\left[0, \dfrac{\pi}{2}\right]$ 上连续,又因为 $f'(x) = a_1 \cos x +$

$a_2 \cos 3x + \cdots + a_n \cos (2n-1)x$ 在 $\left(0, \dfrac{\pi}{2}\right)$ 内处处有意义,所以 $f(x)$ 在 $\left(0, \dfrac{\pi}{2}\right)$ 内可导,且 $f(0) = f\left(\dfrac{\pi}{2}\right) = 0$,因此满足罗尔中值定理的三个条件. 故由罗尔中值定理知,至少存在一点 $\xi \in \left(0, \dfrac{\pi}{2}\right)$ 使得 $f'(\xi) = 0$,即 $f'(\xi) = a_1 \cos \xi + a_2 \cos 3\xi + \cdots + a_n \cos(2n-1)\xi = 0$.

因此,方程 $a_1 \cos x + a_2 \cos 3x + \cdots + a_n \cos(2n-1)x = 0$ 在 $\left(0, \dfrac{\pi}{2}\right)$ 内至少存在一个实根.

题型 3　利用中值定理证明等式

【例 5-1-4】 已知函数 $f(x)$ 在闭区间 $[a,b]$ 上连续,在开区间 (a,b) 内可导,且 $f(a) = f(b)$,证明:至少存在一点 $\xi \in (a,b)$,使得 $f(\xi) + \xi f'(\xi) = f(a)$.

分析:将等式左端凑成某个函数的导数,然后根据已知条件将右端变形,向拉格朗日中值定理的结论靠近.

证明　构造辅助函数 $F(x) = xf(x)$.

因为函数 $F(x) = xf(x)$ 为初等函数,$f(x)$ 在闭区间 $[a,b]$ 上连续,所以 $F(x)$ 在区间 $[a,b]$ 上连续;又因为 $f(x)$ 在开区间 (a,b) 内可导,$F'(x) = f(x) + xf'(x)$ 在 (a,b) 内处处有意义,所以 $F(x)$ 在 (a,b) 内可导,因此函数 $F(x)$ 在区间 $[a,b]$ 上满足拉格朗日中值定理的条件,因此有 $F(b) - F(a) = f'(\xi)(b-a) \ (a < \xi < b)$,即

$$\frac{bf(b) - af(a)}{b-a} = [f(x) + xf'(x)]\big|_{x=\xi} = f(\xi) + \xi f'(\xi)$$

由 $f(a) = f(b)$,得到 $f(\xi) + \xi f'(\xi) = f(a)$.

【例 5-1-5】 设 $0 < \alpha < \beta < \dfrac{\pi}{2}$. 证明:存在 $\theta \in (\alpha, \beta)$,使得 $\dfrac{\sin \alpha - \sin \beta}{\cos \alpha - \cos \beta} = \cot \theta$.

分析:根据等式左端的特点,寻找目标函数,然后尝试利用柯西中值定理进行证明.

证明　令 $f(x) = \sin x$ 和 $g(x) = \cos x$.

因为 $f(x) = \sin x$ 和 $g(x) = \cos x$ 为初等函数,所以它们在区间 $[\alpha, \beta]$ 上连续,因为 $f'(x) = \cos x$ 和 $g'(x) = -\sin x$ 在开区间 (α, β) 内处处有意义,所以 $f(x) = \sin x$ 和 $g(x) = \cos x$ 在 (α, β) 可导,且有 $g'(x) = -\sin x \neq 0$,于是 $f(x)$ 与 $g(x)$ 在区间 $[\alpha, \beta]$ 满足柯西中值定理的条件,求得

$$\frac{f(\beta) - f(\alpha)}{g(\beta) - g(\alpha)} = \frac{f'(\theta)}{g'(\theta)} = -\frac{\cos \theta}{\sin \theta}, \theta \in (\alpha, \beta)$$

经过变形,得 $\dfrac{\sin \alpha - \sin \beta}{\cos \alpha - \cos \beta} = \cot \theta$.

题型 4　利用中值定理证明不等式

【例 5-1-6】 对一切 $x > 0$,证明不等式:$\dfrac{x}{1+x^2} < \arctan x < x$.

分析:先将不等式变形,将其中间的表达式反推成 $f'(\xi) = \dfrac{f(b) - f(a)}{b-a}$ 的形式,最后找到目标函数 $f(x)$,并确定自变量的变化区间,再在该区间上应用拉格朗日中值定理,最后经过适当变形,即可得到所证明的不等式,这就是用中值定理证明某些不等式的思路.

证明　令 $f(x) = \arctan x$.

因为函数 $f(x) = \arctan x$ 为初等函数,所以 $f(x)$ 在区间 $[0, x]$ 上连续,又因为 $f'(x) =$

$\dfrac{1}{1+x^2}$ 在 $(0,x)$ 内处处有意义,所以 $f(x)$ 在 $(0,x)$ 内可导,$f(x)$ 在区间 $[0,x]$ 上满足拉格朗日中值定理的条件,所以 $\arctan x-\arctan 0=\dfrac{1}{1+\xi^2}(x-0),0<\xi<x$,即 $\arctan x=\dfrac{1}{1+\xi^2}x$.

由于 $\dfrac{1}{1+x^2}<\dfrac{1}{1+\xi^2}<1$,故 $\dfrac{x}{1+x^2}<\arctan x<x$.

【例 5-1-7】 设函数 $f(x)$ 在区间 $[0,c]$ 上可导,且 $f'(x)$ 单调递减,$f(0)=0$.证明:对于 $0\leqslant a\leqslant b\leqslant a+b\leqslant c$,恒有 $f(a+b)\leqslant f(a)+f(b)$.

分析:利用 $f(0)=0$,当 $a>0$ 时,先将不等式变形为 $f(a+b)-f(b)\leqslant f(a)-f(0)$,即 $\dfrac{f(a+b)-f(b)}{a+b-b}\leqslant\dfrac{f(a)-f(0)}{a-0}$;不等式两边的表达式可以在不同区间上应用拉格朗日中值定理得到,即 $f'(\xi_2)<f'(\xi_1)$.其中,$f'(\xi_2)<f'(\xi_1)$ 又可以利用已知条件($f'(x)$ 的单调递减)得到.

证明 (1)当 $a=0$ 时,有 $f(0)=0$,故不等式成立.

(2)当 $a>0$ 时,在区间 $[0,a]$ 上应用拉格朗日中值定理知,$\exists\xi_1\in(0,a)$,使得

$$f'(\xi_1)=\frac{f(a)-f(0)}{a-0}=\frac{f(a)}{a}$$

再在区间 $[b,a+b]$ 上应用拉格朗日中值定理知,$\exists\xi_2\in(b,a+b)$,使得

$$f'(\xi_2)=\frac{f(a+b)-f(b)}{(a+b)-b}=\frac{f(a+b)-f(b)}{a}$$

由已知条件 $f'(x)$ 单调递减,得 $f'(\xi_2)<f'(\xi_1)$,从而可得 $\dfrac{f(a+b)-f(b)}{a}<\dfrac{f(a)}{a}$.

综合(1)(2),对上式变形,可得 $f(a+b)\leqslant f(b)-f(a)$.

5.1.5 同步练习

一、选择题

1.函数 $f(x)=\sqrt[3]{8x-x^2}$,则( ).

A. 在任意闭区间 $[a,b]$ 上罗尔中值定理一定成立

B. 在 $[0,8]$ 上罗尔中值定理成立

C. 在 $[0,8]$ 上罗尔中值定理不成立

D. 在任意闭区间上,罗尔中值定理都不成立

2.下列函数在 $[-1,1]$ 上满足罗尔中值定理条件的是( ).

A. $f(x)=e^x$ B. $f(x)=|x|$

C. $f(x)=1-x^2$ D. $f(x)=\begin{cases}x\sin\dfrac{1}{x}, & x\neq 0\\[2mm] 0, & x=0\end{cases}$

3.函数 $f(x)=x^3+2x$ 在区间 $[0,1]$ 内,满足拉格朗日中值定理的 ξ 值是( ).

A. 3   B. $\dfrac{1}{3}$ C. $\dfrac{\sqrt{3}}{3}$ D. $\dfrac{\sqrt{2}}{2}$

4.函数 $f(x)=\begin{cases}2-\ln x, & \dfrac{1}{e}\leqslant x\leqslant 1\\[2mm] \dfrac{1}{x}+1, & 1<x\leqslant 3\end{cases}$ 在 $\left(\dfrac{1}{e},3\right)$ 内( ).

A.满足拉格朗日中值定理的条件,且 $\xi=\sqrt{\dfrac{9e-3}{5e}}$

B.不满足拉格朗日中值定理的条件

C.满足中值定理条件,但无法求出 ξ 的表达式

D.不满足中值定理条件,但 $\xi=\sqrt{\dfrac{9e-3}{5e}}$ 满足中值定理结论

5.若 $f(x)$ 在 (a,b) 内可导,x_1,x_2 是 (a,b) 内任意两点,且 $x_1<x_2$,则至少存在一点 ξ 使 ( ).

A. $f(b)-f(a)=f'(\xi)(b-a)$,其中 $a<\xi<b$

B. $f(b)-f(x_1)=f'(\xi)(b-x_1)$,其中 $x<\xi<b$

C. $f(x_2)-f(a)=f'(\xi)(x_2-a)$,其中 $a<\xi<x_2$

D. $f(x_1)-f(x_2)=f'(\xi)(x_1-x_2)$,其中 $x_1<\xi<x_2$

二、填空题

1.函数 $y=\dfrac{6}{3+x^2}$ 在 $(-1,1)$ 内满足罗尔中值定理的点 $\xi=$ _____.

2.函数 $y=\ln(x+1)$ 在区间 $[0,1]$ 上满足拉格朗日中值定理的 $\xi=$ _____.

3.函数 $f(x)=x^3-x^2-2x,g(x)=2x+1$ 在区间 $(0,1)$ 内满足柯西中值定理的点是 $\xi=$ _____.

4.设 $f(x)=(x^2-1)(x^2-4x)$,则 $f'(x)=0$ 有 _____ 个根.

5.一元二次函数 $f(x)=px^2+qx+r$ 在区间 (a,b) 内满足拉格朗日中值定理的点是 $\xi=$ _____.

三、解答题

1.验证拉格朗日中值定理对函数 $f(x)=\ln x$ 在区间 $[1,e]$ 上的正确性.

2.不用求出函数 $f(x)=(x-2)(x-3)(x-4)(x-4)$ 的导数,说明方程 $f'(x)=0$ 有几个实根,并指出它们所在的区间.

3.已知函数 $f(x)$ 在闭区间 $[0,a]$ 上连续,在开区间 $(0,a)$ 内可导,且 $f(a)=0$,证明:至少存在一点 $\xi\in(0,a)$,使得 $f(\xi)+\xi f'(\xi)=0$.

◆◆ 5.2　洛必达法则 ◆◆

5.2.1　基本要求

掌握洛必达法则的条件和结论,熟练运用洛必达法则求未定式的极限.

5.2.2　知识要点

1.洛必达法则的条件及结论如表 5.2.1 所示.

表 5.2.1　洛必达法则的条件及结论

类型	条件	结论
$\dfrac{0}{0}$ 型	(1)当 $x \to a$ 时,函数 $f(x)$ 及 $g(x)$ 都趋于零; (2)在点 a 的某去心邻域内,$f'(x)$ 及 $g'(x)$ 都存在且 $g'(x) \neq 0$; (3) $\lim\limits_{x \to a} \dfrac{f'(x)}{g'(x)}$ 存在(或为无穷大)	$\lim\limits_{x \to a} \dfrac{f(x)}{g(x)} = \lim\limits_{x \to a} \dfrac{f'(x)}{g'(x)}$
$\dfrac{\infty}{\infty}$ 型	(1)当 $x \to a$ 时,函数 $f(x)$ 及 $g(x)$ 都趋于 ∞; (2)在点 a 的某去心邻域内,$f'(x)$ 及 $g'(x)$ 都存在且 $g'(x) \neq 0$; (3) $\lim\limits_{x \to a} \dfrac{f'(x)}{g'(x)}$ 存在(或为无穷大)	$\lim\limits_{x \to a} \dfrac{f(x)}{g(x)} = \lim\limits_{x \to a} \dfrac{f'(x)}{g'(x)}$

2.可化为 $\dfrac{0}{0}$ 型或 $\dfrac{\infty}{\infty}$ 型的类型如表 5.2.2 所示.

表 5.2.2　可化为 $\dfrac{0}{0}$ 型或 $\dfrac{\infty}{\infty}$ 型的类型

类型	方法
$0 \cdot \infty$ 型	把其中一个因子取倒数放在分母,化为 $\dfrac{0}{0}$ 型或 $\dfrac{\infty}{\infty}$ 型
$\infty - \infty$ 型	通分或者有理化,化为 $\dfrac{0}{0}$ 型或 $\dfrac{\infty}{\infty}$ 型
1^{∞} 型、0^0 型、∞^0 型	利用对数恒等式 $f(x)^{g(x)} = e^{\ln f(x)^{g(x)}} = e^{g(x) \cdot \ln f(x)}$ 化为以 e 为底的指数函数形式,指数再化为 $\dfrac{0}{0}$ 型或 $\dfrac{\infty}{\infty}$ 型

5.2.3　答疑解惑

1.基本形式不为 $\dfrac{0}{0}$ 型与 $\dfrac{\infty}{\infty}$ 型的未定式如何求解?

答:通过变形将未定式化为洛必达法则可求解的基本形式,即 $\dfrac{0}{0}$ 型与 $\dfrac{\infty}{\infty}$ 型:

(1) $\infty - \infty$ 型,通常利用通分或者有理化,化为 $\dfrac{0}{0}$ 型或 $\dfrac{\infty}{\infty}$ 型.

(2) $0 \cdot \infty$ 型,取倒数化为 $\dfrac{0}{0}$ 型或 $\dfrac{\infty}{\infty}$ 型.

(3) 1^{∞} 型、0^0 型、∞^0 型(幂指函数型),利用对数恒等式 $f(x)^{g(x)} = e^{\ln f(x)^{g(x)}} = e^{g(x) \cdot \ln f(x)}$ 将其化为以 e 为底的指数函数形式,指数再化为 $\dfrac{0}{0}$ 型或 $\dfrac{\infty}{\infty}$ 型.

2.设 $\lim\limits_{x \to a} \dfrac{f(x)}{g(x)}$ 是未定式,如果 $\lim\limits_{x \to a} \dfrac{f'(x)}{g'(x)}$ 的极限不存在,是否一定能推出 $\lim\limits_{x \to a} \dfrac{f(x)}{g(x)}$ 的极限也不存在?

答:不一定.例如 $f(x) = x + \sin x$,$g(x) = x$,显然 $\lim\limits_{x \to \infty} \dfrac{f'(x)}{g'(x)} = \lim\limits_{x \to \infty} \dfrac{1 + \cos x}{1}$ 不存在,但是 $\lim\limits_{x \to \infty} \dfrac{f(x)}{g(x)} = \lim\limits_{x \to \infty} \dfrac{x + \sin x}{x} = 1.$ (极限存在)

3. 下列做法是否正确？请说明理由.

设 $f(x)$ 在点 x_0 处存在二阶导数,由洛必达法则,得

$$\lim_{h \to 0} \frac{f(x_0+h)+f(x_0-h)-2f(x_0)}{h^2} = \lim_{h \to 0} \frac{f'(x_0+h)-f'(x_0-h)}{2h}$$

$$= \lim_{h \to 0} \frac{f''(x_0+h)+f''(x_0-h)}{2} = f''(x_0)$$

答:上述做法不正确. 第一个错误是在两次使用洛必达法则时产生的. 因为题设仅给出 $f(x)$ 在点 x_0 处二阶可导的条件,并不能保证 $f'(x)$ 与 $f''(x)$ 在点 x_0 的某个邻域中一定存在,因而 $f'(x_0+h)$ 与 $f'(x_0-h)$ 及 $f''(x_0+h)$ 与 $f''(x_0-h)$ 是否存在是未知的,即洛必达法则的第二个条件未必满足,所以式中的两个等号不一定成立. 第二个错误是即使 $f''(x)$ 存在,也不能保证 $f''(x)$ 在点 x_0 处连续,所以最后一个等号不一定成立.

4. 洛必达法则的逆命题是否成立？即若 $\lim\limits_{x \to x_0} f(x)=0$,$\lim\limits_{x \to x_0} g(x)=0$,且 $\lim\limits_{x \to x_0} \dfrac{f(x)}{g(x)}=k$ 存在,则 $\lim\limits_{x \to x_0} \dfrac{f'(x)}{g'(x)}=k$.

答:不一定成立. 例如,$f(x)=x^2 \sin \dfrac{1}{x}$,$g(x)=x$,$\lim\limits_{x \to 0} f(x)=0$,$\lim\limits_{x \to 0} g(x)=0$,且 $\lim\limits_{x \to 0} \dfrac{f(x)}{g(x)} = \lim\limits_{x \to 0} x\sin \dfrac{1}{x}=0$,但是 $\lim\limits_{x \to 0} \dfrac{f'(x)}{g'(x)} = \lim\limits_{x \to 0} \left(2x\sin \dfrac{1}{x} - \cos \dfrac{1}{x}\right)$ 不存在.

5.2.4 典型例题分析

题型 1 利用洛必达法则求极限

【例 5-2-1】 求下列极限:

(1) $\lim\limits_{x \to 0} \dfrac{x-\sin 2x}{x+\tan x}$;   (2) $\lim\limits_{x \to 0} \dfrac{\ln \sin 3x}{\ln \tan 5x}$;   (3) $\lim\limits_{x \to 1} \left(\dfrac{x}{x-1} - \dfrac{1}{\ln x}\right)$;

(4) $\lim\limits_{x \to 0} x^2 e^{\frac{1}{x^2}}$;   (5) $\lim\limits_{x \to 0} \left(\dfrac{3-e^{-x}}{2+x}\right)^{\csc x}$;   (6) $\lim\limits_{x \to 0^+} \left(\dfrac{1}{x}\right)^{\tan x}$;

(7) $\lim\limits_{x \to +\infty} (x+\sqrt{1+x^2})^{\frac{1}{x}}$;   (8) $\lim\limits_{n \to +\infty} \left(n\tan \dfrac{1}{n}\right)^{n^2}$.

分析:洛必达法则解决的是未定型的极限问题,基本形式为 $\dfrac{0}{0}$ 型与 $\dfrac{\infty}{\infty}$ 型未定式,对于这种形式可连续使用洛必达法则;对于 $\infty-\infty$ 型与 $0 \cdot \infty$ 型的未定式,可通过通分或者取倒数的形式化为基本形式的未定式;对于 0^0 型、1^∞ 型与 ∞^0 型的未定式,可通过用恒等式 $x=e^{\ln x}$ 将其化为以 e 为底的指数函数形式等方法来化为基本形式的未定式;此外,还可以结合等价无穷小替换、两个重要的极限、换元等方法使问题简化再用洛必达法则.

解 (1) 该未定式属于 $\dfrac{0}{0}$ 型,可直接用洛必达法则,解题过程结合等价无穷小来替换.

$$原式 = \lim_{x \to 0} \frac{(x-\sin 2x)'}{(x-\tan x)'} = \lim_{x \to 0} \frac{1-2\cos 2x}{1-\sec^2 x} = \lim_{x \to 0} \frac{4\sin 2x}{-2\sec^2 x \tan x}$$

$$= \lim_{x \to 0} \frac{8x}{-2\sec^2 x \cdot x} = -4\lim_{x \to 0} \frac{1}{\sec^2 x} = -4$$

(2) 该未定式属于 $\dfrac{\infty}{\infty}$ 型,可直接用洛必达法则.

$$\text{原式} = \lim_{x \to 0} \frac{(\ln \sin 3x)'}{(\ln \tan 5x)'} = \lim_{x \to 0} \frac{3\cos 3x \tan 5x}{5 \sec^2 5x \sin 3x} = \lim_{x \to 0} \frac{3 \times 5x \cos 3x}{5 \times 3x \sec^2 5x} = \lim_{x \to 0} \frac{\cos 3x}{\sec^2 5x} = 1$$

(3)该未定式属于 $\infty - \infty$ 型，先通分化为 $\dfrac{0}{0}$ 型，然后用洛必达法则.

$$\text{原式} = \lim_{x \to 1} \frac{x\ln x - x + 1}{(x-1)\ln x} = \lim_{x \to 1} \frac{\ln x}{\ln x + \dfrac{x-1}{x}} = \lim_{x \to 1} \frac{x\ln x}{x\ln x + x - 1} = \lim_{x \to 1} \frac{\ln x + 1}{\ln x + 2} = \frac{1}{2}$$

(4)该未定式属于 $0 \cdot \infty$ 型，先把 $0 \cdot \infty$ 转化为 $\dfrac{0}{0}$ 型，再用洛必达法则.

$$\lim_{x \to 0} x^2 e^{\frac{1}{x^2}} = \lim_{x \to 0} \frac{e^{\frac{1}{x^2}}}{\dfrac{1}{x^2}} = \lim_{x \to 0} \frac{-\dfrac{2}{x^3} e^{\frac{1}{x^2}}}{-\dfrac{2}{x^3}} = \lim_{x \to 0} e^{\frac{1}{x^2}} = +\infty$$

(5)该未定式属于 1^∞ 型，用恒等式 $x = e^{\ln x}$ 将其化为以 e 为底的指数函数形式，指数再用洛必达法则.

$$\left(\frac{3 - e^{-x}}{2 + x}\right)^{\csc x} = e^{\csc x \ln \left(\frac{3 - e^{-x}}{2 + x}\right)}$$

$$\lim_{x \to 0} \csc x \ln \frac{3 - e^{-x}}{2 + x} = \lim_{x \to 0} \frac{1}{\sin x} \ln \frac{3 - e^{-x}}{2 + x}$$

$$= \lim_{x \to 0} \frac{\ln(3 - e^{-x}) - \ln(2 + x)}{\sin x} = \lim_{x \to 0} \frac{\ln(3 - e^{-x}) - \ln(2 + x)}{x}$$

$$= \lim_{x \to 0} \frac{3e^{-x} + xe^{-x} - 3}{(3 - e^{-x})(2 + x)} = 0$$

$$\lim_{x \to 0} \left(\frac{3 - e^{-x}}{2 + x}\right)^{\csc x} = \lim_{x \to 0} e^{\csc x \ln \left(\frac{3 - e^{-x}}{2 + x}\right)} = e^0 = 1$$

(6)该未定式属于 ∞^0 型.用恒等式 $x = e^{\ln x}$ 将其化为以 e 为底的指数函数形式，指数再用洛必达法则.

$$\left(\frac{1}{x}\right)^{\tan x} = e^{\tan x \ln \frac{1}{x}} = e^{-\tan x \ln x}$$

$$\lim_{x \to 0^+} (\tan x \ln x) = \lim_{x \to 0^+} (x\ln x) = \lim_{x \to 0^+} \frac{\ln x}{\dfrac{1}{x}} = \lim_{x \to 0^+} \frac{x^{-1}}{-x^{-2}} = -\lim_{x \to 0^+} x = 0$$

$$\lim_{x \to 0^+} \left(\frac{1}{x}\right)^{\tan x} = \lim_{x \to 0^+} e^{-\tan x \ln x} = e^0 = 1$$

(7)该未定式属于 ∞^0 型.用恒等式 $x = e^{\ln x}$ 将其化为以 e 为底的指数函数形式，指数再用洛必达法则.

$$\lim_{x \to +\infty} (x + \sqrt{1 + x^2})^{\frac{1}{x}} = e^{\lim\limits_{x \to +\infty} \frac{\ln(x + \sqrt{1 + x^2})}{x}} = e^{\lim\limits_{x \to +\infty} \frac{1 + \frac{x}{\sqrt{1 + x^2}}}{x + \sqrt{1 + x^2}}} = e^{\lim\limits_{x \to +\infty} \frac{1}{\sqrt{1 + x^2}}} = e^0 = 1.$$

(8)该未定式属于 $(\infty \cdot 0)^\infty$ 型.用恒等式 $x = e^{\ln x}$ 将其化为以 e 为底的指数函数形式，指数再用洛必达法则.

$$f(x) = \left(x\tan \frac{1}{x}\right)^{x^2}, \text{则}$$

$$\lim_{x\to+\infty}\left(x\tan\frac{1}{x}\right)^{x^2}\xlongequal{t=\frac{1}{x}}\lim_{t\to0^+}\left(\frac{\tan t}{t}\right)^{\frac{1}{t^2}}=e^{\lim_{t\to0^+}\frac{\ln\tan t-\ln t}{t^2}}.$$

$$=e^{\lim_{t\to0^+}\frac{t\sec^2 t-\tan t}{2t^2\tan t}}=e^{\lim_{t\to0^+}\frac{t\sec^2 t-\tan t}{2t^2}}=e^{\lim_{t\to0^+}\frac{t-\sin t\cos t}{2t^2\cos^2 t}}=e^{\lim_{t\to0^+}\frac{t-\frac{1}{2}\sin 2t}{2t^3}}$$

$$=e^{\lim_{t\to0^+}\frac{1-\cos 2t}{6t^2}}\xlongequal{(1-\cos x)\sim\frac{x^2}{2}}e^{\lim_{t\to0^+}\frac{2t^2}{6t^2}}=e^{\frac{1}{3}}$$

$$\lim_{n\to+\infty}\left(n\tan\frac{1}{n}\right)^{n^2}=e^{\frac{1}{3}}$$

题型 2　综合应用题

【例 5-2-2】　设函数 $f(x)$ 具有二阶连续导数，且 $f(0)=0$，讨论函数 $g(x)=\begin{cases}\dfrac{f(x)}{x},&x\neq0\\ f'(0),&x=0\end{cases}$ 在点 $x=0$ 处的导数是否存在？

分析：先利用导数的定义表示 $g'(0)$，再用洛必达法则.

解　$g'(0)=\lim\limits_{x\to0}\dfrac{g(x)-g(0)}{x}=\lim\limits_{x\to0}\dfrac{f(x)-f'(0)x}{x^2}=\lim\limits_{x\to0}\dfrac{f'(x)-f'(0)}{2x}=\dfrac{1}{2}f''(0)$，

因此，函数 $g(x)$ 在点 $x=0$ 处的导数存在，且有 $g'(0)=\dfrac{1}{2}f''(0)$.

【例 5-2-3】　讨论函数 $f(x)=\begin{cases}\left[\dfrac{(1+x)^{\frac{1}{x}}}{e}\right]^{\frac{1}{x}},&x>0\\ e^{\frac{-1}{2}},&x\leqslant0\end{cases}$ 在点 $x=0$ 处的连续性.

分析：讨论分段函数在分段点处的连续性，要讨论函数在这一点是否左、右连续，需用洛必达法则求左、右极限.

解　因为 $\lim\limits_{x\to0^+}f(x)=\lim\limits_{x\to0^+}\left[\dfrac{(1+x)^{\frac{1}{x}}}{e}\right]^{\frac{1}{x}}=e^{\lim_{x\to0^+}\frac{1}{x}\ln\frac{(1+x)^{\frac{1}{x}}}{e}}=e^{\lim_{x\to0^+}\frac{\ln(1+x)-x}{x^2}}=e^{\lim_{x\to0^+}\frac{\frac{1}{1+x}-1}{2x}}$

$$=e^{\frac{1}{2}\lim_{x\to0^+}\frac{-1}{1+x}}=e^{-\frac{1}{2}}=f(0),$$

所以 $f(x)$ 在 $x=0$ 处右连续；

又因为 $\lim\limits_{x\to0^-}f(x)=e^{-\frac{1}{2}}=f(0)$，所以 $f(x)$ 在 $x=0$ 处左连续；

所以 $f(x)=\begin{cases}\left[\dfrac{(1+x)^{\frac{1}{x}}}{e}\right]^{\frac{1}{x}},&x>0\\ e^{\frac{-1}{2}},&x\leqslant0\end{cases}$ 在点 $x=0$ 处连续.

【例 5-2-4】　若 $f(x)$ 有二阶导数，试证明 $f''(x)=\lim\limits_{h\to0}\dfrac{f(x+h)-2f(x)+f(x-h)}{h^2}$.

分析：使用洛必达法则，对右边极限中的上、下函数分别求关于 h 的导数，然后利用导数定义得结论.

证明　因为　$\lim\limits_{h\to0}\dfrac{f(x+h)-2f(x)+f(x-h)}{h^2}=\lim\limits_{h\to0}\dfrac{f'(x+h)-f'(x-h)}{2h}$

$$=\lim\limits_{h\to0}\dfrac{f'(x+h)-f'(x)+f'(x)-f'(x-h)}{2h}$$

$$=\dfrac{1}{2}\lim\limits_{h\to0}\dfrac{f'(x+h)-f'(x)}{h}+\dfrac{1}{2}\lim\limits_{h\to0}\dfrac{f'(x-h)-f'(x)}{-h}=f''(x).$$

所以结论成立.

【例 5-2-5】 设 $\lim\limits_{x\to 1}\dfrac{x^2+mx+n}{x-1}=a$($a$ 为任意常数),求 m 和 n 的值.

分析:先由极限存在性得出,$x\to 1$ 时分母的极限等于 0,分子的极限也必须等于 0,再用洛必达法则求极限.

解 由已知可知,必有 $\lim\limits_{x\to 1}(x^2+mx+n)=0$,从而有 $m+n+1=0$.对极限使用洛必达法则,有 $\lim\limits_{x\to 1}\dfrac{x^2+mx+n}{x-1}=\lim\limits_{x\to 1}\dfrac{(x^2+mx+n)'}{(x-1)'}=\lim\limits_{x\to 1}(2x+m)=2+m=a.$

解得,$m=a-2$.

再由 $m+n+1=0$,得 $n=1-a$.

综上可得,$m=a-2$,$n=1-a$.

【例 5-2-6】 验证极限 $\lim\limits_{x\to +\infty}\dfrac{e^{2x}+e^{-2x}}{e^{2x}-e^{-2x}}$ 和 $\lim\limits_{x\to +\infty}\dfrac{x^2+\cos x}{x^2+x+1}$ 存在,但不能由洛必达法则计算.

分析:$\lim\limits_{x\to +\infty}\dfrac{e^{2x}+e^{-2x}}{e^{2x}-e^{-2x}}$ 使用洛必达法则会出现循环;$\lim\limits_{x\to +\infty}\dfrac{x^2+\cos x}{x^2+x+1}$ 不满足洛必达法则的第三个条件,这两个极限都不能用洛必达法则求解,但可通过变形求极限.

解

$$\lim\limits_{x\to +\infty}\dfrac{e^{2x}+e^{-2x}}{e^{2x}-e^{-2x}}=\lim\limits_{x\to +\infty}\dfrac{(e^{2x}+e^{-2x})'}{(e^{2x}-e^{-2x})'}=\lim\limits_{x\to +\infty}\dfrac{e^{2x}-e^{-2x}}{e^{2x}+e^{-2x}}$$
$$=\lim\limits_{x\to +\infty}\dfrac{e^{2x}+e^{-2x}}{e^{2x}-e^{-2x}}\cdots$$

用洛必达法则出现循环,求不出.

$$\lim\limits_{x\to +\infty}\dfrac{x^2+\cos x}{x^2+x+1}=\lim\limits_{x\to +\infty}\dfrac{(x^2+\cos x)'}{(x^2+x+1)'}=\lim\limits_{x\to +\infty}\dfrac{2x-\sin x}{2x+1}$$
$$=\lim\limits_{x\to +\infty}\dfrac{2-\cos x}{2}$$

极限不存在,也不等于无穷大,不满足洛必达法则第三个条件,不能用洛必达法则,但这两个极限都可以通过适当变形求得极限:

$$\lim\limits_{x\to +\infty}\dfrac{e^{2x}+e^{-2x}}{e^{2x}-e^{-2x}}=\lim\limits_{x\to +\infty}\dfrac{1+e^{-4x}}{1-e^{-4x}}=\dfrac{1+0}{1-0}=1$$

$$\lim\limits_{x\to +\infty}\dfrac{x^2+\cos x}{x^2+x+1}=\lim\limits_{x\to +\infty}\dfrac{1+\dfrac{\cos x}{x^2}}{1+\dfrac{1}{x}+\dfrac{1}{x^2}}=\dfrac{1+0}{1+0+0}=1$$

5.2.5 同步练习

一、选择题

1.$\lim\limits_{x\to 1}\dfrac{x^2-3x+2}{x^2-x}$ 的值是(　　).

A. $-\dfrac{3}{2}$ 　　　　　　B. -1 　　　　　　C. $\dfrac{1}{2}$ 　　　　　　D. $-\dfrac{1}{2}$

2.$\lim\limits_{x\to 0}\dfrac{\sin x-x}{x}=$ (　　).

A. 0　　　　　　　　B. -1　　　　　　　C. 2　　　　　　　　D. 3

3. $\lim\limits_{x \to \infty} x(e^{\frac{1}{x}} - 1) = ($　　$)$.

A. 1　　　　　　　　B. 2　　　　　　　　C. $\dfrac{1}{2}$　　　　　　　D. ∞

4. 在以下各式中,极限存在,但不能用洛必达法则计算的是(　　).

A. $\lim\limits_{x \to 0} \dfrac{x^2}{\sin x}$　　　　B. $\lim\limits_{x \to 0^+} \left(\dfrac{1}{x}\right)^{\tan x}$　　　　C. $\lim\limits_{x \to \infty} \dfrac{x + \sin x}{x}$　　　　D. $\lim\limits_{x \to +\infty} \dfrac{x^n}{e^x}$

5. 求极限 $\lim\limits_{x \to 0} \dfrac{x^2 \sin \dfrac{1}{x}}{\sin x}$ 时,下列各种解法正确的是(　　).

A. 用洛必达法则后,求得极限为 0

B. 因为 $\lim\limits_{x \to 0} \dfrac{1}{x}$ 不存在,所以上述极限不存在

C. 原式 $= \lim\limits_{x \to 0} \dfrac{x}{\sin x} \cdot x \sin \dfrac{1}{x} = 0$

D. 因为不能用洛必达法则,故极限不存在

二、填空题

1. $\lim\limits_{x \to 0} \dfrac{e^x - \cos x}{5x} = $ _____.

2. $\lim\limits_{x \to \infty} \dfrac{8x^3 - 4x + 3}{2x^3 - x - 1} = $ _____.

3. $\lim\limits_{x \to 0} \left(\dfrac{1}{x^2} - \dfrac{1}{x \tan x}\right) = $ _____.

4. $\lim\limits_{x \to 0} (\cos x)^{\frac{1}{x}} = $ _____.

5. $\lim\limits_{x \to +\infty} x \cdot (\sqrt{x^2 + 1} - x) = $ _____.

三、解答题

1. 用洛必达法则求极限 $\lim\limits_{x \to 0} \dfrac{x - \ln(1 + x)}{x^2}$.

2. 求 $\lim\limits_{x \to 0} \left(\dfrac{1}{x} - \dfrac{1}{e^x - 1}\right)$.

3. 求 $\lim\limits_{x \to 1} \dfrac{(x^{3x-2} - x)\sin 2(x - 1)}{(x - 1)^3}$.

4. 已知函数 $f(x) = \begin{cases} \dfrac{\ln(1 + ax^2)}{\sec x - \cos x}, & x \neq 0 \\ 10, & x = 0 \end{cases}$,当 a 为何值时,$f(x)$ 在点 $x = 0$ 处连续?

◆◆ 5.3　导数在研究函数上的应用 ◆◆

5.3.1　基本要求

1. 理解函数单调性的概念,熟练掌握判断和求函数单调区间的方法.

2.理解函数极值的概念,熟练掌握判断和求函数极值的方法.

3.理解函数最值的概念,熟练掌握判断和求最值的方法,并会求实际问题的最大值或最小值.

5.3.2 知识要点

1.可导函数单调性的判别法如表 5.3.1 所示.

表 5.3.1 可导函数单调性的差别性

定理(判别法)	补充说明
设函数 $f(x)$ 在 $[a,b]$ 上连续,在 (a,b) 内可导,则 (1)函数 $f(x)$ 在 $[a,b]$ 上单调增加 $\Leftrightarrow f'(x)>0,x\in(a,b)$. (2)函数 $f(x)$ 在 $[a,b]$ 上单调减少 $\Leftrightarrow f'(x)<0,x\in(a,b)$	函数的单调性是整个区间上的性质,不能用导数在某点处的符号来判别.区间内个别点导数为零并不影响函数在该区间的单调性

2.极值点与驻点如表 5.3.2 所示.

表 5.3.2 极值点与驻点

定义	补充说明
若存在点 x_0 的邻域 $U(x_0)$,使 $\forall x\in \mathring{U}(x_0)$,$f(x)<f(x_0)$ 均成立,则称 x_0 是极大值点,$f(x_0)$ 为极大值; 若使 $\forall x\in \mathring{U}(x_0)$,$f(x)>f(x_0)$ 均成立,则称 x_0 是极小值点,$f(x_0)$ 为极小值	极值是一个局部概念,与定义中的邻域究竟有多大无关,最大(小)值是一个整体概念,是相对于整个区间而言的
导数为零的点称为驻点	极值点要在驻点中寻求(前提是导数存在),而驻点不一定都是极值点

3.极值判别法如表 5.3.3 所示.

表 5.3.3 极值判别法

判别定理		注意
必要条件 (费马定理)	设 $f(x)$ 在点 x_0 处有极值,且 $f'(x_0)$ 存在,则 $f'(x_0)=0$	导数为零的点不一定是极值点.例如,$f(x)=x^3$ 在点 $x=0$ 处有 $f'(0)=0$,但 $x=0$ 不是极值点
极值 第一判别法	设函数 $f(x)$ 在点 x_0 的去心邻域内可导,且 $f'(x_0)=0$ 或 $f'(x_0)$ 不存在,若存在一个正数 ξ,有 $f'(x)=\begin{cases}>0(或<0), & 当 x\in(x_0-\xi,x_0)\\ <0(或>0), & 当 x\in(x_0,x_0+\xi)\end{cases}$ 则函数 $f(x)$ 在点 x_0 的取得极大值(或极小值)	注意 $f'(x_0)=0$ 或 $f'(x_0)$ 不存在这个条件
极值 第二判别法	设 $f(x)$ 在 $U(x_0,\delta)$ 上可导,且 $f'(0)=0$,$f''(x)$ 存在,则 (1)当 $f''(x_0)<0$ 时,$f(x_0)$ 为极大值; (2)当 $f''(x_0)>0$ 时,$f(x_0)$ 为极小值	若 $f''(x_0)=0$,则 x_0 不一定是极值点

5.3.3 答疑解惑

1.函数的极值与最值有什么区别?

答:极值不一定是最值.极值是函数的局部性质,如果在点 x_0 的某邻域内函数值以点 x_0 处的值为最大或最小,那么函数在该点处的值 $f(x_0)$ 就是函数的一个极大值或极小值.而最值是函数的整体性质,可以从以下三个方面比较:

(1)最值的几何意义是函数图像最高点或者最低点的纵坐标.极值的几何意义就是在某个区间(或邻域)内的最高点或者最低点的纵坐标.

(2)函数的最值可能在区间的端点处取得(如果端点有定义的话).极值不可以在区间的端点处取得.

(3)最大值绝对不会小于最小值,极大值可能小于极小值.

2.如果点 x_0 为 $f(x)$ 的极小值点,那么必存在点 x_0 的某邻域,使得在此邻域内,$f(x)$ 在点 x_0 的左侧下降,而在点 x_0 的右侧上升.这一命题正确吗?

答:不正确.例如 $f(x)=\begin{cases} 2+x^2\left(2+\sin\dfrac{1}{x}\right), & x\neq 0 \\ 2, & x=0 \end{cases}$.

如图 5.3.1 所示,当 $x\neq 0$ 时,$f(x)-f(0)=x^2\left(2+\sin\dfrac{1}{x}\right)>0$,于是 $x=0$ 为 $f(x)$ 的极小值点.当 $x\neq 0$ 时,$f'(x)=2x\left(2+\sin\dfrac{1}{x}\right)-\cos\dfrac{1}{x}$,当 $x\to 0$ 时,$2x\left(2+\sin\dfrac{1}{x}\right)\to 0$,$\cos\dfrac{1}{x}$ 在 -1 和 1 之间振荡,因而 $f(x)$ 在 $x=0$ 的两侧都不单调,故命题不正确.

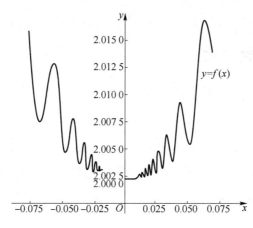

图 5.3.1

3.若 $f'(0)>0$,是否能判定 $f(x)$ 在 $x=0$ 的充分小邻域内单调增加?

答:不能断定.例如 $f(x)=\begin{cases} x+2x^2\sin\dfrac{1}{x}, & x\neq 0 \\ 0, & x=1 \end{cases}$,按导数定义,得

$$f'(0)=\lim_{\Delta x\to 0}\left(1+2\cdot\Delta x\cdot\sin\dfrac{1}{\Delta x}\right)=1>0,\ f'(x)=1+4x\sin\dfrac{1}{x}-2\cos\dfrac{1}{x},\ x\neq 0,$$

当 $x_1 = \dfrac{1}{\left(2k+\dfrac{1}{2}\right)\pi}$ 时(k 为整数),$f'(x_1) = 1 + \dfrac{4}{\left(2k+\dfrac{1}{2}\right)\pi} > 0$;

当 $x_2 = \dfrac{1}{2k\pi}$ 时(k 为整数),$f'(x_2) = -1 < 0$.

注:因为 k 可以任意大,所以在 $x=0$ 的任何邻域内,$f(x)$ 都不单调增加.

4. 若在 (a,b) 内 $f'(x) > 0$,则 $f(x)$ 在 $[a,b]$ 上必单调增加吗?

答:不一定. 例如 $f(x) = \begin{cases} x, & 0 \le x < 1 \\ 0, & x = 1 \end{cases}$,在 $(0,1)$ 内 $f'(x) = 1 > 0$,但当 $x \in (0,1)$ 时,$f(x) > f(1)$,即 $f(x)$ 在 $[0,1]$ 上不单调增加.

5. 若 $f(x)$ 在 (a,b) 内单调增加且可导,则必然有 $f'(x) > 0$ 吗?

答:不一定. 例如 $f(x) = x^3$ 在 $(-1,1)$ 内单调增加且可导,但 $f'(0) = 0$.

6. 若 $f(x)$ 在 $[a,b]$ 上连续,在 (a,b) 内 $f'(x) \ge 0$,且使得 $f'(0) = 0$ 的点只有有限个,则 $f(x)$ 在 $[a,b]$ 内必然单调增加吗?

答:这个结论是正确的. 设仅有 $x_0 \in (a,b)$,使得 $f'(x_0) = 0$,而当 $x \in (a,b)$ 且 $x \ne x_0$ 时,$f'(x) > 0$. 由于 $f(x)$ 在 $[a,x_0]$ 上连续,在 (a,x_0) 内 $f'(x) > 0$,所以 $f(x)$ 在 $[a,x_0]$ 上单调增加;同理,可得 $f(x)$ 在 $[x_0,b]$ 上单调增加. 故 $f(x)$ 在 $[a,b]$ 内必然单调增加.

7. 单调函数的导函数必然是单调函数吗?

答:不一定. 例如 $f(x) = x^3$ 在 $(-\infty, +\infty)$ 内单调增加,但 $f'(x) = 3x^2$ 在 $(-\infty, +\infty)$ 内不是单调增加的.

8. 若 $f'(x) > 0$,则必然有 $f(x) > 0$ 吗? 正确说法是什么?

答:不一定,例如 $f(x) = -e^{-x}$,$f'(x) = e^{-x} > 0$,但 $f(x) < 0$.

正确的说法是:若当 $x > a$ 时,$f'(x) > 0$,且 $f(a) \ge 0$,则当 $x > a$ 时,必然有 $f(x) > 0$.

5.3.4 典型例题分析

题型 1 讨论函数的单调性并求单调区间

【例 5-3-1】 求函数 $y = \dfrac{2}{3}x - \sqrt[3]{x^2}$ 的单调区间.

分析:先求函数的定义域,再求驻点或不可导点、间断点,这些点将定义域划分为若干个区间,在每个区间上讨论导数 y' 的符号,然后用单调性判别法确定函数的单调区间.

解 $y = \dfrac{2}{3}x - \sqrt[3]{x^2}$ 的定义域为 $(-\infty, +\infty)$,令 $y' = \dfrac{2}{3} - \dfrac{2}{3}x^{-\frac{1}{3}} = \dfrac{2(\sqrt[3]{x}-1)}{3\sqrt[3]{x}} = 0$,解得 $x = 1$;$x = 0$ 为不可导点. 讨论如表 5.3.4 所示.

表 5.3.4 单调区间判别

x	$(-\infty, 0)$	0	$(0,1)$	1	$(1, +\infty)$
$f'(x)$	$+$	0	$-$	0	$+$
$f(x)$	↗		↘		↗

由表 5.3.4 可知，$y=\dfrac{2}{3}x-\sqrt[3]{x^2}$ 在 $(-\infty,0]$ 和 $[1,+\infty)$ 内单调增加，而在 $(0,1)$ 内单调减少.

题型 2　利用函数的单调性证明不等式

【例 5-3-2】　证明：当 $x\geqslant 0$ 时，$(1+x)\ln(1+x)\geqslant\arctan x$.

分析：先根据题意假设出函数，再利用函数的单调性证明.

证明　令 $f(x)=(1+x)\ln(1+x)-\arctan x$.

当 $x\geqslant 0$ 时，有 $f'(x)=\ln(1+x)+1-\dfrac{1}{1+x^2}\geqslant 0$（仅在 $x=0$ 时，$f'(x)=0$），

所以 $f(x)$ 在 $[0,+\infty)$ 上单调增加，从而有 $f(x)\geqslant f(0)=0$，即 $(1+x)\ln(1+x)\geqslant\arctan x$，结论成立.

题型 3　求函数的极值

【例 5-3-3】　求函数 $y=(x-5)^2\sqrt[3]{(x+1)^2}$ 的极值.

分析：按求极值的三个步骤进行解答.

解　函数的定义域为 $(-\infty,+\infty)$，$y'=2(x-5)(x+1)^{\frac{2}{3}}+\dfrac{2}{3}(x+1)^{-\frac{1}{3}}(x-5)^2=\dfrac{4(2x-1)(x-5)}{3(x+1)^{\frac{1}{3}}}$.

令 $y'=0$，得驻点 $x_1=\dfrac{1}{2}$，$x_2=5$. 另外在 $x_3=-1$ 处 y' 不存在.

这三个可疑极值点将定义域分为四个部分，具体讨论如表 5.3.5 所示.

表 5.3.5　极值判别

x	$(-\infty,-1)$	-1	$\left(-1,\dfrac{1}{2}\right)$	$\dfrac{1}{2}$	$\left(\dfrac{1}{2},5\right)$	5	$(5,+\infty)$
y'	$-$	不存在	$+$	0	$-$	0	$+$
y	↘	极小值 $y(-1)=0$	↗	极大值 $y\left(\dfrac{1}{2}\right)=\dfrac{81}{8}\sqrt[3]{81}$	↘	极小值 $y(5)=0$	↗

由判别极值的第一充分条件可知，函数 y 在点 $x=-1$，$x=5$ 处取得极小值，且 $y(-1)=0$，$y(5)=0$，在点 $x=\dfrac{1}{2}$ 处取得极大值，且 $y\left(\dfrac{1}{2}\right)=\dfrac{81}{8}\sqrt[3]{81}$.

由判别极值的第一充分条件求极值时，常用列表法讨论，它能直观地表明在部分区间上 $f'(x)$ 的符号及 $f(x)$ 的单调性.

【例 5-3-4】　设可导函数 $y=y(x)$ 是由方程 $2y^3-2y^2+2xy-x^2=1$ 确定的，求 $y=y(x)$ 的驻点，并判断其驻点是否为极值点.

分析：驻点就是求一阶导数等于零的点，本问题转化为求隐函数的导数问题.

解　在所给的方程两边对 x 求导，得 $6y^2y'-4yy'+2y+2xy'-2x=0$，

解得 $y'=\dfrac{x-y}{3y^2-2y+x}$.

令 $y'=0$，得 $y=x$，将 $y=x$ 代入原方程，得 $2x^3-2x^2+2x^2-x^2=1$，从而解得驻点 $x=1$.

在等式 $6y^2y'-4yy'+2y+2xy'-2x=0$ 两边再对 x 求导,得
$$12y(y')^2+6y^2y''-4(y')^2-4yy''+2y'+2y'+2xy''-2=0$$

将 $x=y=1$ 及 $y'|_{x=1}=0$ 代入上式,得 $y''|_{x=1}=\dfrac{1}{2}>0$,因此 $y=y(x)$ 在 $x=1$ 处取得极小值.

题型 4　求函数的最大值和最小值

【例 5-3-5】　求函数 $y=x+\sqrt{1-x}$ 在 $[-5,1]$ 上的最大值.

分析:按求最值的三个步骤进行解答.

解　在 $[-5,1]$ 上,$y'=\dfrac{2\sqrt{1-x}-1}{2\sqrt{1-x}}=0$,解得 $x=\dfrac{3}{4}$;

因为 $y(-5)=-5+\sqrt{6}$,$y\left(\dfrac{3}{4}\right)=\dfrac{5}{4}$,$y(1)=1$,

所以比较可得 $y=x+\sqrt{1-x}$,$-5\leqslant x\leqslant 1$ 的最小值为 $y(-5)=-5+\sqrt{6}$,最大值为 $y\left(\dfrac{3}{4}\right)=\dfrac{5}{4}$.

题型 5　求最大值和最小值的应用题

【例 5-3-6】　矩形横梁的强度与它断面的高的平方与宽的积成正比例,要将直径为 d 的圆木锯成强度最大的横梁,断面的宽和高应为多少?

分析:根据题意建立数学函数模型,根据实际意义,确定自变量范围,在所确定的范围上求最值.特别地,$f(x)$ 在某个区间内可导,只有一个驻点 x_0,x_0 是函数 $f(x)$ 的极值点,则当 $f(x_0)$ 是极大值时,$f(x_0)$ 就是 $f(x)$ 在该区间上的最大值;当 $f(x_0)$ 是极小值时,$f(x_0)$ 就是 $f(x)$ 在该区间上的最小值;$f(x)$ 在某个区间内可导,只有一个驻点 x_0,且 $f(x)$ 在该区间上确实存在最值,则 $f(x_0)$ 就是 $f(x)$ 在该区间上的最值.

解　设断面宽为 x,高为 h,则 $h^2=d^2-x^2$.

因为横梁强度函数 $f(x)=kxh^2$(k 为比例系数),即 $f(x)=kx(d^2-x^2)$($0<x<d$),

从实际情况可知,$f(x)$ 在 $(0,d)$ 内一定有最大值.

求 $f(x)$ 的导数,得 $f'(x)=k(d^2-3x^2)$;令 $f'(x)=0$,得 $x=\pm\dfrac{\sqrt{3}}{3}d$(负值舍去).

从而在 $(0,d)$ 内,$f(x)$ 只有一个驻点 $x=\dfrac{\sqrt{3}}{3}d$,$f(x)$ 在这一点的函数值,就是横梁强度的最大值.此时,$h=\sqrt{d^2-\left(\dfrac{\sqrt{3}}{3}d\right)^2}=\dfrac{\sqrt{6}}{3}d$.因此,当宽为 $\dfrac{\sqrt{3}}{3}d$,高为 $\dfrac{\sqrt{6}}{3}d$ 时横梁强度最大.

5.3.5　同步练习

一、选择题

1.下列函数中为单调函数的是(　　).

A. $y=\ln(1+x^2)$　　　B. $y=xe^x$　　　C. $y=|x|$　　　D. $y=x+\sin x$

2.函数 $f(x)=2x^3-6x^2-18x+1$ 的极大值是(　　).

A.17　　　B.11　　　C.10　　　D.9

3.设 $f(x)$ 在闭区间 $[-1,1]$ 上连续,在开区间 $(-1,1)$ 内可导,且 $|f'(x)|\leqslant M$,$f(0)=0$,

则必有（　　）.

    A. $|f(x)|\geqslant M$　　　　B. $|f(x)|>M$　　　　C. $|f(x)|\leqslant M$　　　　D. $|f(x)|<M$

4. 已知 $f(x)$ 在 $[a,b]$ 上连续, 在 (a,b) 内可导, 且当 $x\in(a,b)$ 时, 有 $f'(x)>0$, 又已知 $f(a)<0$, 则（　　）.

    A. $f(x)$ 在 $[a,b]$ 上单调增加, 且 $f(b)>0$

    B. $f(x)$ 在 $[a,b]$ 上单调减少, 且 $f(b)<0$

    C. $f(x)$ 在 $[a,b]$ 上单调增加, 且 $f(b)<0$

    D. $f(x)$ 在 $[a,b]$ 上单调增加, 且 $f(b)$ 正负号无法确定

5. 下面结论中正确的是（　　）.

    A. 若 $f'(x_0)=0$, 则 x_0 一定是函数 $f(x)$ 的极值点

    B. 可导函数的极值点必是此函数的驻点

    C. 可导函数的驻点必是此函数的极值点

    D. 若 x_0 是函数 $f(x)$ 的极值点, 则必有 $f'(x_0)=0$

二、填空题

1. 函数 $f(x)=\arctan x-x$ 在其定义域内为单调＿＿＿＿＿＿＿＿＿＿.

2. 函数 $y=x\ln x$ 的单调减区间是＿＿＿＿＿＿＿＿＿＿.

3. 当 $x=\pm1$ 时, 函数 $y=x^3+3px+q$ 有极值, 那么 $p=$＿＿＿＿＿＿＿＿＿＿.

4. 函数 $f(x)=\sin x\cos x$ 在 $(0,\pi)$ 内的极小值是＿＿＿＿＿＿＿＿＿＿.

5. 函数 $f(x)=(x^2-1)^3+1$ 的极小值点是＿＿＿＿＿＿, 极小值是＿＿＿＿＿＿.

三、解答题

1. 求函数 $f(x)=2x^3-9x^2+12x-3$ 的单调区间.

2. 求函数 $f(x)=(x-1)\cdot\sqrt[3]{x^2}$ 的极值.

3. 欲制造一个容积为 V 的圆柱形有盖容器, 请问: 如何设计可使材料最省?

◆ 本章总复习 ◆

一、重点

1. 中值定理及其相关证明

    中值定理是微分学理论的重要组成部分, 一般把罗尔中值定理、拉格朗日中值定理、柯西中值定理和泰勒中值定理统称为微分中值定理. 特别是拉格朗日中值定理, 它建立了函数值和导数之间的定量关系.

    利用中值定理证明中值 ξ 的存在性, 关键在于确定要对什么函数、什么区间, 用什么定理来证明. 一般应分析题目中所给函数 $f(x)$ 的条件, 一般来说, 如果仅有连续性条件, 那么就利用闭区间上连续函数的性质, 而不能用微分中值定理; 如果有可导条件, 则考虑用微分中值定理; 若只有一阶可导的条件, 则大多数条件下应用拉格朗日中值定理或罗尔中值定理; 若有高阶导数的条件, 则考虑多次应用罗尔中值定理或拉格朗日中值定理; 若与两个函数有关, 则用柯西中值定理.

2.用洛必达法则求极限

用洛必达法则可以求解 $\dfrac{0}{0}$ 型或 $\dfrac{\infty}{\infty}$ 型的未定式,但要注意的是求解诸如 $\infty-\infty$、$0\cdot\infty$、1^{∞}、0^{0}、∞^{0} 等类型的极限时,要转化成 $\dfrac{0}{0}$ 型或 $\dfrac{\infty}{\infty}$ 型,并且需化简后再用洛必达法则求解.

3.导数的应用

(1)关于定义域上函数单调性的讨论.首先要求出函数的一阶导数的零点和一阶导数不存在的点及间断点,再用这些特殊点,将定义域划分为若干子区间,根据子区间上一阶导数的符号,确定函数的单调区间,进一步讨论极值点.

(2)关于函数的极值和最值.有两个方面的问题:一是关于极值的判断;二是关于极值和最值的应用题.关键是构造目标函数和定义范围.

二、难点

1.微分中值 ξ 存在性的证明

若要证明一个中值 ξ 的存在性,需要构造一个适当的辅助函数和一个区间;若要证明不相等的两个中值 ξ,η 的存在性,一般情况下,需要找出一个分点 $c\in(a,b)$,然后在区间 $[a,c]$,$[c,b]$ 上分别运用中值定理.

2.方程只有一个实根的证明

方程实根的存在性常利用连续函数的介值定理或罗尔中值定理来证明,而方程实根的唯一性常用反证法或借助函数的单调性来证明.

三、知识图解

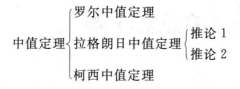

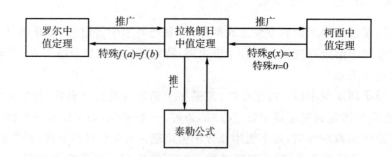

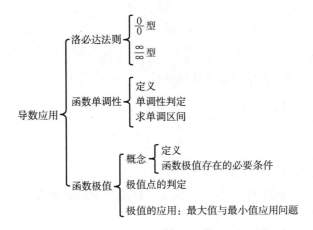

四、自测题

自测题 A（基础型）

一、选择题（每题 3 分，共 24 分）

1. 下列函数在给定区间上满足罗尔中值定理的是（　　）.

　A. $y=|x|,[-1,1]$　　　　　　　　B. $y=\dfrac{1}{x},[-1,1]$

　C. $y=(x-4)^2,[-2,4]$　　　　　　D. $y=\sin x,[0,\pi]$

2. $\lim\limits_{x\to 0}\dfrac{e^x-e^{-x}}{x}=$（　　）.

　A. 2　　　　　　　B. 1　　　　　　　C. 0　　　　　　　D. -1

3. 函数 $f(x)=\dfrac{1}{x}$ 满足拉格朗日中值定理条件的区间是（　　）.

　A. $[-2,2]$　　　　B. $[-2,0]$　　　　C. $[1,2]$　　　　D. $[0,1]$

4. 下列各式运用洛必达法则正确的是（　　）.

　A. $\lim\limits_{n\to\infty}\sqrt[n]{n}=e^{\lim\limits_{n\to\infty}\frac{\ln n}{n}}=e^{\lim\limits_{n\to\infty}\frac{1}{n}}=1$

　B. $\lim\limits_{x\to\infty}\dfrac{x+\sin x}{x-\sin x}=\lim\limits_{x\to\infty}\dfrac{1+\cos x}{1-\cos x}$ 不存在

　C. $\lim\limits_{x\to 0}\dfrac{x^2\sin\frac{1}{x}}{\sin x}=\lim\limits_{x\to 0}\dfrac{2x\sin\frac{1}{x}-\cos\frac{1}{x}}{\cos x}$ 不存在

　D. $\lim\limits_{x\to 0}\dfrac{x}{e^x}=\lim\limits_{x\to 0}\dfrac{1}{e^x}=1$

5. $\lim\limits_{x\to 1}\dfrac{x^2-3x+2}{x^2-1}$ 的值是（　　）.

　A. $-\dfrac{3}{2}$　　　　　　B. -1　　　　　　C. $\dfrac{1}{2}$　　　　　　D. $-\dfrac{1}{2}$

6. $\lim\limits_{x\to 0}\dfrac{\ln(1+x)}{x^2}$ 的值是（　　）.

　A. 1　　　　　　　B. 2　　　　　　　C. $\dfrac{1}{2}$　　　　　　D. ∞

7. $\lim\limits_{x \to 0} \dfrac{\cos 2x - 1}{e^{2x} - 1} = ($ $)$.

A. 1   B. -1 C. 0   D. 不确定

8. 函数 $y = x^3 - x^2 - x$ 的单调减少区间是(   ).

A. $\left(-\infty, -\dfrac{1}{3}\right]$ 和 $[1, +\infty)$ B. $[1, +\infty)$

C. $\left(-\infty, -\dfrac{1}{3}\right]$ D. $\left[-\dfrac{1}{3}, 1\right]$

二、填空题(每题 3 分,共 24 分)

1. $f(x) = x^2 + x - 1$ 在区间 $[-1, 2]$ 上满足拉格朗日中值定理的中值 $\xi = $ _____.

2. $\lim\limits_{x \to \infty} \dfrac{2x^2 - 4x + 3}{4x^2 - x - 1} = $ _____.

3. $\lim\limits_{x \to 0} \dfrac{e^x - \cos x}{\sin 2x} = $ _____.

4. $\lim\limits_{x \to 0} \left(\dfrac{1}{x^2} - \dfrac{1}{x \tan x}\right) = $ _____.

5. $\lim\limits_{x \to +\infty} \dfrac{x}{e^{x^3}} = $ _____.

6. $\lim\limits_{x \to 0} \dfrac{\ln \sin 2x}{\ln \tan 3x} = $ _____.

7. $\lim\limits_{x \to 1} x^{\frac{1}{1-x}} = $ _____.

8. 函数 $f(x) = 3x^4 - 4x^3$ 的极值点是_____,极小值是_____.

三、解答题(第 1 题 7 分,其余每题 9 分,共 52 分)

1. 用洛必达法则求极限 $\lim\limits_{x \to 0} \dfrac{1 - \cos x}{5x}$.

2. 用洛必达法则求极限 $\lim\limits_{x \to 1} \left(\dfrac{2}{x^2 - 1} - \dfrac{1}{x - 1}\right)$.

3. 用洛必达法则求极限 $\lim\limits_{x \to 0^+} \left(\dfrac{1}{x}\right)^{\tan x}$.

4. 求函数 $f(x) = x^3 + 2x$ 在区间 $[1, 2]$ 内,满足拉格朗日中值定理的 ξ 值.

5. 求二次函数 $y = 6x^2 - x - 2$ 的极值.

6. 设 $0 < a < b$,证明: $\ln \dfrac{b}{a} > \dfrac{2(b-a)}{a+b}$.

自测题 B(提高型)

一、选择题(每题 3 分,共 24 分)

1. $\lim\limits_{x \to 0} \dfrac{\ln \sin 3x}{\ln \sin 5x} = ($ $)$.

A. 0   B. $\dfrac{3}{5}$ C. $\dfrac{5}{3}$ D. 1

2. 下列各式中正确运用洛必达法则求极限的是(   ).

A. $\lim\limits_{x \to 0} \dfrac{\sin x}{e^x - 1} = \lim\limits_{x \to 0} \dfrac{\cos x}{e^x} = \lim\limits_{x \to 0} \dfrac{-\sin x}{e^x}$

B. $\lim\limits_{x\to\infty}\dfrac{x+\sin x}{x}=\lim\limits_{x\to\infty}(1+\cos x)$ 不存在

C. $\lim\limits_{x\to0}\dfrac{1}{x}\left(\dfrac{1}{x}-\cot x\right)=\lim\limits_{x\to0}\dfrac{\sin x-x\cos x}{x^2\sin x}=\lim\limits_{x\to0}\dfrac{\sin x-x\cos x}{x^3}=\lim\limits_{x\to0}\dfrac{x\sin x}{3x^2}=\dfrac{1}{3}$

D. $\lim\limits_{x\to0}\dfrac{x}{\mathrm{e}^x}=\lim\limits_{x\to0}\dfrac{1}{\mathrm{e}^x}=1$

3. 设 $f(x)$ 在 $[a,b]$ 上连续,在 (a,b) 内可导,$a<x_1<x_2<b$,则下式中不一定成立的是(　　).

A. $f(b)-f(a)=f'(\xi)(b-a),\xi\in(a,b)$

B. $f(b)-f(a)=f'(\xi)(b-a),\xi\in(x_1,x_2)$

C. $f(x_2)-f(x_1)=f'(\xi)(x_2-x_1),\xi\in(a,b)$

D. $f(x_2)-f(x_1)=f'(\xi)(x_2-x_1),\xi\in(x_1,x_2)$

4. 求极限 $\lim\limits_{x\to0}\dfrac{x^2\sin\dfrac{1}{x}}{\sin x}$ 时,下列各种解法正确的是(　　).

A. 用洛必达法则后,求得极限为 0

B. 因为 $\lim\limits_{x\to0}\dfrac{1}{x}$ 不存在,所以上述极限不存在

C. 原式 $=\lim\limits_{x\to0}x\sin\dfrac{1}{x}=0$

D. 因为不能用洛必达法则,故极限不存在

5. $\lim\limits_{x\to\frac{\pi}{2}}\dfrac{\cos 5x}{\cos 3x}=($　　$)$.

A. $-\dfrac{3}{5}$ 　　　　　B. $\dfrac{3}{2}$ 　　　　　C. $\dfrac{5}{3}$ 　　　　　D. $-\dfrac{5}{3}$

6. $\lim\limits_{x\to0}\dfrac{\mathrm{e}^{2x}-\cos x}{\tan(\arcsin x)}=($　　$)$.

A. 2 　　　　　　　B. $\dfrac{1}{3}$ 　　　　　C. $\dfrac{1}{2}$ 　　　　　　D. -1

7. 已知函数 $f(x)=\begin{cases}2-\ln x, & \dfrac{1}{\mathrm{e}}\leqslant x\leqslant1 \\[2mm] \dfrac{1}{x}+1, & 1<x\leqslant3\end{cases}$,它在 $\left(\dfrac{1}{\mathrm{e}},3\right)$ 内(　　).

A. 不满足拉格朗日中值定理的条件

B. 满足拉格朗日中值定理的条件,且 $\xi=\sqrt{\dfrac{9\mathrm{e}-3}{5\mathrm{e}}}$

C. 满足中值定理条件,但无法求出 ξ 的表达式

D. 不满足中值定理条件,但有 $\xi=\sqrt{\dfrac{9\mathrm{e}-3}{5\mathrm{e}}}$ 满足中值定理结论

8. 函数 $f(x)=x^2\mathrm{e}^{-x}$ 的极小值点是(　　).

A. $x=0$ 　　　　B. $x=1$ 　　　　C. $x=2$ 　　　　D. $x=3$

二、填空题(每题 3 分,共 24 分)

1. $\lim\limits_{x\to 0}\dfrac{e^x-e^{-x}-2x}{x-\sin x}=$ _____.

2. $\lim\limits_{x\to 0}(\cos x)^{\frac{1}{x^2}}=$ _____.

3. $\lim\limits_{x\to +\infty}\dfrac{\ln\left(1+\dfrac{1}{x}\right)}{\arctan\dfrac{1}{x}}=$ _____.

4. 当 $x\to \infty$ 时,有 $f(x)\to +\infty$ 和 $g(x)\to +\infty$ 且 $\lim\limits_{x\to +\infty}\dfrac{f'(x)}{g'(x)}=l$ $(0<l<+\infty)$,

则 $\lim\limits_{x\to +\infty}\dfrac{\ln f(x)}{\ln g(x)}=$ _____.

5. 函数 $f(x)=\arctan x$ 在 $[0,1]$ 上使拉格朗日中值定理结论成立的 ξ 是 _____.

6. 函数 $f(x)=x^3-x^2-2x,g(x)=2x+1$ 在区间 $(0,1)$ 内满足柯西中值定理的点是 $\xi=$ _____.

7. 函数 $y=x\ln x$ 的单调增区间是 _____.

8. 当 $x=\pm 1$ 时,函数 $y=x^3+3px+q$ 有极值,那么 $p=$ _____.

三、解答题(第 1 题 7 分,其余每题 9 分,共 52 分)

1. 验证拉格朗日中值定理对函数 $f(x)=\dfrac{1}{x}$ 在区间 $[1,2]$ 上的正确性.

2. 用洛必达法则求极限 $\lim\limits_{x\to 0}\dfrac{e^x-e^{\sin x}}{x-\sin x}$.

3. 用洛必达法则求极限 $\lim\limits_{x\to +\infty}x[\ln(x+2)-\ln x]$.

4. 用洛必达法则求极限 $\lim\limits_{x\to 0}(\cos x)^{\frac{1}{\sin x}}$.

5. 求函数 $f(x)=(2x-1)\cdot\sqrt[3]{x^2}$ 的极值点和极值.

6. 将边长为 a 的铁丝切成两段,一段围成正方形,另一段围成圆形,问:这两段铁丝各长为多少时,正方形与圆形的面积之和最小?

◆ 参考答案与提示 ◆

5.1.5 同步练习

一、BCCAD

二、1. 0;2. $\dfrac{1}{\ln 2}-1$;3. $\dfrac{2}{3}$;4. 3;5. $\dfrac{b+a}{2}$.

三、1. $\xi=e-1\in(1,e)$. 提示:参考 5.1.4 典型例题分析题型 1【例 5-1-1】和【例 5-1-2】.

2. $f'(x)=0$ 有三个实根,分别为 $\xi_1\in(2,3)$、$\xi_2\in(3,4)$、$\xi_3\in(4,5)$. 提示:$f(x)$ 在 $[2,3]$、$[3,4]$、$[4,5]$ 上分别用罗尔中值定理.

3. 构造辅助函数 $F(x)=xf(x)$. 因为函数 $F(x)=xf(x)$ 为初等函数,$f(x)$ 在闭区间

$[0,a]$ 上连续,所以 $F(x)$ 在区间 $[0,a]$ 上连续;又因为 $f(x)$ 在开区间 $(0,a)$ 内可导,所以 $F(x)$ 在 $(0,a)$ 内可导,且 $F(0)=F(a)=0$,因此函数 $F(x)$ 在区间 $[0,a]$ 上满足罗尔中值定理的条件,故至少存在一点 $\xi\in(0,a)$,使得 $f'(\xi)=f(\xi)+\xi f'(\xi)=0$. 因此,有 $f(\xi)+\xi f'(\xi)=0$,结论得证.

5.2.5　同步练习

一、BAACC

二、1. $\dfrac{1}{5}$; 2. 4; 3. $\dfrac{1}{3}$; 4. 1; 5. $\dfrac{1}{2}$.

三、1. $\dfrac{1}{2}$. 提示:直接用洛必达法则.

2. $\dfrac{1}{2}$. 提示:通分后用洛必达法则.

3. 6. 提示:令 $x^{3x-2}=e^{(3x-2)\ln x}$,然后用洛必达法则.

4. $a=10$. 提示:先用洛必达法则求极限 $\lim\limits_{x\to 0}f(x)$,然后用连续函数的定义.

5.3.5　同步练习

一、DBCDB

二、1. 减小; 2. $(0,e^{-1})$; 3. -1; 4. $-\dfrac{1}{2}$; 5. $x=0,0$.

三、1. 单调增加区间为 $(-\infty,1]$ 和 $[2,+\infty)$,单调减少区间为 $[1,2]$. 提示:参考 5.3.4 节典型例题分析题型 1【例 5-3-1】.

2. 在 $x=0$ 处取得极大值为 $f(0)=0$,在 $x=\dfrac{2}{5}$ 处取得极小值为 $f\left(\dfrac{2}{5}\right)=-\dfrac{3}{5}\sqrt[3]{\dfrac{4}{25}}$. 提示:参考 5.3.4 典型例题分析题型 3【例 5-3-3】.

3. 设圆柱形容器的底为 r,高为 h,则表面积 $S=2\pi rh+2\pi r^2$,又 $V=\pi r^2 h$,由题意得,$S(r)=\dfrac{2V}{r}+2\pi r^2$,$0<r<+\infty$,令 $S'(r)=-\dfrac{2V}{r^2}+4\pi r=0$,得唯一的驻点 $r=\sqrt[3]{\dfrac{V}{2\pi}}$,$r=\sqrt[3]{\dfrac{V}{2\pi}}$ 为 $S(r)$ 的极小值点,也是最小值点.

自测题 A

一、DACAD　DCD

二、1. $\dfrac{1}{2}$; 2. $\dfrac{1}{2}$; 3. $\dfrac{1}{2}$; 4. $\dfrac{1}{3}$; 5. 0; 6. 1; 7. e^{-1}; 8. $x=1$,极小值 -1.

四、1. $\lim\limits_{x\to 0}\dfrac{1-\cos x}{5x}=\lim\limits_{x\to 0}\dfrac{(1-\cos x)'}{(5x)'}=\lim\limits_{x\to 0}\dfrac{\sin x}{5}=0$.

2. $\lim\limits_{x\to 1}\left(\dfrac{x}{x-1}-\dfrac{1}{\ln x}\right)=\lim\limits_{x\to 1}\dfrac{x\ln x-x+1}{(x-1)\ln x}=\lim\limits_{x\to 1}\dfrac{\ln x}{\ln x+\dfrac{x-1}{x}}=\lim\limits_{x\to 1}\dfrac{\dfrac{1}{x}}{\dfrac{1}{x}+\dfrac{1}{x^2}}=\dfrac{1}{2}$.

3. $\lim\limits_{x\to 0^+}\left(\dfrac{1}{x}\right)^{\tan x}=e^{\lim\limits_{x\to 0^+}\frac{-\ln x}{\cot x}}$，$\lim\limits_{x\to 0^+}\dfrac{-\ln x}{\cot x}=\lim\limits_{x\to 0^+}\dfrac{-\dfrac{1}{x}}{-\csc^2 x}=\lim\limits_{x\to 0^+}\dfrac{\sin^2 x}{x}=\lim\limits_{x\to 0^+}x=0$.

$\lim\limits_{x\to 0^+}\left(\dfrac{1}{x}\right)^{\tan x}=e^0=1$.

4. 因为 $f(x)=x^3+2x$ 在 $[1,2]$ 上连续，在 $(1,2)$ 内可导，由拉格朗日定理知，存在 $\xi\in(1,2)$，使得 $f'(\xi)=\dfrac{f(2)-f(1)}{2-1}$，解得 $\xi=\dfrac{\sqrt{21}}{3}$.

5. $y'=12x-1$，令 $y'=0$，得 $x=\dfrac{1}{12}$，$x=\dfrac{1}{12}$ 取得极小值，极小值 $f\left(\dfrac{1}{12}\right)=-\dfrac{49}{24}$.

6. 所证不等式等价于 $\ln\dfrac{b}{a}>\dfrac{2\left(\dfrac{b}{a}-1\right)}{1+\dfrac{b}{a}}$，所以可以考虑证明 $\ln x>\dfrac{2(x-1)}{1+x}$.

令 $f(x)=(1+x)\ln x-2(x-1)$，$x\geq 1$，则 $f'(x)=\dfrac{1}{x}+\ln x-1$，$f''(x)=\dfrac{x-1}{x^2}$.

当 $x>1$ 时，$f''(x)>0$，所以 $f'(x)>0$ 单调增加，于是 $f'(x)>f'(1)=0$，由此可知，$f(x)$ 在 $[1,+\infty)$ 内单调增加，所以有 $f(x)>f(1)=0$.

取 $x=\dfrac{b}{a}>1$，则 $f\left(\dfrac{b}{a}\right)>0$，即 $f\left(\dfrac{b}{a}\right)=\left(1+\dfrac{b}{a}\right)\ln\dfrac{b}{a}-2\left(\dfrac{b}{a}-1\right)>0$，整理得 $\ln\dfrac{b}{a}>\dfrac{2(b-a)}{a+b}$.

自测题 B

一、DCCCD　ABA

二、1. 2；2. $e^{-\frac{1}{2}}$；3. 1；4. 1；5. $\sqrt{\dfrac{4}{\pi}-1}$；6. $\dfrac{2}{3}$；7. $(e^{-1},+\infty)$；8. -1.

三、1. $\xi=\sqrt{2}$. 提示：参考 5.1.4 典型例题分析题型 1【例 5-1-1】和【例 5-1-2】.

2. $\lim\limits_{x\to 0}\dfrac{e^x-e^{\sin x}}{x-\sin x}=\lim\limits_{x\to 0}\dfrac{e^x-e^{\sin x}\cos x}{1-\cos x}=\lim\limits_{x\to 0}\dfrac{e^x-(e^{\sin x}\cos x\cos x-e^{\sin x}\sin x)}{\sin x}$

$=\lim\limits_{x\to 0}\dfrac{e^x-(e^{\sin x}\cos^3 x-2e^{\sin x}\cos x\sin x-e^{\sin x}\cos x\sin x-e^{\sin x}\cos x)}{\cos x}=1$.

3. $\lim\limits_{x\to+\infty}x[\ln(x+2)-\ln x]=\lim\limits_{x\to+\infty}\dfrac{\ln(x+2)-\ln x}{x^{-1}}=\lim\limits_{x\to+\infty}\dfrac{(x+2)^{-1}-x^{-1}}{-x^{-2}}$

$=\lim\limits_{x\to+\infty}\dfrac{2x}{x+2}=2$.

4. $(\cos x)^{\frac{1}{\sin x}}=e^{\frac{1}{\sin x}\ln\cos x}=e^{\frac{\ln\cos x}{\sin x}}$.

$\lim\limits_{x\to 0^+}\dfrac{\ln\cos x}{\sin x}=\lim\limits_{x\to 0^+}\dfrac{-\dfrac{1}{\cos x}\sin x}{\cos x}=\lim\limits_{x\to 0^+}\dfrac{-\sin x}{\cos^2 x}=0$，$\lim\limits_{x\to 0}(\cos x)^{\frac{1}{\sin x}}=e^0=1$.

5. 在 $x=0$ 处取得极大值为 $f(0)=0$，在 $x=\dfrac{1}{3}$ 处取得极小值为 $f\left(\dfrac{1}{3}\right)=-\dfrac{\sqrt[3]{3}}{9}$. 提示：参考

5.3.4 典型例题分析题型 3【例 5-3-3】.

6. 设圆形的周长为 x，则正方形的周长为 $a-x$，两图形的面积之和为

$$S=\left(\frac{a-x}{4}\right)^2+\pi\left(\frac{x}{2\pi}\right)^2=\frac{4+\pi}{16\pi}x^2-\frac{ax}{8}+\frac{a^2}{16}$$

且 $S'=\frac{4+\pi}{8\pi}x-\frac{a}{8}$，令 $S'=0$，得驻点 $x=\frac{\pi a}{4+\pi}$．又 $S''=\frac{4+\pi}{8\pi}>0$，因为 S 一定有最小值，且

它必在区间 $(0,+\infty)$ 的内部取得，而 S 在 $(0,+\infty)$ 内仅有一个驻点 $x=\frac{\pi a}{4+\pi}$，所以该驻点即为

最小值点．

故当圆的周长为 $x=\frac{\pi a}{4+\pi}$，正方形的周长为 $a-x=\frac{4a}{4+\pi}$ 时，两图像的面积之和最小．

第 6 章

不定积分

◆◆ **6.1 不定积分** ◆◆

6.1.1 基本要求

1. 理解和掌握原函数和不定积分的概念.

2. 掌握不定积分的性质,熟记不定积分基本公式,并熟练运用直接积分法.

6.1.2 知识要点

1. 原函数与不定积分的相关知识点如表 6.1.1 所示.

表 6.1.1 原函数与不定积分的相关知识点

原函数	设函数 $f(x)$ 在区间 I 上有定义,若存在可导函数 $F(x)$,对区间 I 上每一点 x 都满足 $F'(x)=f(x)$ 或 $\mathrm{d}F(x)=f(x)\mathrm{d}x$,则称 $F(x)$ 是 $f(x)$ 在区间 I 上的一个原函数,或简称 $F(x)$ 是 $f(x)$ 的一个原函数	
	原函数存在定理(可积的充分条件):若函数 $f(x)$ 在区间 I 上连续,则原函数一定存在	
不定积分	函数 $f(x)$ 的所有原函数,称为 $f(x)$ 的不定积分,记为 $\int f(x)\mathrm{d}x$	
不定积分的性质	$\int\left[f(x)\pm g(x)\right]\mathrm{d}x = \int f(x)\mathrm{d}x \pm \int g(x)\mathrm{d}x$	
	$\int af(x)\mathrm{d}x = a\int f(x)\mathrm{d}x$ (常数 $a\neq 0$)	
	$\left(\int f(x)\mathrm{d}x\right)' = f(x)$ 或 $\mathrm{d}\int f(x)\mathrm{d}x = f(x)\mathrm{d}x$	在相差常数的情况下不定积分与求导(或微分)互为逆运算
	$\int F'(x)\mathrm{d}x = F(x)+C$ 或 $\int \mathrm{d}F(x) = F(x)+C$	

2. 基本积分公式表如表 6.1.2 所示.

表 6.1.2 基本积分公式表

$\int 0\mathrm{d}x = C, \int \mathrm{d}x = x+C, \int a\mathrm{d}x = ax+C$($a$ 为常数)	$\int x^a\mathrm{d}x = \dfrac{1}{a+1}x^{a+1}+C$ $(a\neq-1)$
$\int \dfrac{1}{x}\mathrm{d}x = \ln|x|+C$	$\int a^x\mathrm{d}x = \dfrac{a^x}{\ln a}+C$ $(a>0,$ 且 $a\neq 1)$
$\int \mathrm{e}^x\mathrm{d}x = \mathrm{e}^x+C$	$\int \sin x\mathrm{d}x = -\cos x+C$
$\int \cos x\mathrm{d}x = \sin x+C$	$\int \dfrac{1}{\sin^2 x}\mathrm{d}x = \int \csc^2 x\mathrm{d}x = -\cot x+C$
$\int \dfrac{1}{\cos^2 x}\mathrm{d}x = \int \sec^2 x\mathrm{d}x = \tan x+C$	$\int \dfrac{1}{\sqrt{1-x^2}}\mathrm{d}x = \arcsin x+C$

续表

$\displaystyle\int \frac{1}{1+x^2}\mathrm{d}x = \arctan x + C$	$\displaystyle\int \sec x\tan x\mathrm{d}x = \sec x + C$
$\displaystyle\int \csc x\cot x\mathrm{d}x = -\csc x + C$	

注：基本积分公式表中给出的公式是计算不定积分的基础,必须熟记.在熟记了基本初等函数的导数公式的基础上去记忆这些公式并不困难.

6.1.3 答疑解惑

1. 原函数和不定积分是同一个概念吗?

答：原函数和不定积分是两个不同的概念,后者是一个集合,前者是该集合中的一个元素.**不定积分是原函数的全体**.因此$\int f(x)\mathrm{d}x = F(x)+C$中的常数$C$不能丢.**求不定积分实际上就是求原函数**,它是计算定积分的基础.

2. 一切初等函数都有原函数吗?

答：不一定.初等函数在其定义区间上连续,故初等函数在其定义区间上必有原函数,但在定义域内不一定存在原函数.

3. 求$f(x)$的不定积分时,其结果的表达式是否唯一?

答：不唯一.其原因在于原函数不唯一.因为若函数$f(x)$存在原函数,则它必有无穷多个原函数.若$F(x)$、$G(x)$均是$f(x)$的原函数,则

$$\int f(x)\mathrm{d}x = F(x)+C,\text{同时}\int f(x)\mathrm{d}x = G(x)+C$$

但要注意,$f(x)$的任意两个原函数之间至多相差一个常数.

4. 用基本积分公式求积分时,需要注意什么?

答：基本积分公式表是计算不定积分的基础,所有不定积分的计算问题最终都转化为基本积分公式的形式.应用基本积分公式时,须注意"三元统一"原则.

如由公式$\int \cos x\mathrm{d}x = \sin x + C$,可推出$\int \cos 2x\mathrm{d}(2x) = \sin 2x + C$,但推不出

$$\int \cos 2x\mathrm{d}x = \sin 2x + C$$

事实上,$\displaystyle\int \cos 2x\mathrm{d}x = \frac{1}{2}\sin 2x + C$(解法见 6.2 节).

6.1.4 典型例题分析

题型 1 利用原函数和不定积分的概念求解问题

【**例 6-1-1**】 若$F'(x) = \dfrac{1}{\sqrt{1-x^2}}$,$F(1) = \dfrac{\pi}{2}$,则$F(x)$为(　　).

A. $\arcsin x$ B. $\arcsin x + C$ C. $\arcsin x + \pi$ D. $\arcsin x + \dfrac{\pi}{2}$

分析：由$F'(x) = \dfrac{1}{\sqrt{1-x^2}}$,对其求不定积分即可求得$F(x)$,此$F(x)$带有常数$C$.又知

$F(1) = \dfrac{\pi}{2}$,由此条件,常数 C 可确定.

解 由题意,知 $F(x) = \displaystyle\int F'(x)\mathrm{d}x = \int \dfrac{1}{\sqrt{1-x^2}}\mathrm{d}x = \arcsin x + C$,

又因 $F(1) = \dfrac{\pi}{2}$,则 $\arcsin 1 + C = \dfrac{\pi}{2}$,故 $C = 0$,从而 $F(x) = \arcsin x$. 故选 A.

【例 6-1-2】 下列等式中正确的是(   ).

A. $\displaystyle\int f'(x)\mathrm{d}x = f(x)$ B. $\displaystyle\int \mathrm{d}f(x) = f(x)$

C. $\dfrac{\mathrm{d}}{\mathrm{d}x}\displaystyle\int f(x)\mathrm{d}x = f(x)$ D. $\mathrm{d}\displaystyle\int f(x)\mathrm{d}x = f(x)$

分析:该例讨论的是原函数、不定积分、导数、微分的关系. 由不定积分的定义可判断.

解 选项 A、B 求的是不定积分,没有常数 C 一定是错的,故排除;选项 D 求的是微分,微分表达式中没有 $\mathrm{d}x$ 也是错的,故也排除;选项 C 求的是不定积分的导数,假设 $\displaystyle\int f(x)\mathrm{d}x = F(x) + C$,

则 $\dfrac{\mathrm{d}}{\mathrm{d}x}\displaystyle\int f(x)\mathrm{d}x = \left[F(x) + C \right]'_x = F'(x) + C' = f(x)$,故选 C.

【例 6-1-3】 若 $f(x)$ 的导函数为 $\sin x$,则 $f(x)$ 的一个原函数为(   ).

A. $1 + \sin x$ B. $1 - \sin x$ C. $1 + \cos x$ D. $1 - \cos x$

分析:由原函数定义可知,$f(x)$ 是 $\sin x$ 的原函数,故先对 $\sin x$ 求不定积分得到 $f(x)$,再对 $f(x)$ 求不定积分即可得它的原函数,比较所给选项,可得正确答案.

解 因为 $f'(x) = \sin x$,

所以 $f(x) = \displaystyle\int \sin x\mathrm{d}x = -\cos x + C_1$,

而 $\displaystyle\int f(x)\mathrm{d}x = \int (-\cos x + C_1)\mathrm{d}x = -\sin x + C_1 x + C_2$

取 $C_1 = 0, C_2 = 1$,得 $f(x)$ 的一个原函数为 $1 - \sin x$,故选 B.

【例 6-1-4】 设 $f'(\ln x) = 1 + x$,求 $f(x)$.

分析:解题的关键在于由 $f'(\ln x) = 1 + x$ 写出 $f'(x)$ 的表达式,然后由不定积分定义即可求出.

解 令 $\ln x = t$,则 $x = \mathrm{e}^t$,代入等式 $f'(\ln x) = 1 + x$,得 $f'(t) = 1 + \mathrm{e}^t$,因此 $f'(x) = 1 + \mathrm{e}^x$.

故 $f(x) = \displaystyle\int f'(x)\mathrm{d}x = \int (1 + \mathrm{e}^x)\mathrm{d}x = x + \mathrm{e}^x + C$

题型 2 利用直接积分法求积分

【例 6-1-5】 (1) $\displaystyle\int \left(1 - \dfrac{1}{x^2} \right) \sqrt{x\sqrt{x}}\,\mathrm{d}x$; (2) $\displaystyle\int \dfrac{(2-x)^2}{x\sqrt{x}}\mathrm{d}x$;

(3) $\displaystyle\int \sec^2 x \csc^2 x\mathrm{d}x$; (4) $\displaystyle\int \dfrac{1}{x^2(1+x^2)}\mathrm{d}x$.

分析:先把被积函数进行恒等变形,然后利用不定积分的性质,即可把所求的不定积分化为基本积分公式中的积分.

解 (1) $\displaystyle\int \left(1 - \dfrac{1}{x^2} \right) \sqrt{x\sqrt{x}}\,\mathrm{d}x = \int \left(x^{\frac{3}{4}} - x^{-\frac{5}{4}} \right)\mathrm{d}x = \dfrac{4}{7}x^{\frac{7}{4}} + 4x^{-\frac{1}{4}} + C$.

(2) $\displaystyle\int \frac{(2-x)^2}{x\sqrt{x}}\mathrm{d}x = \int \frac{4-4x+x^2}{x\sqrt{x}}\mathrm{d}x = \int (4-4x+x^2)\cdot x^{-\frac{3}{2}}\mathrm{d}x$

$$= 4\int x^{-\frac{3}{2}}\mathrm{d}x - 4\int x^{-\frac{1}{2}}\mathrm{d}x + \int x^{\frac{1}{2}}\mathrm{d}x$$

$$= -8x^{-\frac{1}{2}} - 8x^{\frac{1}{2}} + \frac{2}{3}x^{\frac{3}{2}} + C.$$

(3) $\displaystyle\int \sec^2 x\csc^2 x\mathrm{d}x = \int \frac{\mathrm{d}x}{\sin^2 x\cos^2 x} = \int \frac{\sin^2 x + \cos^2 x}{\sin^2 x\cos^2 x}\mathrm{d}x$

$$= \int \left(\frac{1}{\cos^2 x} + \frac{1}{\sin^2 x}\right)\mathrm{d}x = \tan x - \cot x + C.$$

(4) $\displaystyle\int \frac{1}{x^2(1+x^2)}\mathrm{d}x = \int \frac{1+x^2-x^2}{x^2(1+x^2)}\mathrm{d}x = \int \left(\frac{1}{x^2} - \frac{1}{1+x^2}\right)\mathrm{d}x = -\frac{1}{x} - \arctan x + C.$

【评注】 直接积分法是指直接利用不定积分的定义、基本积分公式和性质或者将被积函数经适当恒等变形后再用公式或性质求积分的方法. 这是计算不定积分的一种基本方法.

题型 3 求积分曲线

【例 6-1-6】 一曲线通过点 $(e^2,1)$ 且在任一点处的切线斜线等于该点横坐标的倒数, 求该积分曲线.

分析: 函数的原函数图形即为此函数的积分曲线.

解 设曲线的方程为 $y=f(x)$, 由题意知 $y'=f'(x)=\dfrac{1}{x}$, 从而有

$$y = \int \frac{1}{x}\mathrm{d}x = \ln|x| + C$$

曲线过点 $(e^2,1)$, 则有 $1=\ln e^2 + C = 2 + C$, 解得 $C=-1$.

因此该曲线方程为 $y=\ln|x|-1$.

6.1.5 同步练习

一、选择题

1. 若 $F(x)$ 是 $f(x)$ 的一个原函数, 则下列等式中正确的是 (　　).

A. $\displaystyle\int \mathrm{d}F(x) = f(x) + C$　　　　　　B. $\displaystyle\int F'(x)\mathrm{d}x = f(x) + C$

C. $\dfrac{\mathrm{d}}{\mathrm{d}x}\displaystyle\int F(x)\mathrm{d}x = f(x) + C$　　　　D. $\displaystyle\int f(x)\mathrm{d}x = F(x) + C$

2. 若 $\displaystyle\int f(x)\mathrm{d}x = e^x\cos 2x + C$, 则 $f(x) = $ (　　).

A. $e^x\cos 2x$　　　　　　　　　　B. $-2e^x\sin 2x$

C. $e^x(\cos 2x - 2\sin 2x) + C$　　　D. $e^x(\cos 2x - 2\sin 2x)$

3. 若 $f(x)$ 的导函数为 $\cos x$, 则 $f(x)$ 的一个原函数是 (　　).

A. $1+\sin x$　　　　B. $1-\sin x$　　　　C. $1-\cos x$　　　　D. $1+\cos x$

4. 若 $f(x)$ 的一个原函数为 $2\arctan x$, 则 $\displaystyle\int f'(x)\mathrm{d}x$ (　　).

A. $\dfrac{2}{1+x^2}$　　　　B. $\dfrac{2}{1+x^2} + C$　　　　C. $2\arctan x$　　　　D. $2\arctan x + C$

5. 设在 (a,b) 内, $f'(x)=g'(x)$, 则下列各式中一定成立的是 (　　).

A. $\int f'(x)\mathrm{d}x = \int g'(x)\mathrm{d}x$　　　　B. $\left(\int f(x)\mathrm{d}x\right)' = \left(\int g(x)\mathrm{d}x\right)'$

C. $f(x) = g(x)$　　　　　　　　D. $f(x) = g(x) + 1$

二、填空题

1. 设 $f(x)$ 是连续函数,则 $\dfrac{\mathrm{d}}{\mathrm{d}x}\int f(x)\mathrm{d}x = $ _____ ; $\int \mathrm{d}f(x) = $ _____ ;

$\mathrm{d}\int f(x)\mathrm{d}x = $ _____ ; $\int f'(x)\mathrm{d}x = $ _____ .

2. 若 $f'(x^2) = \dfrac{1}{x}\,(x > 0)$,则 $f(x) = $ _____ .

3. 过点 $(2,5)$,且在任意一点处切线斜率为 $2x$ 的曲线方程为 _____ .

4. 若 $F'(x) = \dfrac{1}{1+x^2}$,且 $F(0) = \dfrac{\pi}{2}$,则 $F(x) = $ _____ .

5. 设 $f(x) = \displaystyle\int \dfrac{x}{\sqrt{1+x^2}}\mathrm{d}x$,则 $f'(0) = $ _____ .

三、解答题

1. 求 $\displaystyle\int \dfrac{2 \cdot 3^x - 3 \cdot 2^x}{3^x}\mathrm{d}x$.

2. 求 $\displaystyle\int \dfrac{\cos 2x}{\sin^2 x \cos^2 x}\mathrm{d}x$.

3. 证明函数 $\arcsin(2x-1)$ 和 $\arccos(1-2x)$ 都是 $\dfrac{1}{\sqrt{x-x^2}}$ 的原函数.

4. 设 $f(x) \neq 0$,且有连续的二阶导数,求 $\displaystyle\int \left\{ \dfrac{f''(x)}{f(x)} - \dfrac{[f'(x)]^2}{[f(x)]^2} \right\}\mathrm{d}x$.

◆ 6.2　换元积分法 ◆

6.2.1　基本要求

1. 熟练掌握不定积分的第一换元积分法.
2. 掌握不定积分的第二换元积分法.

6.2.2　知识要点

换元积分法如表 6.2.1 所示.

表 6.2.1　换元积分法

第一换元积分法 （凑微分法）	若 $f(x) = g[\varphi(x)]\varphi'(x)$,且 $\int g(u)\mathrm{d}u = F(u) + C$, 则 $\int f(x)\mathrm{d}x = \int g[\varphi(x)]\varphi'(x)\mathrm{d}x = \int g[\varphi(x)]\mathrm{d}[\varphi(x)]$ $\xrightarrow{\varphi(x)=u} \int g(u)\mathrm{d}u = F(u) + C \xrightarrow{u=\varphi(x)} F[\varphi(x)] + C$

第二换元积分法	设 $x=\varphi(t)$ 是单调可导函数,且 $\varphi'(t)\neq 0$,$\int f[\varphi(t)]\cdot\varphi'(t)dt$ 具有原函数 $F(t)$,则有换元公式: $$\int f(x)dx \xrightarrow{x=\varphi(t)} \int f[\varphi(t)]\cdot\varphi'(t)dt = F(t)+C \xrightarrow{t=\varphi^{-1}(x)} F[\varphi^{-1}(x)]+C,$$ 其中 $t=\varphi^{-1}(x)$ 是 $x=\varphi(t)$ 的反函数

注:换元积分法是把复合函数的求导法则或微分法则(微分形式的不变性)反过来用于求不定积分而得到的一种积分方法.它是把某些不定积分通过适当的变量代换化为公式中所列的积分形式,进而求出它们的结果.一般而言,换元积分法分成以上两类.

6.2.3 答疑解惑

1.在使用第一换元积分法求不定积分时,凑微分的目的是什么?

答:凑微分的目的是满足"三元统一"原则,从而可以应用基本积分公式求解,即通过凑微分

$$\int g[\varphi(x)]\cdot\varphi'(x)dx = \int g[\varphi(x)]d\varphi(x)$$

使积分变量(第二元)和被积函数的变量全体(第一元)二元统一,从而满足"三元统一"原则.

2.在使用第一换元积分法求不定积分时,常用的"凑微分"形式有哪些?

答:常见的凑微分形式有:

(1) $dx=d(x+b)=\dfrac{1}{a}d(ax+b)$;　　　　(2) $xdx=\dfrac{1}{2}d(x^2)$;

(3) $x^2dx=\dfrac{1}{3}d(x^3)$;　　　　(4) $\dfrac{1}{x}dx=d(\ln x)$;

(5) $e^xdx=d(e^x)$;　　　　(6) $\sin xdx=-d(\cos x)$;

(7) $\cos xdx=d(\sin x)$;　　　　(8) $\dfrac{1}{x^2}dx=-d\left(\dfrac{1}{x}\right)$;

(9) $\dfrac{1}{\sqrt{x}}dx=2d(\sqrt{x})$;　　　　(10) $\dfrac{1}{1+x^2}dx=d(\arctan x)$;

(11) $\dfrac{1}{\sqrt{1-x^2}}dx=d(\arcsin x)$.

3.用第二换元积分法(也称变量替换法)求不定积分的基本思路及关键是什么?需要注意什么?

答:基本思路是:被积函数含有根式的不定积分,通过换元,把根式消去,从而使之变成容易计算的积分.其关键在于如何换元,常见的换元方法有根式代换、三角代换等.

应用第二换元积分法时,应注意:

(1)被积函数要用新的变量表示,同时积分变量也要相应改变.

(2)注意新变量的取值范围(即保证引入函数的单调性).

(3)积分结果要将变量换回原来变量.

6.2.4　典型例题分析

题型 1　用第一换元积分法(即凑微分法)求不定积分

可用第一换元积分法(即凑微分法)的被积函数的特征：$f(x) = g[\varphi(x)] \cdot \varphi'(x)$.

从 $f(x)$ 的表达式可知，被积函数 $f(x)$ 可看作两个因子的乘积：其中一个因子是 $\varphi(x)$ 的函数 $g[\varphi(x)]$，另一个因子是 $\varphi(x)$ 的导数 $\varphi'(x)$(可相差常数因子)，大致分两种情况：

(1) $f(x)$ 具有上述特征，有的 $f(x)$ 显现该形式；有的 $f(x)$ 则是隐含该形式，将被积函数简单变形看作 $g[\varphi(x)] \cdot \varphi'(x)$ 形式，如【例 6-2-1】(1)~(6).

(2) $f(x)$ 不具有上述特征，但经代数或三角函数恒等变形后，便呈现 $g[\varphi(x)] \cdot \varphi'(x)$ 形式，如【例 6-2-1】(7)、(8).

【例 6-2-1】求下列不定积分：

(1) $\displaystyle\int (3 - 2x)^2 \mathrm{d}x$;　　　　　(2) $\displaystyle\int \frac{\cos(\ln x)}{x} \mathrm{d}x$;　　　　　(3) $\displaystyle\int \frac{\mathrm{e}^x}{1 + \mathrm{e}^{2x}} \mathrm{d}x$;

(4) $\displaystyle\int \frac{(1 + \tan x)^{2\,020}}{\cos^2 x} \mathrm{d}x$;　　(5) $\displaystyle\int \frac{1}{x^2} \sin\frac{1}{x} \mathrm{d}x$;　　(6) $\displaystyle\int \frac{\arctan\sqrt{x}}{(1 + x)\sqrt{x}} \mathrm{d}x$;

(7) $\displaystyle\int \cos^2 x \sin^3 x \mathrm{d}x$;　　　(8) $\displaystyle\int \frac{x}{x + \sqrt{x^2 - 1}} \mathrm{d}x$.

分析：设法把被积表达式 $g[\varphi(x)] \cdot \varphi'(x)\mathrm{d}x$ 凑成 $g[\varphi(x)]\mathrm{d}\varphi(x) \xlongequal{u=\varphi(x)} g(u)\mathrm{d}u$ 的形式，而 $g(u)$ 的原函数容易求出.

解　(1) $\displaystyle\int (3 - 2x)^2 \mathrm{d}x = -\frac{1}{2}\int (3 - 2x)^2 \mathrm{d}(3 - 2x)$ ……………………… 凑微分

$$\xlongequal{3-2x=u} -\frac{1}{2}\int u^2 \mathrm{d}u$$ ………………… 换元(熟练后可省略)

$$= -\frac{1}{2} \cdot \frac{1}{3} u^3 + C$$ …………………………… 求积分

$$\xlongequal{u=3-2x} -\frac{1}{6}(3 - 2x)^3 + C$$ ……………… 变量还原

(2) $\displaystyle\int \frac{\cos(\ln x)}{x} \mathrm{d}x = \int \cos(\ln x)\mathrm{d}(\ln x) = \sin(\ln x) + C$.

(3) $\displaystyle\int \frac{\mathrm{e}^x}{1 + \mathrm{e}^{2x}} \mathrm{d}x = \int \frac{\mathrm{d}(\mathrm{e}^x)}{1 + (\mathrm{e}^x)^2} = \arctan \mathrm{e}^x + C$.

(4) $\displaystyle\int \frac{(1 + \tan x)^{2\,020}}{\cos^2 x} \mathrm{d}x = \int (1 + \tan x)^{2\,020} \mathrm{d}(\tan x)$

$$= \int (1 + \tan x)^{2\,020} \mathrm{d}(1 + \tan x) = \frac{1}{2\,021}(1 + \tan x)^{2\,021} + C.$$

(5) $\displaystyle\int \frac{1}{x^2} \sin\frac{1}{x} \mathrm{d}x = -\int \sin\frac{1}{x}\mathrm{d}\left(\frac{1}{x}\right) = \cos\frac{1}{x} + C$.

(6) $\displaystyle\int \frac{\arctan\sqrt{x}}{(1 + x)\sqrt{x}} \mathrm{d}x = 2\int \frac{\arctan\sqrt{x}}{1 + x}\mathrm{d}(\sqrt{x}) = 2\int \frac{\arctan\sqrt{x}}{1 + (\sqrt{x})^2}\mathrm{d}(\sqrt{x})$

$$= 2\int \arctan\sqrt{x}\,\mathrm{d}(\arctan\sqrt{x}) = \arctan^2\sqrt{x} + C.$$

(7) $\displaystyle\int \cos^2 x \sin^3 x \, dx = \int \cos^2 x \sin^2 x \cdot \sin x \, dx = -\int \cos^2 x (1 - \cos^2 x) d(\cos x)$

$\displaystyle\qquad\qquad = \int (\cos^4 x - \cos^2 x) d(\cos x) = \frac{1}{5} \cos^5 x - \frac{1}{3} \cos^3 x + C.$

(8) 分母有理化后,变为

$\displaystyle\int \frac{x}{x + \sqrt{x^2 - 1}} dx = \int \frac{x(x - \sqrt{x^2 - 1})}{(x + \sqrt{x^2 - 1})(x - \sqrt{x^2 - 1})} dx = \int (x^2 - x\sqrt{x^2 - 1}) dx$

$\displaystyle\qquad\qquad = \frac{1}{3} x^3 - \frac{1}{2} \int \sqrt{x^2 - 1} \, d(x^2 - 1) = \frac{1}{3} x^3 - \frac{1}{3} (x^2 - 1)^{\frac{3}{2}} + C.$

【评注】 用凑微分法求不定积分是一种很不错的方法,不过它要求对微分基本公式相当熟悉.

题型 2 用第二换元积分法(变量替换法)求不定积分

【例 6-2-2】 求下列不定积分:

(1) $\displaystyle\int \frac{dx}{\sqrt{1 + e^x}};$ (2) $\displaystyle\int \frac{x^2}{\sqrt{a^2 - x^2}} dx (a > 0).$

分析:被积函数含有根式,一般先设法去掉根式,这是第二换元积分法常用的情形.

解 (1)令 $\sqrt{1 + e^x} = t$,即 $1 + e^x = t^2$ 单调可导,且 $e^x dx = 2t dt$, $dx = \dfrac{1}{e^x} 2t dt = \dfrac{2t}{t^2 - 1} dt$,

故 $\displaystyle\qquad\int \frac{dx}{\sqrt{1 + e^x}} = \int \frac{2t}{t(t^2 - 1)} dt = 2\int \frac{dt}{(t - 1)(t + 1)}$

$\displaystyle\qquad\qquad = \int \left(\frac{1}{t - 1} - \frac{1}{t + 1} \right) dt = \ln|t - 1| - \ln|t + 1| + C$

$\displaystyle\qquad\qquad = \ln\left| \frac{t - 1}{t + 1} \right| + C = \ln\left| \frac{\sqrt{1 + e^x} - 1}{\sqrt{1 + e^x} + 1} \right| + C$

(2)如图 6.2.1 所示,令 $x = a\sin t \left(-\dfrac{\pi}{2} \leqslant t \leqslant \dfrac{\pi}{2} \right)$,则 $\sqrt{a^2 - x^2} = a\cos t$, $dx = a\cos t \, dt$,

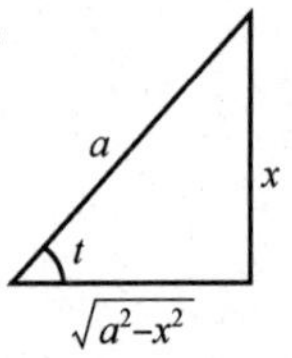

故 $\displaystyle\int \frac{x^2}{\sqrt{a^2 - x^2}} dx = \int \frac{a^2 \sin^2 t}{a\cos t} \cdot a\cos t \, dt = a^2 \int \sin^2 t \, dt$

$\displaystyle\qquad = a^2 \int \frac{1 - \cos 2t}{2} dt = \frac{a^2}{2} \int dt - \frac{a^2}{2} \int \cos 2t \, dt$

图 6.2.1

$\displaystyle\qquad = \frac{a^2}{2} t - \frac{a^2}{4} \sin 2t + C = \frac{a^2}{2} \arcsin \frac{x}{a} - \frac{x}{2} \sqrt{a^2 - x^2} + C$

6.2.5 同步练习

一、选择题

1. 设 $f(x) = \sin x$,则 $\displaystyle\int \frac{f'(\ln x)}{x} dx = ($).

A. $\dfrac{\sin(\ln x)}{x}$ B. $\sin(\ln x) + C$ C. $\dfrac{\sin(\ln x)}{x} + C$ D. $-\sin(\ln x) + C$

2. $\displaystyle\int \left(\frac{1}{\sin^2 x} + 2 \right) d(\sin x) = ($).

A. $\sin x + 2x + C$　　　　　　B. $-\dfrac{1}{\sin x} + 2\sin x + C$

C. $-\dfrac{1}{\sin x} + 2x + C$　　　　D. $\dfrac{1}{\sin x} + 2\sin x + C$

3. 下列等式成立的是(　　).

A. $\cos x \mathrm{d}x = \mathrm{d}(\sin x)$　　　　　B. $\sin x \mathrm{d}x = \mathrm{d}(\cos x)$

C. $x \mathrm{d}x = \mathrm{d}(x^2)$　　　　　　D. $\dfrac{1}{\sqrt{x}}\mathrm{d}x = \mathrm{d}(\sqrt{x})$

4. 下列不定积分中,可以按照公式 $\displaystyle\int f(x^2)x\mathrm{d}x = \dfrac{1}{2}\int f(x^2)\mathrm{d}x^2$ 计算出结果的有(　　).

A. $\displaystyle\int \dfrac{x^2}{1+x^2}\mathrm{d}x$　　　B. $\displaystyle\int \dfrac{\mathrm{d}x}{1+x^2}$　　　C. $\displaystyle\int \dfrac{x\mathrm{d}x}{1+x^4}$　　　D. $\displaystyle\int \dfrac{\mathrm{d}x}{\sqrt{1-x^2}}$

5. 若 $F'(x) = f(x)$,则 $\displaystyle\int f(\sin x)\cos x \mathrm{d}x = ($　　$)$.

A. $F(\sin x) + C$　　B. $f(\sin x) + C$　　C. $F(\cos x) + C$　　D. $f(\cos x) + C$

二、填空题

1. $\displaystyle\int f'(2x)\mathrm{d}x = $ _____.

2. $\displaystyle\int \dfrac{\varphi'(x)}{1+\varphi^2(x)}\mathrm{d}x = $ _____.

3. $\displaystyle\int \dfrac{\cos\sqrt{x}}{\sqrt{x}}\mathrm{d}(2x) = $ _____.

4. $\displaystyle\int \sin^2 x\cos x \mathrm{d}x = $ _____.

5. 计算积分 $\displaystyle\int \dfrac{\mathrm{d}x}{\sqrt{1+x^2}}$ 时,需令 $x = $ _____进行换元.

三、解答题

1. 求 $\displaystyle\int \dfrac{(2+3\tan x)^2}{\cos^2 x}\mathrm{d}x$.

2. 求 $\displaystyle\int x\sqrt{x-6}\,\mathrm{d}x$.

3. 已知 $f'(\mathrm{e}^x) = x\mathrm{e}^{-x}$,且 $f(1) = 0$,求 $f(x)$.

4. 求 $\displaystyle\int \dfrac{1}{3+\sin^2 x}\mathrm{d}x$.

5. 求 $\displaystyle\int \dfrac{6\mathrm{e}^x}{3+\mathrm{e}^x}\mathrm{d}x$.

◆ 6.3　分部积分法 ◆

6.3.1　基本要求

1. 熟练掌握用分部积分法求不定积分.

2. 会综合运用各种积分方法求不定积分.

6.3.2　知识要点

分部积分法.

设 $u=u(x)$，$v=v(x)$ 有连续的导函数，则 $\int uv'\mathrm{d}x = uv - \int u'v\mathrm{d}x$，或简记为

$$\int u\mathrm{d}v = uv - \int v\mathrm{d}u$$

6.3.3　答疑解惑

1. 被积函数具有哪些特征时，可以使用分部积分法求不定积分？

答：当被积函数是两种不同类型函数的乘积，或被积函数只有一个函数，不能使用直接积分法或换元法时，可以考虑用分部积分法.

2. 应用分部积分法时，如何选择 u 和 $\mathrm{d}v$？

答：分部积分法的关键在于如何恰当地选择 u 和 $\mathrm{d}v$，选取的原则为

(1) 由 $\mathrm{d}v$ 容易求得 v.

(2) $\int v\mathrm{d}u$ 要比 $\int u\mathrm{d}v$ 容易积分.

一般地，可按照"反对幂三指"法选取 u 和 $\mathrm{d}v$，即当被积函数为幂函数、指数函数、对数函数、三角函数和反三角函数中两个函数的乘积时，可按"**反对幂三指**"的顺序（即反三角函数、对数函数、幂函数、三角函数、指数函数的顺序），排在前面的那类函数选作 u，而把排在后面的与 $\mathrm{d}x$ 一起作为 $\mathrm{d}v$（即把排在后面的那类函数选作 v'）.

当然这种选取方法也不是固定的，也可以因题而异.

有的不定积分需要用两次（或多于两次）分部积分法，才能得出结果，在此过程中一般每次选作 u 的函数类型要一致，否则容易出现错误或积不出来. 如果连续几次用分部积分法后所求积分又重复出现（即出现循环积分），这时往往需要求解方程得出所求积分；但如果是又回到原来的积分形式且积分前面的符号也完全一样，则说明选择有误.

3. 初等函数的原函数是否一定是初等函数？若不是，举例说明.

答：不一定. 虽然初等函数在其定义区间内原函数一定存在，但并非都能用初等函数表示出来，如 $\int \mathrm{e}^{-x^2}\mathrm{d}x,\int \dfrac{\sin x}{x}\mathrm{d}x,\int \dfrac{\mathrm{d}x}{\ln x},\int \dfrac{\mathrm{e}^x}{x}\mathrm{d}x$，等等.

6.3.4　典型例题分析

题型 1　用分部积分法求不定积分

【例 6-3-1】　求下列不定积分：

(1) $\displaystyle\int x\mathrm{e}^{3x}\mathrm{d}x$；

(2) $\displaystyle\int \mathrm{e}^{2x}\cos 3x\mathrm{d}x$.

分析：用分部积分法解题的关键在于 u 和 $\mathrm{d}v$ 的选取，关于 u 的选取可按"**反对幂三指**"的顺序考虑.

解

(1)**解法 1** 设 $u = x, dv = e^{3x}dx$,则 $du = dx, v = \frac{1}{3}e^{3x}$,

故
$$\int xe^{3x}dx = \int xd\left(\frac{1}{3}e^{3x}\right) = \frac{1}{3}xe^{3x} - \frac{1}{3}\int e^{3x}dx$$
$$= \frac{1}{3}xe^{3x} - \frac{1}{9}\int e^{3x}d(3x) = \frac{1}{3}xe^{3x} - \frac{1}{9}e^{3x} + C$$

解法 2 $\int xe^{3x}dx = \int xd\left(\frac{1}{3}e^{3x}\right) = \frac{1}{3}xe^{3x} - \frac{1}{3}\int e^{3x}dx$
$$= \frac{1}{3}xe^{3x} - \frac{1}{9}\int e^{3x}d(3x) = \frac{1}{3}xe^{3x} - \frac{1}{9}e^{3x} + C$$

(2) **解法 1** 设 $u = \cos 3x, dv = e^{2x}dx$,则 $du = -3\sin 3xdx, v = \frac{1}{2}e^{2x}$,

故 $\quad I = \int e^{2x}\cos 3xdx = \frac{1}{2}\int \cos 3xd(e^{2x}) = \frac{1}{2}e^{2x}\cos 3x + \frac{3}{2}\int e^{2x}\sin 3xdx$

对积分 $\int e^{2x}\sin 3xdx$,设 $u = \sin 3x, dv = e^{2x}dx$,则 $du = 3\cos 3xdx, v = \frac{1}{2}e^{2x}$,

故
$$\int e^{2x}\sin 3xdx = \frac{1}{2}\int \sin 3xd(e^{2x}) = \frac{1}{2}e^{2x}\sin 3x - \frac{3}{2}\int e^{2x}\cos 3xdx$$
$$= \frac{1}{2}e^{2x}\sin 3x - \frac{3}{2}I$$

即
$$I = \frac{1}{2}e^{2x}\cos 3x + \frac{3}{4}e^{2x}\sin 3x - \frac{9}{4}I$$

移项整理,得
$$I = \frac{1}{13}e^{2x}(2\cos 3x + 3\sin 3x) + C$$

解法 2 $\quad I = \int e^{2x}\cos 3xdx = \frac{1}{2}\int \cos 3xd(e^{2x})$
$$= \frac{1}{2}e^{2x}\cos 3x - \frac{1}{2}\int e^{2x}d(\cos 3x) = \frac{1}{2}e^{2x}\cos 3x + \frac{3}{2}\int e^{2x}\sin 3xdx$$
$$= \frac{1}{2}e^{2x}\cos 3x + \frac{3}{4}\int \sin 3xd(e^{2x}) = \frac{1}{2}e^{2x}\cos 3x + \frac{3}{4}e^{2x}\sin 3x - \frac{9}{4}\int e^{2x}\cos 3xdx$$
$$= \frac{1}{2}e^{2x}\cos 3x + \frac{3}{4}e^{2x}\sin 3x - \frac{9}{4}I$$

移项整理,得
$$I = \frac{1}{13}e^{2x}(2\cos 3x + 3\sin 3x) + C$$

【**评注**】 该例用了两次分部积分公式,且出现了循环现象,即等式的右端又出现了原来的不定积分,注意积分过程中应选择同类型的函数作为 u.

题型 2 综合应用直接积分法、换元积分法和分部积分法求不定积分

在求函数 $f(x)$ 的不定积分时,应该首先考察被积函数 $f(x)$ 的特征,然后根据其特征来选择积分方法,有时需要几种积分方法相互配合使用,这样,效果会更好.需要注意的是,无论是换元积分法,还是分部积分法都需要对微分公式(或者凑微分)相当熟练.

【**例 6-3-2**】 求下列不定积分:

(1) $\int x^2\arctan xdx$;   (2) $\int \arctan \sqrt{x}dx$;   (3) $\int e^x\sin^2 xdx$.

分析：根据被积函数的特点，选择合适的方法. 显然，(1)是两类不同函数的乘积，故考虑用分部积分法；(2)的特点是含有根式，故先换元消去根号；(3)中 $\sin x$ 为 2 次幂，故考虑先降幂.

解

(1)**解法 1** $\int x^2 \arctan x \mathrm{d}x = \int \arctan x \mathrm{d}\left(\frac{1}{3}x^3\right)$

$$= \frac{1}{3}x^3 \arctan x - \frac{1}{3}\int x^3 \mathrm{d}(\arctan x)$$

$$= \frac{1}{3}x^3 \arctan x - \frac{1}{3}\int \frac{x^3}{1+x^2}\mathrm{d}x$$

$$= \frac{1}{3}x^3 \arctan x - \frac{1}{6}\int \frac{x^2}{1+x^2}\mathrm{d}(x^2)$$

$$= \frac{1}{3}x^3 \arctan x - \frac{1}{6}\int \left(1-\frac{1}{1+x^2}\right)\mathrm{d}(x^2)$$

$$= \frac{1}{3}x^3 \arctan x - \frac{1}{6}x^2 + \frac{1}{6}\ln(1+x^2) + C$$

解法 2 $\int x^2 \arctan x \mathrm{d}x = \int \arctan x \mathrm{d}\left(\frac{1}{3}x^3\right)$

$$= \frac{1}{3}x^3 \arctan x - \frac{1}{3}\int x^3 \mathrm{d}(\arctan x)$$

$$= \frac{1}{3}x^3 \arctan x - \frac{1}{3}\int \frac{x^3}{1+x^2}\mathrm{d}x$$

$$= \frac{1}{3}x^3 \arctan x - \frac{1}{3}\int \frac{x^3+x-x}{1+x^2}\mathrm{d}x$$

$$= \frac{1}{3}x^3 \arctan x - \frac{1}{3}\int x\mathrm{d}x + \frac{1}{3}\int \frac{x}{1+x^2}\mathrm{d}x$$

$$= \frac{1}{3}x^3 \arctan x - \frac{1}{6}x^2 + \frac{1}{6}\int \frac{\mathrm{d}(1+x^2)}{1+x^2}$$

$$= \frac{1}{3}x^3 \arctan x - \frac{1}{6}x^2 + \frac{1}{6}\ln(1+x^2) + C$$

【评注】 该例先用分部积分法，再用直接积分法和凑微分法求解.

(2) 令 $\sqrt{x} = t$，即 $x = t^2(t>0)$ 单调可导，且 $\mathrm{d}x = 2t\mathrm{d}t$，故

$$\int \arctan \sqrt{x}\, \mathrm{d}x = \int \arctan t \cdot 2t\mathrm{d}t = \int \arctan t \mathrm{d}(t^2)$$

$$= t^2 \arctan t - \int t^2 \cdot \frac{1}{1+t^2}\mathrm{d}t$$

$$= t^2 \arctan t - \int \frac{t^2+1-1}{1+t^2}\mathrm{d}t$$

$$= t^2 \arctan t - \int \left(1-\frac{1}{1+t^2}\right)\mathrm{d}t$$

$$= t^2 \arctan t - t + \arctan t + C$$

$$= x\arctan \sqrt{x} - \sqrt{x} + \arctan \sqrt{x} + C$$

【评注】 该例先用第二换元积分法消去根号，其次用分部积分法，最后结合直接积分法

求解.

$$(3)\int e^x \sin^2 x dx = \int e^x \frac{1-\cos 2x}{2}dx$$

$$= \frac{1}{2}\int e^x dx - \frac{1}{2}\int e^x \cos 2x dx = \frac{1}{2}e^x - \frac{1}{2}\int e^x \cos 2x dx$$

而积分　　$$\int e^x \cos 2x dx = \int \cos 2x d(e^x) = e^x \cos 2x - \int e^x d(\cos 2x)$$

$$= e^x \cos 2x + 2\int e^x \sin 2x dx = e^x \cos 2x + 2\int \sin 2x d(e^x)$$

$$= e^x \cos 2x + 2e^x \sin 2x - 4\int e^x \cos 2x dx$$

移项整理,得　　　　$$\int e^x \cos 2x dx = \frac{1}{5}e^x(\cos 2x + 2\sin 2x) + C_1,$$

故　　　　　　$$\int e^x \sin^2 x dx = \frac{1}{2}e^x - \frac{1}{10}e^x(\cos 2x + 2\sin 2x) + C$$

【评注】　该例先降幂然后用了两次分部积分法.

题型 3　含有抽象函数的不定积分

【例 6-3-3】　已知 $f(x)$ 的一个原函数为 e^{-x^2},求 $\int x f'(x)dx$.

分析:由已知条件可求出 $f(x)$ 和 $\int f(x)dx$,再用分部积分法即可求出.

解　$f(x)$ 的一个原函数为 e^{-x^2},即 $f(x) = (e^{-x^2})' = -2x e^{-x^2}$,或 $\int f(x)dx = e^{-x^2} + C$,故由分部积分法,得

$$\int x f'(x)dx = \int x df(x) = x f(x) - \int f(x)dx = -2x^2 e^{-x^2} - e^{-x^2} + C$$

【例 6-3-4】　设 $\int f(x)dx = \arcsin x + C$,求:

$$(1)\int x f(x)dx; \qquad\qquad (2)\int x f'(x)dx; \qquad\qquad (3)\int x f''(x)dx.$$

分析:由已知求出 $f(x)$,再代入,(2) 和(3)需结合分部积分法.

解　因为 $f(x) = (\arcsin x)' = \dfrac{1}{\sqrt{1-x^2}}$,故

$$(1)\int x f(x)dx = \int \frac{x}{\sqrt{1-x^2}}dx = -\frac{1}{2}\int (1-x^2)^{-\frac{1}{2}}d(1-x^2) = -\sqrt{1-x^2} + C.$$

$$(2)\int x f'(x)dx = \int x d[f(x)] = x f(x) - \int f(x)dx = \frac{x}{\sqrt{1-x^2}} - \arcsin x + C.$$

$$(3)\int x f''(x)dx = \int x d[f'(x)] = x f'(x) - \int f'(x)dx = x f'(x) - f(x) + C$$

$$= x \cdot \left(\frac{1}{\sqrt{1-x^2}}\right)' - \frac{1}{\sqrt{1-x^2}} + C = \frac{x^2}{(1-x^2)^{\frac{3}{2}}} - \frac{1}{\sqrt{1-x^2}} + C.$$

【评注】　求形如 $\int g(x)f'(x)dx$ 的积分,不必一定要先求出 $f'(x)$ 再代入积分,有时可以把 $f'(x)dx$ 凑成 $df(x)$ 再应用分部积分法,这样可简化计算.

6.3.5 同步练习

一、选择题

1. $\displaystyle\int \ln x \mathrm{d}x = ($).

A. $\dfrac{1}{x} + C$ B. $x\ln x - x + C$ C. $x\ln x + C$ D. $x\ln x + x + C$

2. $\displaystyle\int x\sin x \mathrm{d}x = ($).

A. $-x\cos x - \sin x + C$ B. $-x\cos x + \sin x + C$

C. $x\cos x + \sin x + C$ D. $x\cos x - \sin x + C$

3. $\displaystyle\int x\ln x \mathrm{d}x = ($).

A. $x^2\ln x + \dfrac{1}{2}x^2 + C$ B. $x^2\ln x - \dfrac{1}{2}x^2 + C$

C. $\dfrac{1}{2}x^2\ln x + \dfrac{1}{4}x^2 + C$ D. $\dfrac{1}{2}x^2\ln x - \dfrac{1}{4}x^2 + C$

4. 计算 $\displaystyle\int x^2\arccos x \mathrm{d}x$ 时,关于 u 和 $\mathrm{d}v$ 的选取,正确的是(   ).

A. $u = x^2, \mathrm{d}v = \arccos x \mathrm{d}x$ B. $u = \arccos x, \mathrm{d}v = x^2\mathrm{d}x$

C. $u = x^2\arccos x, \mathrm{d}v = \mathrm{d}x$ D. $u = x^2, \mathrm{d}v = \arccos x$

5. $\displaystyle\int x f''(x)\mathrm{d}x = ($).

A. $x f''(x) - x f'(x) - f(x) + C$ B. $x f'(x) - f'(x) + C$

C. $x f'(x) - f(x) + C$ D. $x f'(x) + f(x) + C$

二、填空题

1. 计算 $\displaystyle\int x^2\arctan x \mathrm{d}x$,可设 $u = $ _____ ,$\mathrm{d}v = $ _____ .

2. 计算 $\displaystyle\int x\ln x \mathrm{d}x$,可设 $u = $ _____ ,$\mathrm{d}v = $ _____ .

3. 计算 $\displaystyle\int x\mathrm{e}^{-x}\mathrm{d}x$,可设 $u = $ _____ ,$\mathrm{d}v = $ _____ .

4. 计算 $\displaystyle\int \cos(\ln x)\mathrm{d}x$,可设 $u = $ _____ ,$\mathrm{d}v = $ _____ .

5. 已知 $f(x)$ 的一个原函数为 $x\sin x$,则 $\displaystyle\int x f'(x)\mathrm{d}x = $ _____ .

三、解答题

1. 求 $\displaystyle\int x\sin 2x \mathrm{d}x$.

2. 求 $\displaystyle\int \cos(\ln x)\mathrm{d}x$.

3. 设函数 $f(x)$ 的一个原函数为 $\dfrac{\sin x}{x}$,求 $\displaystyle\int x f'(2x)\mathrm{d}x$.

4. 设 $\displaystyle\int \dfrac{f(x)}{\sin^2 x}\mathrm{d}x = g(x) \cdot f(x) + \int \cot^2 x \mathrm{d}x$,求 $f(x), g(x)$.

5. 设函数 $f(\sin^2 x) = \dfrac{x}{\sin x}$，求 $\displaystyle\int \dfrac{\sqrt{x}}{\sqrt{1-x}} f(x) \mathrm{d}x$.

◆ 6.4 有理函数的不定积分 ◆

6.4.1 基本要求

1. 会利用部分分式化积分法(分项积分法)计算有理函数的不定积分.

2. 会根据被积函数的特点选择较简便方法求有理函数的不定积分.

6.4.2 知识要点

有理函数知识要点如表 6.4.1 所示.

表 6.4.1 有理函数知识要点

有理函数 (两个多项式的商 所表示的函数)	一般形式为 $$R(x) = \dfrac{P(x)}{Q(x)} = \dfrac{a_0 x^n + a_1 x^{n-1} + \cdots + a_{n-1} x + a_n}{b_0 x^m + b_1 x^{m-1} + \cdots + b_{m-1} x + b_m}$$ 其中 m, n 都是非负整数；$a_0, a_1, \cdots, a_n$ 及 $b_0, b_1, \cdots, b_m$ 都是实数,并且 $a_0 \neq 0, b_0 \neq 0$. 假定分子与分母之间没有公因式: 若 $n < m$,则有理函数称为真分式；若 $n \geqslant m$,则有理函数称为假分式
有理函数化为 部分分式之和 的一般规律	(1) 分母中若有因式 $(x-a)^k$,则分解后为 $$\dfrac{A_1}{x-a} + \dfrac{A_2}{(x-a)^2} + \cdots + \dfrac{A_k}{(x-a)^k}, \quad \text{其中 } A_1, A_2, \cdots, A_k \text{ 都是常数.}$$ (2) 分母中若有因式 $(x^2 + px + q)^k$,其中 $p^2 - 4q < 0$,则分解后为 $$\dfrac{M_1 x + N_1}{x^2 + px + q} + \dfrac{M_2 x + N_2}{(x^2 + px + q)^2} + \cdots + \dfrac{M_k x + N_k}{(x^2 + px + q)^k}$$ 其中 M_i, N_i 都是常数 $(i = 1, 2, \cdots, k)$

6.4.3 答疑解惑

1. 计算有理函数的不定积分一般步骤是什么?

答:可分为以下三步:

(1) 将有理函数化为多项式与真分式之和；

(2) 将真分式分解为部分分式之和；

(3) 对各式求不定积分.

有理函数的积分是把真分式分解为部分分式的代数和,然后逐项积分,这种积分方法称为部分分式化积分法(也称为分项积分法).

2. 在求有理函数的不定积分时,如果分母中多项式的次数较高,应怎样计算较简单?

答:对于有理函数的积分,不应拘泥于分解的方法,要根据被积函数的特点,采用相应的方法. 在分母次数较高时, 分解为部分分式比较困难, 此时应考虑使用换元法等其他方法进行积分, 或者换元后化为一个分母是较低次多项式的有理函数, 再对部分分式积分.

3. 如何分解真分式?

答: 设 $R(x) = \dfrac{P(x)}{Q(x)} = \dfrac{a_0 x^n + a_1 x^{n-1} + \cdots + a_{n-1} x + a_n}{b_0 x^m + b_1 x^{m-1} + \cdots + b_{m-1} x + b_m}$ $(m > n)$ 为有理真分式, 真分式可用待定系数法化为部分分式之和. 确定待定系数有两种方法:

(1) 比较系数法: 比较恒等式两端 x 同次幂的系数;

(2) 代值法: 在恒等式 (或先化简) 中代入特殊的 x 值, 这种方法有时比较简便.

6.4.4 典型例题分析

题型 1 用部分分式化积分法求有理函数的积分

【例 6-4-1】 计算 (1) $\displaystyle\int \frac{2x-1}{x^2-5x+6} \mathrm{d}x$; (2) $\displaystyle\int \frac{3x^2-8x-1}{(x-1)^3(x+2)} \mathrm{d}x$.

分析: 先把真分式分解为部分分式之和, 再逐项积分.

解 (1) 设 $\dfrac{2x-1}{x^2-5x+6} = \dfrac{2x-1}{(x-3)(x-2)} = \dfrac{A}{x-3} + \dfrac{B}{x-2}$, 有

$$2x - 1 = A(x-2) + B(x-3)$$

即

$$2x - 1 = (A+B)x - 2A - 3B$$

比较 x 的同次幂系数, 有

$$\begin{cases} A + B = 2 \\ -2A - 3B = -1 \end{cases}$$

解得 $A = 5, B = -3$.

故

$$\frac{2x-1}{x^2-5x+6} = \frac{5}{x-3} - \frac{3}{x-2}$$

于是 $\displaystyle\int \frac{2x-1}{x^2-5x+6} \mathrm{d}x = \int \left(\frac{5}{x-3} - \frac{3}{x-2} \right) \mathrm{d}x = 5\ln|x-3| - 3\ln|x-2| + C.$

(2) 用代值法确定待定系数. 令

$$\frac{3x^2-8x-1}{(x-1)^3(x+2)} = \frac{A}{(x-1)^3} + \frac{B}{(x-1)^2} + \frac{C}{x-1} + \frac{D}{x+2}$$

则上式通分之后, 有

$$3x^2 - 8x - 1 = A(x+2) + B(x-1)(x+2) + C(x-1)^2(x+2) + D(x-1)^3.$$

令 $x = 1$, 得 $-6 = 3A, A = -2$;

令 $x = -2$, 得 $27 = -27D, D = -1$;

令 $x = 0$, 得 $-1 = 2(A - B + C) - D$, 即 $C - B = 1$;

令 $x = 2$, 得 $-5 = 4(A + B + C) + D$, 即 $C + B = 1$.

由关于 B 与 C 的方程组, 得 $B = 0. C = 1.$ 于是, 有

$$\frac{3x^2-8x-1}{(x-1)^3(x+2)} = -\frac{2}{(x-1)^3} + \frac{1}{x-1} - \frac{1}{x+2}$$

所求积分 $\displaystyle\int \frac{3x^2-8x-1}{(x-1)^3(x+2)} \mathrm{d}x = \int \left[-\frac{2}{(x-1)^3} + \frac{1}{x-1} - \frac{1}{x+2} \right] \mathrm{d}x$

$$= \frac{1}{(x-1)^2} + \ln|x-1| - \ln|x+2| + C.$$

题型 2　用相对于部分分式化积分法较简便的方法求有理函数的积分

理论上,任何有理函数的积分都可求得其原函数,而且它们是有理函数、对数函数及反正切函数. 但需指出的是,部分分式化积分法在具体使用时,计算比较麻烦. 因此,对有理函数的积分,最好先充分分析被积函数的特点,或先试算,选择其他较简便的方法.

【例 6-4-2】 计算 $\displaystyle\int \frac{1}{x(1+x^9)}\mathrm{d}x$.

分析:注意到 x 的次数较高,结合被积函数的特点,先对被积函数进行变形,再拆项,然后用凑微分法求解.

解法 1
$$\int \frac{1}{x(1+x^9)}\mathrm{d}x = \int \frac{x^8}{x^9(1+x^9)}\mathrm{d}x = \frac{1}{9}\int \frac{1}{x^9(1+x^9)}\mathrm{d}(x^9)$$
$$= \frac{1}{9}\int \left(\frac{1}{x^9} - \frac{1}{1+x^9}\right)\mathrm{d}(x^9) = \frac{1}{9}(\ln|x^9| - \ln|1+x^9|) + C$$
$$= \frac{1}{9}\ln \left|\frac{x^9}{1+x^9}\right| + C$$

解法 2
$$\int \frac{1}{x(1+x^9)}\mathrm{d}x = \int \frac{1+x^9-x^9}{x(1+x^9)}\mathrm{d}x = \int \left(\frac{1}{x} - \frac{x^8}{1+x^9}\right)\mathrm{d}x$$
$$= \int \frac{1}{x}\mathrm{d}x - \int \frac{x^8}{1+x^9}\mathrm{d}x = \ln|x| - \frac{1}{9}\int \frac{1}{1+x^9}\mathrm{d}(1+x^9)$$
$$= \ln|x| - \frac{1}{9}\ln|1+x^9| + C = \frac{1}{9}(\ln|x^9| - \ln|1+x^9|) + C$$
$$= \frac{1}{9}\ln \left|\frac{x^9}{1+x^9}\right| + C$$

解法 3
$$\int \frac{1}{x(1+x^9)}\mathrm{d}x \xlongequal{u=x^9} \frac{1}{9}\int \frac{1}{u(1+u)}\mathrm{d}u$$
$$= \frac{1}{9}\int \frac{1+u-u}{u(1+u)}\mathrm{d}u = \frac{1}{9}\int \left(\frac{1}{u} - \frac{1}{1+u}\right)\mathrm{d}u$$
$$= \frac{1}{9}(\ln|u| - \ln|1+u|) + C = \frac{1}{9}\ln \left|\frac{u}{1+u}\right| + C$$
$$= \frac{1}{9}\ln \left|\frac{x^9}{1+x^9}\right| + C$$

6.4.5　同步练习

一、填空题

1. 真分式 $\dfrac{5x-3}{(3x-1)(x-1)}$ 的部分分式之和为 _____.

2. 真分式 $\dfrac{1}{(x-1)(x-2)(x-3)}$ 的部分分式之和为 _____.

3. $\displaystyle\int \frac{1+x^2+x^4}{x^2(1+x^2)}\mathrm{d}x = $ _____.

4. $\displaystyle\int \frac{x^4}{1+x^2}\mathrm{d}x = $ _____.

5. $\displaystyle\int \frac{2x^4}{3+x^5}\mathrm{d}x = $ _____.

二、计算下列不定积分

1. 求 $\displaystyle\int \frac{x^7}{1+x^8}\mathrm{d}x$.

2. 求 $\displaystyle\int \frac{2x+3}{x^2+3x-10}\mathrm{d}x$.

3. 求 $\displaystyle\int \frac{1}{(x-2)(x+1)^2}\mathrm{d}x$.

◆ 本章总复习 ◆

一、重点

1. 不定积分的概念

不定积分是导数或微分的逆运算,不定积分是被积函数的所有原函数,它是计算定积分的基础.

2. 不定积分的计算

基本积分公式表是计算不定积分的基础,所有不定积分的计算问题最终都转化为基本积分公式的形式.应用基本积分公式时,需注意"三元统一"原则.换元法和分部积分法是计算不定积分最基本的方法.

二、难点

1. 换元积分法

第一换元积分法即凑微分法,关键在于"凑微分",凑微分的目的是满足"三元统一"原则,从而可以应用基本积分公式求解,即通过凑微分

$$\int g[\varphi(x)] \cdot \varphi'(x)\mathrm{d}x = \int g[\varphi(x)]\mathrm{d}\varphi(x)$$

使积分变量(第二元)和被积函数的变量全体(第一元)二元统一,从而满足"三元统一"原则.但凑微分的形式变化多端,一般无规律可循,需要一定的经验积累以及技巧.熟悉常见的凑微分形式对掌握该方法有较大的帮助.

第二换元积分法的关键在于换元,通过换元,把根式消去,从而使之变成容易计算的积分.当被积函数中含有根式而又不能凑微分时,常考虑用第二换元积分法将被积函数有理化.

2. 分部积分法

分部积分法的应用非常灵活,有时兼用换元法,有时需要通过多次分部积分才能求得最终结果.但无论怎样,其关键都是在于如何恰当地选择 u 和 $\mathrm{d}v$,选取的原则为:首先由 $\mathrm{d}v$ 容易求得 v;其次 $\displaystyle\int v\mathrm{d}u$ 要比 $\displaystyle\int u\mathrm{d}v$ 容易积分.关于 u 和 $\mathrm{d}v$ 的选取,可采用**"反对幂三指"**法.在多次使用分部积分法时,每次函数 u 的选取必须是同一类的函数,否则,一般会求不出结果.

三、知识图解

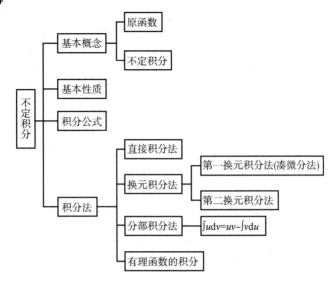

四、自测题

自测题 A （基础型）

一、选择题（每题 3 分，共 30 分）

1.若 $F(x)$ 是 $f(x)$ 的一个原函数，则下列说法中错误的是（   ）.

A. $F'(x) = f(x)$ B. $\int f(x)\mathrm{d}x = F(x) + C$

C. $F(x) + 1$ 也是 $f(x)$ 的一个原函数   D. $\int F(x)\mathrm{d}x = f(x) + C$

2.若 $\int f(x)\mathrm{d}x = x\ln x + C$，则 $f(x) = ($ $)$.

A. $\ln x + 1$ B. $\ln x$ C. $x\ln x$ D. x

3.设非零函数 $f(x)$ 的任意两个原函数为 $F(x)$ 和 $G(x)$，则下列等式中成立的是（   ）.

A. $F(x) = G(x)$ B. $F(x) = CG(x)$

C. $F(x) = G(x) + C$ D. $F(x) + G(x) = C$

4.下列各式中正确的是（   ）.

A. $\int \cos x\mathrm{d}x = -\sin x + C$ B. $\int a\mathrm{d}x = a + C$

C. $\int \dfrac{1}{\sqrt{1-x^2}}\mathrm{d}x = \arcsin x + C$ D. $\int \dfrac{1}{x}\mathrm{d}x = \ln x + C$

5.下列等式中成立的是（   ）.

A. $\dfrac{1}{\sqrt{x}}\mathrm{d}x = \mathrm{d}(\sqrt{x})$ B. $\mathrm{e}^{2x}\mathrm{d}x = \mathrm{d}(\mathrm{e}^{2x})$

C. $\sin x\mathrm{d}x = \mathrm{d}(\cos x)$ D. $a\mathrm{d}x = \mathrm{d}(ax)$

6.若 $\int f(x)\mathrm{d}x = F(x) + C$，则 $\int f(2x+1)\mathrm{d}x = ($ $)$.

A. $F(x) + C$ B. $\dfrac{1}{2}F(2x+1) + C$

C. $2F(2x+1)+C$ D. $F(2x+1)+C$

7. 若 $F(x)$ 是 $f(x)$ 的一个原函数,则 $\int f(\cos x)\sin x\mathrm{d}x=$ (　　).

A. $F(\sin x)+C$ B. $f(\sin x)+C$ C. $-F(\cos x)+C$ D. $-f(\cos x)+C$

8. 函数 $f(x)=\mathrm{e}^{2x}$ 的不定积分是(　　).

A. $\dfrac{1}{2}\mathrm{e}^{2x}+C$ B. $\mathrm{e}^{2x}+C$ C. $2\mathrm{e}^{2x}+C$ D. $2\mathrm{e}^{x}+C$

9. 设 $\sin 2x$ 是 $f(x)$ 的一个原函数,则 $\int f'(x)\mathrm{d}x=$ (　　).

A. $\cos 2x+C$ B. $2\cos 2x+C$ C. $\sin 2x+C$ D. $2\sin 2x+C$

10. $\int \cos x^2\mathrm{d}x^2=$ (　　).

A. $\sin x^2+C$ B. $-\sin x^2+C$ C. $\dfrac{1}{2}\sin x^2+C$ D. $-\dfrac{1}{2}\sin x^2+C$

二、填空题(每空 3 分,共 24 分)

1. 若 $\log_2 3x$ 是 $f(x)$ 的一个原函数,则 $\int f(x)\mathrm{d}x=$ ＿＿＿＿＿＿＿＿＿.

2. $\mathrm{d}\int \dfrac{\sin x}{x}\mathrm{d}x=$ ＿＿＿＿＿＿＿＿＿.

3. 设 $f(x)=\int \dfrac{x}{\sqrt{1-x^2}}\mathrm{d}x$,则 $f'(0)=$ ＿＿＿＿＿＿＿＿＿.

4. $\int f'(2x)\mathrm{d}x=$ ＿＿＿＿＿＿＿＿＿.

5. 若 $\int f(x)\mathrm{d}x=\sin(\ln x)+C$,则 $f(x)=$ ＿＿＿＿＿＿＿＿＿.

6. $\int \dfrac{\ln x}{x}\mathrm{d}x=$ ＿＿＿＿＿＿＿＿＿.

7. $\int\left(\dfrac{1}{1+x^2}-\dfrac{1}{x}\right)\mathrm{d}x=$ ＿＿＿＿＿＿＿＿＿.

8. $\int(\cos^3 x+1)\mathrm{d}(\cos x)=$ ＿＿＿＿＿＿＿＿＿.

三、解答题(1～4 每题 9 分,第 5 题 10 分,共 46 分)

1. 求 $\int(2^x+x^2+3)\mathrm{d}x$.   2. 求 $\int \dfrac{\mathrm{d}x}{\sin^2 x+2\cos^2 x}$.

3. 求 $\int \dfrac{1}{x(1+\ln^2 x)}\mathrm{d}x$.   4. 求 $\int \dfrac{x^3}{\sqrt{1+x^2}}\mathrm{d}x$.

5. 证明:设 $f'(\mathrm{e}^x)=1+x$,则 $f(x)=x\ln x+C$.

自测题 B(提高型)

一、选择题(每题 3 分,共 30 分)

1. 下列说法中正确的是(　　).

A. 初等函数必存在原函数   B. 每个不定积分都可以表示为初等函数

C. 初等函数的原函数必定是初等函数   D. A、B、C 都不对

2. 下列函数中不是 $e^{2x} - e^{-2x}$ 的原函数的是（　　）.

A. $\dfrac{1}{2}(e^{2x} + e^{-2x})$

B. $\dfrac{1}{2}(e^x + e^{-x})^2$

C. $\dfrac{1}{2}(e^x - e^{-x})^2$

D. $2(e^{2x} + e^{-2x})$

3. 若 $\displaystyle\int f(x)\mathrm{d}x = \sin x^2 + e^{2x} + C$，则 $f(x) = （　　）$.

A. $2x\cos x^2 + 2xe^{2x}$

B. $2x\cos x^2 + 2e^{2x}$

C. $2x\sin x^2 + 2e^{2x}$

D. $2\cos x^2 + 2e^{2x}$

4. $\mathrm{d}\displaystyle\int\left(\mathrm{d}\displaystyle\int\mathrm{arccot}\, x^2\mathrm{d}x\right) = （　　）$.

A. $\mathrm{d}\displaystyle\int\mathrm{arccot}\, x^2\mathrm{d}x$　　　B. $\displaystyle\int\mathrm{arccot}\, x^2\mathrm{d}x$　　　C. $\mathrm{arccot}\, x^2\mathrm{d}x$　　　D. $\mathrm{arccot}\, x^2$

5. 下列等式中成立的是（　　）.

A. $\displaystyle\int e^{4x}\mathrm{d}x = e^{4x} + C$

B. $\displaystyle\int \sec^2 x\mathrm{d}x = -\tan x + C$

C. $\displaystyle\int \dfrac{1}{\sqrt{4-x^2}}\mathrm{d}x = \arcsin\dfrac{x}{2} + C$

D. $\displaystyle\int \cos 3x\mathrm{d}x = \sin 3x + C$

6. 若 $\displaystyle\int f(x)\mathrm{d}x = x^2 + C$，则 $\displaystyle\int xf(1-x^2)\mathrm{d}x = （　　）$.

A. $\dfrac{1}{2}(1-x^2)^2 + C$

B. $-\dfrac{1}{2}(1-x^2)^2 + C$

C. $-2(1-x^2)^2 + C$

D. $2(1-x^2)^2 + C$

7. 下列不定积分中，不可按照公式 $\displaystyle\int e^{f(x)}f'(x)\mathrm{d}x = \displaystyle\int e^{f(x)}\mathrm{d}f(x) = e^{f(x)} + C$ 计算出结果的

有（　　）.

A. $\displaystyle\int x\sin e^x\mathrm{d}x$　　　B. $\displaystyle\int e^{\cos x}\sin x\mathrm{d}x$　　　C. $\displaystyle\int \dfrac{1}{\sqrt{x}}e^{\sqrt{x}}\mathrm{d}x$　　　D. $\displaystyle\int \dfrac{1}{x^2}e^{\frac{1}{x}}\mathrm{d}x$

8. $\displaystyle\int \dfrac{\ln\ln x}{x}\mathrm{d}x = （　　）$.

A. $(\ln\ln x - 1)x + C$

B. $(\ln\ln x - x)\ln x + C$

C. $(\ln\ln x - 1)\ln x + C$

D. $(\ln\ln x + 1)\ln x + C$

9. 设 $f'(\cos x) = \tan^2 x$，则 $f(x) = （　　）$.

A. $-x + \dfrac{1}{x} + C$　　　B. $-x - \dfrac{1}{x} + C$　　　C. $1 - \dfrac{1}{x^2} + C$　　　D. $1 + \dfrac{1}{x^2} + C$

10. 设函数 $f(x)$ 有连续导数，则 $\displaystyle\int [xf'(x) + f(x)]\mathrm{d}x = （　　）$.

A. $xf(x) + C$　　　B. $xf(x)$　　　C. $xf'(x) + C$　　　D. $xf''(x) + C$

二、填空题（每空 3 分，共 24 分）

1. $\displaystyle\int \dfrac{\mathrm{d}x}{(\arccos x)^3\sqrt{1-x^2}} = $ _____.

2. 已知 $\ln 2x$ 是 $f(x)$ 的一个原函数，则 $\displaystyle\lim_{\Delta x\to 0}\dfrac{f(x+\Delta x) - f(x)}{\Delta x} = $ _____.

3. 已知 $f'(x) = 2$,且 $f(0) = 1$,则 $\int f(x) f'(x) \mathrm{d}x =$ _____.

4. 计算积分 $\int \dfrac{\mathrm{d}x}{\sqrt{x^2 - a^2}} (a > 0)$ 时,需令 $x =$ _____ 进行换元.

5. 若 $\int f(x+1) \mathrm{d}x = x \sin(x+1) + C$,则 $f(x) =$ _____.

6. 若 $\int f(\sin x) \cos x \mathrm{d}x = \sin^2 x + C$,则 $f'(x) =$ _____.

7. 已知 $f(x)$ 的一个原函数为 $\dfrac{\ln x}{x}$,则 $\int x f'(x) \mathrm{d}x =$ _____.

8. $\int e^x f(e^x) f'(e^x) \mathrm{d}x =$ _____.

三、解答题(1 ~ 2 每题 7 分,3 ~ 6 每题 8 分,共 46 分)

1. 求 $\int \dfrac{1 + x^2 + x^4}{x^2 (1 + x^2)} \mathrm{d}x$.

2. 设 $y = f(x)$ 与 $x = \varphi(y)$ 互为反函数,证明 $\int \sqrt{f'(x)} \mathrm{d}x = \int \sqrt{\varphi'(y)} \mathrm{d}y$.

3. 求 $\int e^{\sqrt{x}} \mathrm{d}x$.

4. 求 $\int x^2 \cos x \mathrm{d}x$.

5. 设函数 $f(x)$ 的一个原函数为 $\dfrac{\sin x}{1 + x \sin x}$,求 $\int x^2 f(x^3) f'(x^3) \mathrm{d}x$.

6. 设 $f(x-1) = \ln \dfrac{x}{x-2}$,且 $f[\varphi(x)] = \ln x$,求 $\int \varphi(x) \mathrm{d}x$.

◆ 参考答案与提示 ◆

6.1.5 同步练习

一、DDCBA

二、1. $f(x)$;$f(x) + C$;$f(x) \mathrm{d}x$;$f(x) + C$.

2. $2\sqrt{x} + C$;3. $y = x^2 + 1$;4. $\arctan x + \dfrac{\pi}{2}$;5. 0.

三、1. $\int \dfrac{2 \cdot 3^x - 3 \cdot 2^x}{3^x} \mathrm{d}x = \int \left[2 - 3 \cdot \left(\dfrac{2}{3} \right)^x \right] \mathrm{d}x = 2 \int \mathrm{d}x - 3 \int \left(\dfrac{2}{3} \right)^x \mathrm{d}x$

$$= 2x - \dfrac{3}{\ln \dfrac{2}{3}} \left(\dfrac{2}{3} \right)^x + C$$

2. $\int \dfrac{\cos 2x}{\sin^2 x \cos^2 x} \mathrm{d}x = \int \dfrac{\cos^2 x - \sin^2 x}{\sin^2 x \cos^2 x} \mathrm{d}x = \int \left(\dfrac{1}{\sin^2 x} - \dfrac{1}{\cos^2 x} \right) \mathrm{d}x = -\cot x - \tan x + C.$

3. 证明:$[\arcsin (2x-1)]' = \dfrac{1}{\sqrt{1 - (2x-1)^2}} \cdot 2 = \dfrac{1}{\sqrt{x - x^2}}$

$$\left[\arccos\left(1-2x\right)\right]'=-\frac{1}{\sqrt{1-\left(1-2x\right)^2}}\cdot\left(-2\right)=\frac{1}{\sqrt{x-x^2}}$$

故结论成立.

4. $\dfrac{f'(x)}{f(x)}+C.$　提示: $\dfrac{f''(x)}{f(x)}-\dfrac{\left[f'(x)\right]^2}{\left[f(x)\right]^2}=\left[\dfrac{f'(x)}{f(x)}\right]'.$

6.2.5　同步练习

一、BBACA

二、1. $\dfrac{1}{2}f(2x)+C$; 2. $\arctan\varphi(x)+C$; 3. $4\sin\sqrt{x}+C$; 4. $\dfrac{1}{3}\sin^3 x+C$; 5. $\tan t$ 或 $\cot t$.

三、1. $\displaystyle\int\frac{(2+3\tan x)^2}{\cos^2 x}\mathrm{d}x=\int(2+3\tan x)^2\mathrm{d}(\tan x)$

$$=\frac{1}{3}\int(2+3\tan x)^2\mathrm{d}(2+3\tan x)=\frac{1}{9}(2+3\tan x)^3+C.$$

2. $\displaystyle\int x\sqrt{x-6}\,\mathrm{d}x\xlongequal{\sqrt{x-6}=t}\int(t^2+6)\cdot t\cdot 2t\,\mathrm{d}t=2\int(t^4+6t^2)\mathrm{d}t$

$$=\frac{2}{5}t^5+4t^3+C=\frac{2}{5}(x-6)^{\frac{5}{2}}+4\,(x-6)^{\frac{3}{2}}+C.$$

3. 设 $\mathrm{e}^x=t$,则 $x=\ln t$,故 $f'(t)=\dfrac{\ln t}{t}$,即 $f'(x)=\dfrac{\ln x}{x}$,因此

$$f(x)=\int f'(x)\mathrm{d}x=\int\frac{\ln x}{x}\mathrm{d}x=\int\ln x\,\mathrm{d}(\ln x)=\frac{1}{2}\ln^2 x+C$$

而 $f(1)=0$,故 $C=0$,所以 $f(x)=\dfrac{1}{2}\ln^2 x.$

4. 解法1: $\displaystyle\int\frac{1}{3+\sin^2 x}\mathrm{d}x=\int\frac{1}{\sin^2 x(3\csc^2 x+1)}\mathrm{d}x=-\int\frac{\mathrm{d}(\cot x)}{3\cot^2 x+4}$

$$=-\frac{1}{3}\int\frac{\mathrm{d}(\cot x)}{\cot^2 x+\left(\frac{2}{\sqrt{3}}\right)^2}=-\frac{1}{3}\cdot\frac{1}{\frac{2}{\sqrt{3}}}\arctan\frac{\cot x}{\frac{2}{\sqrt{3}}}+C$$

$$=-\frac{1}{2\sqrt{3}}\arctan\frac{\sqrt{3}\cot x}{2}+C.$$

解法2: $\displaystyle\int\frac{1}{3+\sin^2 x}\mathrm{d}x=\int\frac{1}{\cos^2 x(3\sec^2 x+\tan^2 x)}\mathrm{d}x=\int\frac{\mathrm{d}(\tan x)}{3\sec^2 x+\tan^2 x}$

$$=\int\frac{\mathrm{d}(\tan x)}{4\tan^2 x+3}=\frac{1}{4}\int\frac{\mathrm{d}(\tan x)}{\tan^2 x+\left(\frac{\sqrt{3}}{2}\right)^2}=\frac{1}{2\sqrt{3}}\arctan\frac{2\tan x}{\sqrt{3}}+C.$$

【评注】 (1) 被积表达式为 $\dfrac{\mathrm{d}x}{3+\sin^2 x}$,其中的 $\mathrm{d}x$ 不是 $\mathrm{d}\sin x$ 形式,所以有必要做适当的变形.

(2) 不论解法1还是解法2,目的都是通过凑微分来积分. 从结果的形式上看是不一样的,但它们的导数都等于被积函数,所以积分都是对的,可以证明它们只相差一个常数.

5. $\displaystyle\int\frac{6\mathrm{e}^x}{3+\mathrm{e}^x}\mathrm{d}x=6\int\frac{\mathrm{d}(\mathrm{e}^x+3)}{3+\mathrm{e}^x}=6\ln\left(3+\mathrm{e}^x\right)+C.$

6.3.5 同步练习

一、BBDBC

二、1. $\arctan x$；$x^2\mathrm{d}x$； 2. $\ln x$；$x\mathrm{d}x$； 3. x；$\mathrm{e}^{-x}\mathrm{d}x$.

4. $\cos(\ln x)$；$\mathrm{d}x$； 5. $x^2\cos x+C$.

三、1. $\displaystyle\int x\sin 2x\mathrm{d}x=-\frac{1}{2}\int x\mathrm{d}(\cos 2x)=-\frac{1}{2}x\cos 2x+\frac{1}{2}\int\cos 2x\mathrm{d}x$

$$=-\frac{1}{2}x\cos 2x+\frac{1}{4}\sin 2x+C.$$

2. 解法 1：$\displaystyle\int\cos(\ln x)\mathrm{d}x=x\cos(\ln x)-\int x\mathrm{d}[\cos(\ln x)]$

$$=x\cos(\ln x)+\int x\cdot\sin(\ln x)\cdot\frac{1}{x}\mathrm{d}x$$

$$=x\cos(\ln x)+\int\sin(\ln x)\mathrm{d}x$$

$$=x\cos(\ln x)+x\sin(\ln x)-\int x\mathrm{d}[\sin(\ln x)]$$

$$=x\cos(\ln x)+x\sin(\ln x)-\int\cos(\ln x)\mathrm{d}x$$

移项整理，得 $\displaystyle\int\cos(\ln x)\mathrm{d}x=\frac{1}{2}x[\cos(\ln x)+\sin(\ln x)]+C.$

解法 2：记 $I_1=\displaystyle\int\cos(\ln x)\mathrm{d}x$，因 $I_1=\displaystyle\int x\mathrm{d}[\sin(\ln x)]$，令 $I_2=\displaystyle\int x\mathrm{d}[\cos(\ln x)]=$

$-\displaystyle\int\sin(\ln x)\mathrm{d}x$，则由分部积分公式的变式 $\displaystyle\int u\mathrm{d}v+\int v\mathrm{d}u=uv$，得

$$I_1+I_2=\int\cos(\ln x)\mathrm{d}x+\int x\mathrm{d}[\cos(\ln x)]=x\cos(\ln x)$$

$I_1-I_2=\displaystyle\int x\mathrm{d}[\sin(\ln x)]-[-\int\sin(\ln x)\mathrm{d}x]=\int x\mathrm{d}[\sin(\ln x)]+\int\sin(\ln x)\mathrm{d}x=x\sin(\ln x)$

于是 $$I_1=\frac{1}{2}[x\cos(\ln x)+x\sin(\ln x)]+C$$

也可得 $$I_2=\frac{1}{2}[x\cos(\ln x)-x\sin(\ln x)]+C$$

【评注】 解法 2 称为用解方程组求不定积分法. 一般有以下三种情况：

(1) 欲求 $I_1=\displaystyle\int f(x)\mathrm{d}x$，需恰当地选择 $I_2=\displaystyle\int g(x)\mathrm{d}x$.

例如求 $I_1=\displaystyle\int\left(1-\frac{2}{x}\right)^2\mathrm{e}^x\mathrm{d}x$. 因 $I_1=\displaystyle\int\left(1-\frac{4}{x}+\frac{4}{x^2}\right)\mathrm{e}^x\mathrm{d}x$，令 $I_2=\displaystyle\int\left(1+\frac{4}{x}-\frac{4}{x^2}\right)\mathrm{e}^x\mathrm{d}x$.

(2) 欲求 $I_1=\displaystyle\int f(x)\mathrm{d}x$，可令 $I_2=\displaystyle\int xf(x)\mathrm{d}x$.

例如本题解法 2.

(3) 欲求 $I_1=\displaystyle\int f(x)\mathrm{d}g(x)$，需令 $I_2=\displaystyle\int g(x)\mathrm{d}f(x)$.

例如求 $I_1=\displaystyle\int\mathrm{e}^{ax}\sin bx\mathrm{d}x$，$I_2=\displaystyle\int\mathrm{e}^{ax}\cos bx\mathrm{d}x$. 因 $I_1=\frac{1}{a}\displaystyle\int\sin bx\mathrm{d}(\mathrm{e}^{ax})=-\frac{1}{b}\int\mathrm{e}^{ax}\mathrm{d}(\cos bx)$，而

$$I_2 = \int e^{ax} \cos bx \, dx = \frac{1}{b} \int e^{ax} d(\sin bx) = \frac{1}{a} \int \cos bx \, d(e^{ax}).$$

在这三种情况下,可以设法组成方程组

$$\begin{cases} I_1 + I_2 = F(x) \\ I_1 - I_2 = G(x) \end{cases}$$

这里,$I_1 \pm I_2$ 应较容易地求得,且约定:在解题过程中,$\int f(x) dx$ 表示 $f(x)$ 不带任意常数的原函数.

3. $\int x f'(2x) dx = \frac{1}{2} \int x f'(2x) d(2x) = \frac{1}{2} \int x \, df(2x)$

$$= \frac{1}{2} x f(2x) - \frac{1}{2} \int f(2x) dx = \frac{1}{2} x f(2x) - \frac{1}{4} \int f(2x) d(2x)$$

由于 $f(x) = \left(\dfrac{\sin x}{x}\right)' = \dfrac{x \cos x - \sin x}{x^2}$,因此

$$\int x f'(2x) dx = \frac{1}{2} x f(2x) - \frac{1}{4} \cdot \frac{\sin 2x}{2x} + C = \frac{\cos 2x}{4} - \frac{\sin 2x}{4x} + C$$

4. $f(x) = \ln |\sin x|, g(x) = -\cot x$.

提示:由分部积分公式知,$g'(x) = \csc^2 x, g(x) \cdot f'(x) = -\cot^2 x$.

5. 令 $t = \sin^2 x$,有 $f(t) = \dfrac{1}{\sqrt{t}} \arcsin \sqrt{t}$,则 $\int \dfrac{\sqrt{x}}{\sqrt{1-x}} f(x) dx = \int \dfrac{1}{\sqrt{1-x}} \arcsin \sqrt{x} \, dx$;

令 $u = \arcsin \sqrt{x}$,有 $x = \sin^2 u, dx = 2\sin u \cos u \, du$,则用分部积分法,得

$$\int \frac{\sqrt{x}}{\sqrt{1-x}} f(x) dx = \int \frac{u}{\cos u} 2\sin u \cos u \, du = 2 \int u \sin u \, du$$

$$= -2u \cos u + 2 \sin u + C = -2\sqrt{1-x} \arcsin \sqrt{x} + 2\sqrt{x} + C$$

6.4.5　同步练习

一、1. $\dfrac{2}{3x-1} + \dfrac{1}{x-1}$; 2. $\dfrac{1}{2(x-1)} - \dfrac{1}{x-2} + \dfrac{1}{2(x-3)}$; 3. $x - \dfrac{1}{x} - \arctan x + C$;

4. $\dfrac{x^3}{3} - x + \arctan x + C$; 5. $\dfrac{2}{5} \ln |3 + x^5| + C$.

二、1. $\int \dfrac{x^7}{1+x^8} dx = \dfrac{1}{8} \int \dfrac{1}{1+x^8} d(x^8+1) = \dfrac{1}{8} \ln(x^8+1) + C$.

2. $\int \dfrac{2x+3}{x^2+3x-10} dx = \int \dfrac{d(x^2+3x-10)}{x^2+3x-10} dx = \ln|x^2+3x-10| + C$.

3. 因为 $\dfrac{1}{(x-2)(x+1)^2} = \dfrac{1}{9(x-2)} - \dfrac{1}{9(x+1)} - \dfrac{1}{3(x+1)^2}$,

所以 $\int \dfrac{1}{(x-2)(x+1)^2} dx = \dfrac{1}{9} \int \dfrac{1}{x-2} dx - \dfrac{1}{9} \int \dfrac{1}{x+1} dx - \dfrac{1}{3} \int \dfrac{1}{(x+1)^2} dx$

$$= \frac{1}{9} \ln|x-2| - \frac{1}{9} \ln|x+1| + \frac{1}{3(x+1)} + C$$

$$= \frac{1}{9} \ln \left| \frac{x-2}{x+1} \right| + \frac{1}{3(x+1)} + C.$$

自测题 A

一、DACCD　BCABA

二、1. $\log_2 3x + C$；2. $\dfrac{\sin x}{x}\mathrm{d}x$；3. 0；4. $\dfrac{1}{2}f(2x) + C$；

5. $\dfrac{1}{x}\cos(\ln x)$；6. $\dfrac{1}{2}\ln^2 x + C$；7. $\arctan x - \ln|x| + C$；

8. $\dfrac{1}{4}\cos^4 x + \cos x + C$.

三、1. $\displaystyle\int (2^x + x^2 + 3)\,\mathrm{d}x = \int 2^x\,\mathrm{d}x + \int x^2\,\mathrm{d}x + 3\int \mathrm{d}x = \dfrac{2^x}{\ln 2} + \dfrac{1}{3}x^3 + 3x + C.$

2. $\displaystyle\int \dfrac{\mathrm{d}x}{\sin^2 x + 2\cos^2 x} = \int \dfrac{\mathrm{d}x}{\left(\dfrac{\sin^2 x}{\cos^2 x} + 2\right)\cos^2 x} = \int \dfrac{\mathrm{d}(\tan x)}{2 + \tan^2 x} = \dfrac{1}{\sqrt{2}}\arctan\dfrac{\tan x}{\sqrt{2}} + C.$

3. $\displaystyle\int \dfrac{1}{x(1 + \ln^2 x)}\,\mathrm{d}x = \int \dfrac{\mathrm{d}(\ln x)}{1 + \ln^2 x} = \arctan \ln x + C$

4. 解法 1：利用凑微分法（第一换元积分法），得

$$\int \dfrac{x^3}{\sqrt{1 + x^2}}\,\mathrm{d}x = \dfrac{1}{2}\int \dfrac{x^2}{\sqrt{1 + x^2}}\,\mathrm{d}(1 + x^2) = \dfrac{1}{2}\int \dfrac{1 + x^2 - 1}{\sqrt{1 + x^2}}\,\mathrm{d}(1 + x^2)$$

$$= \dfrac{1}{2}\int \sqrt{1 + x^2}\,\mathrm{d}(1 + x^2) - \dfrac{1}{2}\int \dfrac{1}{\sqrt{1 + x^2}}\,\mathrm{d}(1 + x^2)$$

$$= \dfrac{1}{3}(1 + x^2)^{\frac{3}{2}} - \sqrt{1 + x^2} + C$$

解法 2：令 $t = \sqrt{1 + x^2}$，即 $x = \sqrt{t^2 - 1}$，则 $\mathrm{d}x = \dfrac{t}{\sqrt{t^2 - 1}}\mathrm{d}t$. 由变量替换法（第二换元积分法）得

$$\int \dfrac{x^3}{\sqrt{1 + x^2}}\,\mathrm{d}x = \int \dfrac{(t^2 - 1)\sqrt{t^2 - 1}}{t}\dfrac{t}{\sqrt{t^2 - 1}}\,\mathrm{d}t = \int (t^2 - 1)\,\mathrm{d}t = \dfrac{1}{3}t^3 - t + C$$

$$= \dfrac{1}{3}(1 + x^2)^{\frac{3}{2}} - \sqrt{1 + x^2} + C$$

解法 3：注意到 $\sqrt{1 + x^2}$，令 $x = \tan t$，则 $\mathrm{d}x = \sec^2 t\,\mathrm{d}t$，由变量替换法（第二换元积分法）得

$$\int \dfrac{x^3}{\sqrt{1 + x^2}}\,\mathrm{d}x = \int (\sec^2 t - 1)\tan t\sec t\,\mathrm{d}x = \int \sec^2 t\,\mathrm{d}\sec t - \int \tan t\sec t\,\mathrm{d}t$$

$$= \dfrac{1}{3}\sec^3 t - \sec t + C = \dfrac{1}{3}(1 + x^2)^{\frac{3}{2}} - \sqrt{1 + x^2} + C$$

解法 4：因 $\displaystyle\int \dfrac{x}{\sqrt{1 + x^2}}\,\mathrm{d}x = \int \dfrac{1}{2}(1 + x^2)^{-\frac{1}{2}}\,\mathrm{d}(1 + x^2) = \sqrt{1 + x^2} + C$，故由分部积分法及凑微分法，得

$$\int \dfrac{x^3}{\sqrt{1 + x^2}}\,\mathrm{d}x = \int x^2\dfrac{x}{\sqrt{1 + x^2}}\,\mathrm{d}x = \int x^2\,\mathrm{d}(\sqrt{1 + x^2}) = x^2\sqrt{1 + x^2} - \int 2x\sqrt{1 + x^2}\,\mathrm{d}x$$

$$= x^2\sqrt{1 + x^2} - \int \sqrt{1 + x^2}\,\mathrm{d}(1 + x^2)$$

$$= x^2\sqrt{1 + x^2} - \dfrac{2}{3}(1 + x^2)^{\frac{3}{2}} + C$$

【评注】 可以采用多种积分方法计算同一个函数的积分.尽管它们的原函数在形式上不一定相同,但经求导运算容易验证所得结果都是正确的.请读者养成求导验证的习惯.

5. 提示:设 $u = e^x$,由 $f'(e^x) = 1 + x$,得 $f'(u) = 1 + \ln u$,$f(u) = \int (1 + \ln u) du = u \ln u + C$.

自测题 B

一、DDBCC BACBA

二、1. $\dfrac{1}{2 (\arccos x)^2} + C$;2. $-\dfrac{1}{x^2}$;3. $\dfrac{1}{2} (2x + 1)^2 + C$;4. $a \sec t$ 或 $a \csc t$;

5. $\sin x + (x - 1) \cos x$;6. 2;7. $\dfrac{1}{x} - \dfrac{2 \ln x}{x} + C$;8. $\dfrac{1}{2} f^2 (e^x) + C$.

三、1. $\displaystyle\int \frac{1 + x^2 + x^4}{x^2 (1 + x^2)} dx = \int \left(\frac{1}{x^2} + \frac{x^2}{1 + x^2} \right) dx$

$$= \int \left(\frac{1}{x^2} - \frac{1}{1 + x^2} + 1 \right) dx = -\frac{1}{x} - \arctan x + x + C.$$

2. 提示:将 $f'(x) = \dfrac{1}{\varphi'(y)}$,$dx = \varphi'(y) dy$ 代入 $\displaystyle\int \sqrt{f'(x)} dx$ 中.

3. $\displaystyle\int e^{\sqrt{x}} dx \xlongequal{\sqrt{x} = t} \int e^t \cdot 2t dt = 2 \int t d(e^t) = 2te^t - 2 \int e^t dt = 2te^t - 2e^t + C$

$$= 2\sqrt{x} e^{\sqrt{x}} - 2e^{\sqrt{x}} + C = 2e^{\sqrt{x}} (\sqrt{x} - 1) + C.$$

4. $\displaystyle\int x^2 \cos x dx = \int x^2 d(\sin x) = x^2 \sin x - \int \sin x d(x^2)$

$$= x^2 \sin x - 2 \int x \sin x dx = x^2 \sin x + 2 \int x d(\cos x)$$

$$= x^2 \sin x + 2x \cos x - 2 \int \cos x dx$$

$$= x^2 \sin x + 2x \cos x - 2 \sin x + C.$$

5. 因为 $f(x) = \left(\dfrac{\sin x}{1 + x \sin x} \right)' = \dfrac{\cos x - \sin^2 x}{(1 + x \sin x)^2}$,故

$$\int x^2 f(x^3) f'(x^3) dx = \frac{1}{3} \int f(x^3) f'(x^3) d(x^3) = \frac{1}{3} \int f(x^3) df(x^3)$$

$$= \frac{1}{6} f^2 (x^3) + C = \frac{(\cos x^3 - \sin^2 x^3)^2}{6 (1 + x^3 \sin x^3)^4} + C$$

6. 由于 $f(x - 1) = \ln \dfrac{x}{x - 2} = \ln \dfrac{(x - 1) + 1}{(x - 1) - 1}$,因此 $f(x) = \ln \dfrac{x + 1}{x - 1}$,又因为 $f[\varphi(x)] = \ln x$,所以

$$\ln \frac{\varphi(x) + 1}{\varphi(x) - 1} = \ln x$$

即

$$\varphi(x) = \frac{x + 1}{x - 1}$$

故 $\displaystyle\int \varphi(x) dx = \int \frac{x + 1}{x - 1} dx = \int \frac{x - 1 + 2}{x - 1} dx = \int \left(1 + \frac{2}{x - 1} \right) dx = x + 2 \ln |x - 1| + C.$

第 7 章

定 积 分

◆◇◆ **7.1　定积分的概念** ◆◇◆

7.1.1　基本要求

1. 理解和掌握定积分的概念.

2. 会利用定积分定义计算定积分和式极限.

3. 理解定积分的几何意义,并会用其求定积分.

4. 了解可积的条件.

7.1.2　知识要点

1. 定积分的定义和几何意义如表 7.1.1 所示.

表 7.1.1　定积分的定义及几何意义

定积分的概念	补充说明
定积分定义：设 $f(x)$ 是定义在 $[a,b]$ 上的函数,在 $[a,b]$ 中任意插入 $n-1$ 个分点,把区间 $[a,b]$ 分成 n 个小区间 $[x_0,x_1]$,$[x_1,x_2]$,$\cdots$,$[x_{i-1},x_i]$,$\cdots$,$[x_{n-1},x_n]$,各小区间的长度记为 $\Delta x_i = x_i - x_{i-1}(i = 1,2\cdots)$,在第 i 个小区间任取一点 $\xi_i \in [x_{i-1},x_i]$,作函数值 $f(\xi_i)$ 与小区间的长度 Δx_i 的乘积 $f(\xi_i)\Delta x_i(i = 1,2\cdots)$ 并求和 $\sum_{i=1}^{n} f(\xi_i)\Delta x_i$(称为积分和式).若无论对 $[a,b]$ 如何分割,在 $[x_{i-1},x_i]$ 上对 ξ_i 如何选取,令 $\lambda = \max_{1\leqslant i\leqslant n}\{\Delta x_i\}$,当 $\lambda \to 0$ 时,极限 $\lim\limits_{\lambda \to 0}\sum_{i=1}^{n} f(\xi_i)\Delta x_i$ 都存在,且极限值相等,则称该极限值为 $f(x)$ 在 $[a,b]$ 上的定积分.记为 $$\int_a^b f(x)\mathrm{d}x = \lim_{\lambda \to 0}\sum_{i=1}^{n} f(\xi_i)\Delta x_i$$ 其中 x 称为积分变量；$[a,b]$ 称为积分区间；a 称为积分上限；b 称为积分下限；$f(x)$ 称为被积函数；$f(x)\mathrm{d}x$ 称为被积表达式. 　如果 $f(x)$ 在 $[a,b]$ 上的定积分存在,就说 $f(x)$ 在 $[a,b]$ 上可积；否则,$f(x)$ 在 $[a,b]$ 上不可积	(1) 定积分是特殊的和式极限. 　(2) 定积分 $\int_a^b f(x)\mathrm{d}x$ 是一个确定的常数. 　(3) 定积分仅与被积函数及积分区间有关,而与积分变量用什么字母表示无关,即 $$\int_a^b f(x)\mathrm{d}x = \int_a^b f(t)\mathrm{d}t$$ $$= \int_a^b f(u)\mathrm{d}u$$
定积分的几何意义： 　当 $f(x) > 0$ 时,$\int_a^b f(x)\mathrm{d}x$ 在几何上表示由曲线 $y = f(x)$ 与直线 $x = a$,$x = b$,$y = 0$ 所围成的曲边梯形的面积(注意 $a < b$)；当 $f(x) < 0$ 时,$-f(x) > 0$,这时由曲线 $y = f(x)$ 与直线 $x = a$,$x = b$,$y = 0$ 所围成的曲边梯形面积为 $$A = \lim_{\lambda \to 0}\sum_{i=1}^{n}[-f(\xi_i)]\Delta x_i = -\lim_{\lambda \to 0}\sum_{i=1}^{n} f(\xi_i)\Delta x_i = -\int_a^b f(x)\mathrm{d}x$$ 因此当 $f(x) < 0$ 时 $\int_a^b f(x)\mathrm{d}x = -A$；对一般函数 $f(x)$ 而言,$\int_a^b f(x)\mathrm{d}x$ 在几何上表示由曲线 $y = f(x)$ 与直线 $x = a$,$x = b$,$y = 0$ 所围成的曲边梯形各部分面积的代数和	利用定积分的几何意义可以简化计算定积分

2.可积条件如表7.1.2所示.

表 7.1.2　可积条件

名称	定理	说明
必要条件	设函数 $f(x)$ 在区间 $[a,b]$ 上可积,则它一定是区间上的有界函数.(**可积必有界**)	（1）反之不一定,即闭区间上的有界函数不一定可积,例如狄利克雷函数 $$f(x)=\begin{cases}1, & x\text{ 是有理数} \\ 0, & x\text{ 是无理数}\end{cases}$$ 在闭区间 $[0,1]$ 上有界但不可积. （2）其逆否命题"**无界函数一定不可积**"可用于判断函数不可积
充分条件	（1）设 $f(x)$ 在区间 $[a,b]$ 上连续,则 $f(x)$ 在 $[a,b]$ 上可积. 　（2）设 $f(x)$ 在区间 $[a,b]$ 上有界,且只有有限个第一类间断点,则 $f(x)$ 在 $[a,b]$ 上可积. 　（3）设 $f(x)$ 在区间 $[a,b]$ 上单调有界,则 $f(x)$ 在 $[a,b]$ 上可积	（1）$f(x)$ 在 $[a,b]$、$[a,b)$、$(a,b]$ 和 (a,b) 上的定积分同时存在且相等. 　（2）单调函数即使有无限多个间断点,仍不失其可积性
充要条件	设 $f(x)$ 在 $[a,b]$ 上有界,在 $[a,b]$ 中插入分点 $$a=x_0<x_1<\cdots<x_{n-1}<x_n=b$$ 把 $[a,b]$ 分成 n 个小区间:$[x_0,x_1],\cdots,[x_{i-1},x_i],\cdots,$ $[x_{n-1},x_n]$,记 $$M_i=\sup\{f(x)\,|\,x\in[x_{i-1},x_i]\}$$ $$m_i=\inf\{f(x)\,|\,x\in[x_{i-1},x_i]\}$$ $$\omega_i=M_i-m_i,\Delta x_i=x_i-x_{i-1}$$ $\lambda=\max\{\Delta x_1,\cdots,\Delta x_i,\cdots,\Delta x_n\}(i=1,2,\cdots,n)$,若 $\lim\limits_{\lambda\to 0}\sum\limits_{i=1}^{n}\omega_i\Delta x_i=0$,则函数 $f(x)$ 在 $[a,b]$ 上可积	

7.1.3　答疑解惑

1.函数的定积分和不定积分有什么区别?

答:不定积分本质上是给定一个函数,寻找这个函数的原函数的过程,在不考虑相差常数的意义下,不定积分可以看作求导运算的逆运算,其结果是一个函数族.定积分却完全不同,定积分是一个特殊的和式极限,给一个函数和一个区间,对区间进行无穷分割,再把每个区间上的函数值加起来的一个过程,其结果是一个确定的常数.

2.函数的积分值与哪些因素有关?

答:函数的积分值仅与被积函数和积分区间有关,与积分变量的字母以及在定义区间的分法和 ξ_i 的取法无关,并且在定义区间的分法和 ξ_i 的取法都是任意的.

7.1.4　典型例题分析

题型 1　利用定积分定义求定积分

在利用定积分定义求定积分时,无论对 $[a,b]$ 如何分割,在 $[x_{i-1},x_i]$ 上对 ξ_i 如何选取,只要函数是可积的,则结果一定相等,故一般是采用将 $[a,b]$ 平分为 n 等份,分点的坐标为 $x_i = a + \dfrac{b-a}{n}i\ (i=0,1,\cdots,n)$,每一个小区间的长 $\Delta x_i = x_i - x_{i-1} = \Delta x = \dfrac{b-a}{n}$,$f(\xi_i)$ 中 ξ_i 统一取小区间上一特殊点(如小区间的左(右)端点),先作积分和式 $\displaystyle\sum_{i=1}^{n} f(\xi_i)\Delta x_i$,然后令 $\Delta x \to 0$,这时必有 $n \to \infty$,算出积分和式的极限,即为所求定积分. 这样便可以简化计算.

【例 7-1-1】　利用等分区间计算积分和的极限求定积分 $\displaystyle\int_a^b x\,\mathrm{d}x\ (a<b)$.

分析: 通过"分割-近似-求和-取极限"四个步骤求函数 $f(x)=x$ 在定义区间 $[a,b]$ 上的定积分.

解　将区间 $[a,b]$ 分作 n 等分,则分点的坐标为 $x_i = a + \dfrac{b-a}{n}i\ (i=0,1,\cdots,n)$,小区间的长度 $\Delta x_i = \Delta x = \dfrac{b-a}{n}$. 取 $\xi_i = a + \dfrac{b-a}{n}i$(小区间的右端点),作 $f(x)=x$ 的积分和式

$$S_n = \sum_{i=1}^{n} f(\xi_i)\Delta x_i = \sum_{i=1}^{n} \xi_i \Delta x_i = \sum_{i=1}^{n}\left(a+\frac{b-a}{n}i\right)_i \frac{b-a}{n}$$

$$= \frac{b-a}{n}\sum_{i=1}^{n}\left(a+\frac{b-a}{n}i\right) = \frac{b-a}{n}\left(na + \frac{b-a}{n}\sum_{i=1}^{n}i\right)$$

$$= (b-a)a + \frac{(b-a)^2}{n^2}\frac{(1+n)n}{2}$$

$$= (b-a)a + \frac{(b-a)^2(1+n)}{2n}$$

于是　　　　$\displaystyle\int_a^b x\,\mathrm{d}x = \lim_{n\to\infty}S_n = (b-a)a + \frac{(b-a)^2}{2} = \frac{1}{2}(b^2-a^2)$

若取 $\xi_i = \dfrac{x_i+x_{i+1}}{2}$,即区间 $[x_{i-1},x_i]$ 的中点,则也可方便求得

$$S_n = \sum_{i=1}^{n}\frac{1}{2}(x_i+x_{i-1})(x_i-x_{i-1}) = \frac{1}{2}\left(\sum_{i=1}^{n}x_i^2 - \sum_{i=1}^{n}x_{i-1}^2\right)$$

$$= \frac{1}{2}(x_n^2 - x_0^2) = \frac{1}{2}(b^2-a^2)$$

同样可得 $\displaystyle\int_a^b x\,\mathrm{d}x = \lim_{n\to+\infty}S_n = \frac{1}{2}(b^2-a^2)$.

此题也可利用定积分的几何意义进行求解,如【例 7-1-2】.

题型 2　利用定积分的几何意义计算定积分

【例 7-1-2】　根据定积分的几何意义求定积分 $I = \displaystyle\int_a^b x\,\mathrm{d}x\ (a<b)$.

分析: 根据定积分的几何意义,这里需要考虑 a、b 和 0 的大小关系,所以分三种情形 $0 \leqslant a < b$、$a < 0 < b$ 和 $a < b \leqslant 0$,再根据这三种情形分别求函数在定义区间 $[a,b]$ 上的定积分.

解 设 $0 \leqslant a < b$,则 $I = \int_a^b x \mathrm{d}x$ 表示图 7.1.1 中梯形 $ABCD$(当 $a = 0$ 时 A、D 重合为三角形)的面积,梯形的高为 $b - a$,两个底边长分别为 a 与 b,于是有

$$I = \frac{1}{2}(b + a)(b - a) = \frac{1}{2}(b^2 - a^2)$$

设 $a < 0 < b$,则 $I = \int_a^b x \mathrm{d}x$ 表示图 7.1.2 中三角形 OBC 面积减去三角形 OAD 面积,于是有

$$I = \frac{1}{2}b \cdot b - \frac{1}{2}a \cdot a = \frac{1}{2}(b^2 - a^2)$$

当 $a < b \leqslant 0$ 时类似.

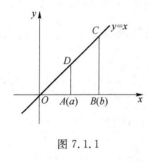

图 7.1.1   图 7.1.2

题型 3 利用定积分求和式极限

【例 7-1-3】 求 $\lim\limits_{n \to \infty} \left(\dfrac{1}{n+1} + \dfrac{1}{n+2} + \cdots + \dfrac{1}{n+n} \right)$.

分析:求无穷项之和的极限时,能分出 $\dfrac{1}{n}$ 因子的,一般可考虑利用定积分求极限. 本题将和式提取出 $\dfrac{1}{n}$ 因子,进行整理后,可直接利用定积分的定义求和式极限.

解 $\dfrac{1}{n+1} + \dfrac{1}{n+2} + \cdots + \dfrac{1}{n+n} = \dfrac{1}{n} \left(\dfrac{1}{1 + \frac{1}{n}} + \dfrac{1}{1 + \frac{2}{n}} + \cdots + \dfrac{1}{1 + \frac{n}{n}} \right)$

$$= \frac{1}{n} \sum_{i=1}^{n} \frac{1}{1 + \frac{i}{n}}$$

这相当于区间 $[0, 1]$ 作 n 等分,其分点为 $0 < \dfrac{1}{n} < \dfrac{2}{n} < \cdots < \dfrac{n}{n} = 1$. 在每一个小区间 $\left[\dfrac{i-1}{n}, \dfrac{i}{n} \right]$ 上取点 $\xi_i = \dfrac{i}{n}$,函数 $f(x) = \dfrac{1}{1 + x}$ 的一个积分和 $\sum\limits_{i=1}^{n} f(\xi_i) \Delta x_i$,$\Delta x_i = \dfrac{1}{n}$,$1 \leqslant i \leqslant n$.

则由定积分定义知

$$\int_0^1 \frac{1}{1 + x} \mathrm{d}x = \lim_{n \to \infty} \sum_{i=1}^{n} \frac{1}{1 + \frac{i}{n}} \cdot \frac{1}{n}$$

又因为

$$\int_0^1 \frac{1}{1 + x} \mathrm{d}x = \ln 2$$

所以
$$\lim_{n \to \infty}\left(\frac{1}{n+1}+\frac{1}{n+2}+\cdots+\frac{1}{n+n}\right)=\ln 2$$

题型 4 利用可积条件判断函数是否可积

【例 7-1-4】 下列函数中,在区间 $[-1,3]$ 上不可积的是(   ).

A. $f(x)=\begin{cases}3, & -1<x<3 \\ 0, & x=-1, x=3\end{cases}$ B. $f(x)=\begin{cases}\mathrm{e}^{\frac{1}{x^2}} & x\neq 0 \\ 1, & x=0\end{cases}$

C. $f(x)=\begin{cases}\dfrac{\sin x}{x}, & x\neq 0 \\ 1, & x=0\end{cases}$ D. $f(x)=\begin{cases}\cos\dfrac{1}{x}, & x\neq 0 \\ 0, & x=0\end{cases}$

分析:可积的必要条件常常用于判断或证明函数不可积(即函数 $f(x)$ 在 $[a,b]$ 上至少有一个无界点,则 $f(x)$ 在 $[a,b]$ 上不可积);函数可积的充分条件常常是判断函数是否可积的重要方法.

解 选 B. 因 $f(x)$ 在 $[a,b]$ 上有界是可积的必要条件,而 $\lim\limits_{x \to 0}\mathrm{e}^{\frac{1}{x^2}}=+\infty$,即 $f(x)$ 在 $[-1,3]$ 上有无穷型间断点 $x=0$.

选项 A 在 $[-1,3]$ 上有界,只有两个间断点 $x=-1, x=3$;选项 C 在 $[-1,3]$ 上连续;选项 D 在 $[-1,3]$ 上有界,只有一个间断点 $x=0$.

7.1.5 同步练习

一、选择题

1. $\displaystyle\int_b^a f(x)\mathrm{d}x = (\quad)$.

A. $\displaystyle\int_b^a f(x)$ B. $\displaystyle\int_b^a f(t)\mathrm{d}t$ C. $f(x)$ D. $F(x)$

2. $\displaystyle\int_a^b 2\mathrm{d}x = (\quad)$.

A. $a-b$ B. $b-a$ C. $2(b-a)$ D. $2(a-b)$

3. $\displaystyle\int_{-3}^3 3x\mathrm{d}x = (\quad)$.

A. 1   B. 6   C. 0   D. -6

4. 下列说法中正确的是(   ).

A. 定积分和不定积分都简称积分,它们没有本质上的区别

B. 定积分本质上是特殊和式的极限,其结果是一个常数

C. 若 $f(x)$ 在区间 $[a,b]$ 上可积,则 $f(x)$ 在区间 $[a,b]$ 上一定连续

D. 若 $f(x)$ 在区间 $[a,b]$ 上有界,则 $f(x)$ 在区间 $[a,b]$ 上可积

5. 定积分 $\displaystyle\int_b^a f(x)\mathrm{d}x$ 的大小(   ).

A. 与 $f(x)$ 和区间 $[a,b]$ 有关,与 ξ_i 的取法无关

B. 与 $f(x)$ 有关,与区间 $[a,b]$ 以及 ξ_i 的取法无关

C. 与 $f(x)$ 以及 ξ_i 的取法有关,与区间 $[a,b]$ 无关

D. 与 $f(x)$、区间 $[a,b]$ 和 ξ_i 的取法都有关

二、填空题

1. $\int_{-1}^{1} x^3 \mathrm{d}x =$ _____.

2. $\int_{-\frac{\pi}{3}}^{\frac{\pi}{3}} \sin x \mathrm{d}x =$ _____.

3. 函数 $f(x)$ 在 $[a,b]$ 上连续,是 $f(x)$ 在 $[a,b]$ 上可积的 _____ 条件.

4. 由曲线 $y = \ln x$ 与直线 $x = \mathrm{e}, x = 3\mathrm{e}$ 及 x 轴所围成的曲边梯形面积,用定积分表示为 _____.

5. 图 7.1.3 中阴影部分的面积用定积分表示为 _____.

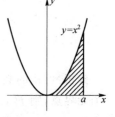

图 7.1.3

三、解答题

1. 根据定积分的几何意义求定积分 $\int_{-1}^{2} (-x)\mathrm{d}x$.

2. 根据定积分的几何意义,求由直线 $y = 3x, x = 0, y = 0, y = 3$ 所围成的图形的面积,并分别以 x 和 y 作为积分变量,用定积分表示这个面积.

3. 分别用定积分的定义和定积分的几何意义求 $S = \int_{0}^{1} 2x\mathrm{d}x$.

◆ 7.2　定积分的性质 ◆

7.2.1　基本要求

1. 掌握定积分的性质,并会用其求定积分.

2. 会利用估值不等式对定积分估值.

3. 理解定积分中值定理,并会用其求定积分.

7.2.2　知识要点

定积分的性质如表 7.2.1 所示.

表 7.2.1　定积分的性质

性质 1 (定积分的规定性)	规定交换积分的上、下限后,所得的积分值与原积分值互为相反数, 即 $\qquad\int_{a}^{b} f(x)\mathrm{d}x = -\int_{b}^{a} f(x)\mathrm{d}x$ 特别地,有 $\qquad\int_{a}^{a} f(x)\mathrm{d}x = 0$
性质 2 (定积分的数乘性)	若 $f(x)$ 在 $[a,b]$ 上可积,k 为一实数,则 $kf(x)$ 在 $[a,b]$ 上也可积,且有 $$\int_{a}^{b} kf(x)\mathrm{d}x = k\int_{a}^{b} f(x)\mathrm{d}x$$
性质 3 (定积分对被积函数可加性)	若 $f(x), g(x)$ 在 $[a,b]$ 上可积,则 $f(x) \pm g(x)$ 在 $[a,b]$ 上也可积,且 $$\int_{a}^{b} [f(x) \pm g(x)]\mathrm{d}x = \int_{a}^{b} f(x)\mathrm{d}x \pm \int_{a}^{b} g(x)\mathrm{d}x$$

续表

性质 4 （定积分对积分区间可加性）	设 $f(x)$ 在所讨论的区间上都是可积的，对于任意的三个数 a、b、c 总有 $$\int_a^b f(x)\mathrm{d}x = \int_a^c f(x)\mathrm{d}x + \int_c^b f(x)\mathrm{d}x$$
性质 5 （定积分的保序性）	设 $f(x)$，$g(x)$ 在 $[a,b]$ 上可积，且有 $f(x) \leqslant g(x)$，则有 $$\int_a^b f(x)\mathrm{d}x \leqslant \int_a^b g(x)\mathrm{d}x$$
推论 1 （定积分的保号性）	若 $f(x) \geqslant 0$ 对 $x \in [a,b]$ 成立，则有 $\int_a^b f(x)\mathrm{d}x \geqslant 0$
推论 2 （定积分的有界性）	若在 $[a,b]$ 上有 $m \leqslant f(x) \leqslant M$，$m$、$M$ 是两个实数，则有 $$m(b-a) \leqslant \int_a^b f(x)\mathrm{d}x \leqslant M(b-a)$$
推论 3 （定积分的绝对值不等式）	若 $f(x)$ 在 $[a,b]$ 上可积，则有 $$\left|\int_a^b f(x)\mathrm{d}x\right| \leqslant \int_a^b |f(x)|\mathrm{d}x$$
性质 6 （定积分中值定理）	如果函数 $f(x)$ 在闭区间 $[a,b]$ 上连续，则在 $[a,b]$ 上至少存在一点 ξ，使得 $$\int_a^b f(x)\mathrm{d}x = f(\xi)(b-a)\ (a \leqslant \xi \leqslant b)$$

注意：性质 2、性质 3 可推广到有限个函数的情形，即如果 $f_1(x)$，$f_2(x)$，$\cdots$，$f_n(x)$ 都在 $[a,b]$ 上可积，$k_1,k_2,\cdots,k_n$ 是实数，那么有

$$\int_a^b [k_1 f_1(x) + k_2 f_2(x) + \cdots + k_n f_n(x)]\mathrm{d}x$$
$$= k_1 \int_a^b f_1(x)\mathrm{d}x + k_2 \int_a^b f_2(x)\mathrm{d}x + \cdots + k_n \int_a^b f_n(x)\mathrm{d}x$$

7.2.3 答疑解惑

1.如何证明定积分的性质3？

证明
$$\int_a^b [f(x) \pm g(x)]\mathrm{d}x = \lim_{\lambda \to 0} \sum_{i=1}^n [f(\xi_i) \pm g(\xi_i)]\Delta x_i$$
$$= \lim_{\lambda \to 0} \sum_{i=1}^n f(\xi_i)\Delta x_i \pm \lim_{\lambda \to 0} \sum_{i=1}^n g(\xi_i)\Delta x_i$$
$$= \int_a^b f(x)\mathrm{d}x \pm \int_a^b g(x)\mathrm{d}x$$

可见，定积分的性质不是凭空得来的，而是根据定义及相关的运算法则推导出来的.

2.定积分的相关性质一般用于解决什么类型的问题？

答：（1）与定积分不等式命题相关的证明可考虑定积分性质中与比较有关的几个性质（保号性、保序性、有界性、绝对值不等式和积分中值定理）.

（2）与定积分、被积函数和积分区间相关的命题的证明，可考虑定积分的积分中值定理.

定积分中值定理架起了定积分与被积函数和积分区间之间的桥梁,使得定积分的研究可以转换为被积函数来研究.

(3)对于包含积分的绝对值,或绝对值的积分,一般可考虑定积分绝对值不等式和三角不等式来探索证明思路与方法.

(4)不可积函数相关积分式的结论探索一般可以考虑应用定积分中值定理,通过探索被积函数的性质来探索可能的思路.

7.2.4 典型例题分析

题型 1 利用定积分的性质求值

【例 7-2-1】 已知 $\int_1^3 f(x)\mathrm{d}x = a$,$\int_3^1 g(x)\mathrm{d}x = b$,求 $\int_1^3 [3f(x) + 2g(x)]\mathrm{d}x$.

分析:本题利用定积分的性质即可求解.

解 由性质1(定积分的规定性)、性质2(定积分的数乘性)、性质3(定积分对被积函数可加性)得

$$\int_1^3 [3f(x) + 2g(x)]\mathrm{d}x = \int_1^3 3f(x)\mathrm{d}x + \int_1^3 2g(x)\mathrm{d}x = 3\int_1^3 f(x)\mathrm{d}x + 2\int_1^3 g(x)\mathrm{d}x$$

$$= 3\int_1^3 f(x)\mathrm{d}x - 2\int_3^1 g(x)\mathrm{d}x = 3a - 2b$$

题型 2 估计定积分的值

【例 7-2-2】 估计积分 $\int_1^3 \dfrac{1}{2+x^4}\mathrm{d}x$ 的值.

分析:利用推论2(定积分的有界性)即可求解.

解 设 $f(x) = \dfrac{1}{2+x^4}$,函数 $f(x)$ 在区间[1,3]上单调递减,有

$1 \leqslant x^4 \leqslant 81, 3 \leqslant 2 + x^4 \leqslant 83$,即 $\dfrac{1}{83} \leqslant \dfrac{1}{2+x^4} \leqslant \dfrac{1}{3}$,$\int_1^3 \dfrac{1}{83}\mathrm{d}x < \int_1^3 \dfrac{1}{2+x^4}\mathrm{d}x < \int_1^3 \dfrac{1}{3}\mathrm{d}x$,

故 $\dfrac{2}{83} < \int_1^3 \dfrac{1}{2+x^4}\mathrm{d}x < \dfrac{2}{3}$.

题型 3 比较两个积分大小

【例 7-2-3】 比较下列积分大小:

$$\int_0^{\frac{\pi}{2}} \sin^2 x\,\mathrm{d}x \ \text{与} \ \int_0^{\frac{\pi}{2}} x^2\,\mathrm{d}x.$$

分析:常用性质5(保序性),来比较积分区间相同的两个定积分值的大小,先在该区间上比较被积函数的大小即可.

解 当 $x \in \left[0, \dfrac{\pi}{2}\right]$ 时,$0 \leqslant \sin x \leqslant x \Rightarrow \sin^2 x \leqslant x^2$,根据性质5,有

$$\int_0^{\frac{\pi}{2}} \sin^2 x\,\mathrm{d}x < \int_0^{\frac{\pi}{2}} x^2\,\mathrm{d}x$$

7.2.5　同步练习

一、选择题

1. 已知 $\int_{-1}^{0} x^2 \mathrm{d}x = \dfrac{1}{3}$，$\int_{-1}^{0} x \mathrm{d}x = -\dfrac{1}{2}$，则 $\int_{-1}^{0}(2x^2 - 3x)\mathrm{d}x = ($ 　　$)$.

A. $\dfrac{13}{6}$　　　　　B. $-\dfrac{13}{6}$　　　　　C. $\dfrac{5}{6}$　　　　　D. $-\dfrac{5}{6}$

2. 已知 $\int_{0}^{1} 4x^3 \mathrm{d}x = 1$，$\int_{0}^{2} 4x^3 \mathrm{d}x = 16$，则 $\int_{1}^{2} 4x^3 \mathrm{d}x$ 等于$($ 　　$)$.

A. 4　　　　　　　B. 17　　　　　　　C. 16　　　　　　　D. 15

3. 若 $f(x)$ 在所讨论的区间上都可积，且 a,b,c 是任意实数，则下列等式中正确的是$($ 　　$)$.

A. $\int_{a}^{b} f(x)\mathrm{d}x = \int_{a}^{c} f(x)\mathrm{d}x + \int_{b}^{c} f(x)\mathrm{d}x$　　　　B. $\int_{a}^{b} f(x)\mathrm{d}x = \int_{a}^{c} f(x)\mathrm{d}x + \int_{c}^{b} f(x)\mathrm{d}x$

C. $\int_{a}^{b} f(x)\mathrm{d}x = \int_{a}^{c} f(x)\mathrm{d}x + \int_{c}^{b} f(x)\mathrm{d}x$　　　　D. $\int_{a}^{c} f(x)\mathrm{d}x = \int_{a}^{c} f(x)\mathrm{d}x + \int_{a}^{b} f(x)\mathrm{d}x$

4. 估计积分 $\int_{0}^{\pi} \dfrac{1}{3 + \sin^3 x}\mathrm{d}x$ 的值$($ 　　$)$.

A. $\left[\dfrac{1}{4}, \dfrac{1}{3}\right]$　　　　B. $\left[\dfrac{\pi}{4}, \dfrac{\pi}{2}\right]$　　　　C. $\left[\dfrac{\pi}{4}, \dfrac{\pi}{3}\right]$　　　　D. $\left[\dfrac{1}{4}, \dfrac{1}{2}\right]$

5. 下列大小关系中正确的是$($ 　　$)$.

A. $\int_{0}^{1} x^2 \mathrm{d}x > \int_{0}^{1} x \mathrm{d}x$　　　　　　　B. $\int_{0}^{1} x^2 \mathrm{d}x \geqslant \int_{0}^{1} x \mathrm{d}x$

C. $\int_{0}^{1} x^2 \mathrm{d}x < \int_{0}^{1} x \mathrm{d}x$　　　　　　　D. $\int_{0}^{1} x^2 \mathrm{d}x = \int_{0}^{1} x \mathrm{d}x$

二、填空题

1. 已知 $f(x)$ 是连续函数，且 $\int_{0}^{3} f(x)\mathrm{d}x = 3$，$\int_{0}^{4} f(x)\mathrm{d}x = 7$，则 $\int_{3}^{4} f(x)\mathrm{d}x = $ _____.

2. $\int_{1}^{2} \ln x \mathrm{d}x$ _____ $\int_{1}^{2} (\ln x)^2 \mathrm{d}x$.

3. $\int_{0}^{1} \sin^2 x \mathrm{d}x$ _____ $\int_{0}^{1} \sin x \mathrm{d}x$.

4. 已知 $f(x) = \begin{cases} \mathrm{e}^x, & x \geqslant 0 \\ 1 + x^2, & x < 0 \end{cases}$，则 $\int_{\frac{1}{2}}^{2} f(1-x)\mathrm{d}x = $ _____.

5. $\int_{0}^{2} |x-1| \mathrm{d}x = $ _____.

三、解答题

1. 已知 $\int_{1}^{2} f(x)\mathrm{d}x = A$，$\int_{1}^{2} g(x)\mathrm{d}x = B$，求 $\int_{2}^{1}[f(x) + 3g(x)]\mathrm{d}x$ 的值.

2. 证明定积分的性质 2.

3. 求 $\int_{0}^{1} |x-t| x \mathrm{d}x$.

◆ **7.3 微积分基本定理** ◆

7.3.1 基本要求

1.理解积分上限函数,会求它的导数.

2.熟练掌握利用牛顿 — 莱布尼兹公式计算定积分.

7.3.2 知识要点

微积分知识点如表 7.3.1 所示.

表 7.3.1 微积分知识点

积分上限 函数定义	设函数 $f(x)$ 在 $[a,b]$ 上连续,$x \in [a,b]$ 则 $f(t)$ 在区间 $[a,x]$ 上也连续,因此定积分 $\int_a^x f(t)\mathrm{d}t$ 一定存在,当 x 在 $[a,b]$ 上任意给定一个值时,定积分 $\int_a^x f(t)\mathrm{d}t$ 都有唯一确定的值与它相对应,因此 $\int_a^x f(t)\mathrm{d}t$ 是 x 的函数,称之为积分上限函数(也称变上限积分函数),记作 $\Phi(x)$,即 $$\Phi(x) = \int_a^x f(t)\mathrm{d}t, x \in [a,b]$$ (1) 应用:原函数存在定理(亦称微积分基本定理) 如果 $f(x)$ 在 $[a,b]$ 上连续,则积分上限函数 $\Phi(x) = \int_a^x f(t)\mathrm{d}t, x \in [a,b]$ 在 $[a,b]$ 可导,且 $\Phi'(x) = f(x)$. 即函数 $\Phi(x)$ 是被积函数 $f(x)$ 在 $[a,b]$ 上的一个原函数,并且 $\Phi(x)$ 在 $[a,b]$ 上连续,也可写成 $$\frac{\mathrm{d}}{\mathrm{d}x}\int_a^x f(t)\mathrm{d}t = f(x)$$ (2) 注意:定积分 $\int_a^x f(t)\mathrm{d}t (a < x < b)$ 中,x 是积分上限,它在 $[a,b]$ 上变化,而 t 是积分变量,它在 $[a,x]$ 上变化
牛顿 — 莱布尼兹 公式(微 积分基本 公式)	设 $f(x)$ 在 $[a,b]$ 上连续,$F(x)$ 是 $f(x)$ 的一个原函数,即 $F'(x) = f(x)$,则有 $$\int_a^b F'(x)\mathrm{d}x = \int_a^b f(x)\mathrm{d}x = F(b) - F(a)$$ 也可以写成 $$\int_a^b f(x)\mathrm{d}x = F(b) - F(a) = F(x)\Big|_a^b \text{ 或 } \int_a^b F'(x)\mathrm{d}x = F(x)\Big|_a^b$$

7.3.3 答疑解惑

1.为什么牛顿 — 莱布尼兹公式叫作微积分基本公式?

答:牛顿(Newton)— 莱布尼兹(Leibniz)公式也叫微积分基本公式.由牛顿 — 莱布尼兹公式可知,求连续函数 $f(x)$ 在 $[a,b]$ 上的定积分,只需要找到 $f(x)$ 的任意一个原函数 $F(x)$,并计算出差 $F(b) - F(a)$ 即可.由于 $f(x)$ 的原函数 $F(x)$ 一般可由求不定积分的方法求得,因此

牛顿 — 莱布尼兹公式可巧妙地把定积分的计算问题与不定积分联系起来,把定积分的计算转化为求被积函数的一个原函数在上、下限之差的问题.

它把微分学 $(\mathrm{d}F(x) = F'(x)\mathrm{d}x)$ 与积分学 $\left(\int_a^b F'(x)\mathrm{d}x\right)$ 神奇地连接起来,是微积分的基本定理,注意它的应用条件是连续函数.

2. 如何解决被积函数中包含绝对值函数的情形?

答:对于包含绝对值的函数、最值函数、符号函数、取整函数等非初等函数描述形式描述的函数,一般写出其分段初等函数的描述形式,借助积分的可加性,分区间分别积分再求和,或者借助定积分的性质或计算性质简化、转换积分计算.

3. 如何解决变限积分函数的求导问题?

答:这里将变上限积分函数(积分上限函数)、变下限积分函数(积分下限函数)及变上限和变下限积分函数(积分上限和积分下限函数)统称为变限积分函数. 对于变限积分函数的求导,通常将其转换为变上限函数积分求导,求导时,将上限的变量代入到被积函数中去,再对变量求导即可.

4. 下列解答是否正确?为什么?

$$\int_{-1}^{2} \frac{1}{x}\mathrm{d}x = [\ln |x|]_{-1}^{2} = \ln 2$$

答:错. 因为 $f(x) = \dfrac{1}{x}$ 在 $x = 0$ 处不连续,所以不能用牛顿 — 莱布尼兹公式求定积分. 该定积分其实是不存在的,因为函数 $f(x) = \dfrac{1}{x}$ 在 $[-1,2]$ 上无界.

7.3.4　典型例题分析

题型 1　求变限积分函数的导数

【例 7-3-1】　求 $\Phi(x) = \int_1^{x^2} \sin 2t\,\mathrm{d}t$ 的导数 $\Phi'(x)$.

分析:变上限积分函数(积分上限函数)$\Phi(x) = \int_a^x f(t)\mathrm{d}t$ 的导数 $\Phi'(x) = f(x)$,但是当上限为变量 x 的函数时,不能直接利用该公式,此时可将整个积分上限设为新的变量 u,则函数 $\Phi(x)$ 变为 x 的复合函数,u 为中间变量,再利用复合函数的求导法则求导.

解　令 $u = x^2$,则 $\Phi(x) = F(u) = \int_1^u \sin 2t\,\mathrm{d}t$,由复合函数的求导法则得

$$\Phi'(x) = \frac{\mathrm{d}F(u)}{\mathrm{d}u} \cdot \frac{\mathrm{d}u}{\mathrm{d}x} = \frac{\mathrm{d}}{\mathrm{d}u}\int_1^u \sin 2t\,\mathrm{d}t \cdot 2x = 2x\sin 2u = 2x\sin 2x^2$$

【评注】　这类问题的关键是要清楚变上限积分函数(或其变形)导数的一般形式. 若将以上过程一般化,可有:$\dfrac{\mathrm{d}}{\mathrm{d}x}\int_a^{\varphi(x)} f(t)\mathrm{d}t = f[\varphi(x)]\varphi'(x)$.

一般地,有下列变限积分函数的求导法则:

(1) 若 $\Phi(x) = \int_a^x f(t)\mathrm{d}t$,则 $\Phi'(x) = f(x)$;

(2) 若 $\Phi(x) = \int_a^{\varphi(x)} f(t)\mathrm{d}t$,则 $\Phi'(x) = f[\varphi(x)]\varphi'(x)$;

(3) 若 $\Phi(x) = \int_{\varphi_1(x)}^{\varphi_2(x)} f(t)\mathrm{d}t$,则 $\Phi'(x) = f[\varphi_2(x)]\varphi_2'(x) - f[\varphi_1(x)]\varphi_1'(x)$.

题型 2　求含变限积分函数的极限

【例 7-3-2】　求极限 $\lim\limits_{x\to 0} \dfrac{\displaystyle\int_0^{x^2} \sqrt{1+t^2}\,\mathrm{d}t}{x^2}$.

分析：求含变限积分函数的极限，首先判断是否为 $\dfrac{0}{0}$ 型或 $\dfrac{\infty}{\infty}$ 型，然后与一般求极限方法一致，通常要涉及洛必达法则、无穷小等价替换等知识点.

解　该极限属于 $\dfrac{0}{0}$ 型，应用洛必达法则，注意积分上限函数求导和复合函数求导法则；

$$原式 = \lim_{x\to 0} \frac{2x\sqrt{1+x^4}}{2x} = \lim_{x\to 0}\sqrt{1+x^4} = 1$$

题型 3　利用牛顿 — 莱布尼茨公式计算定积分

【例 7-3-3】　求 $\displaystyle\int_0^1 xt^3\,\mathrm{d}t$.

分析：由牛顿 — 莱布尼茨公式可知，求连续函数 $f(x)$ 在 $[a,b]$ 上的定积分，只需要找到 $f(x)$ 的任意一个原函数 $F(x)$，并计算 $F(a)-F(b)$ 的差值即可. 注意，题设中 t 是积分变量，积分区间是 $[0,1]$，被积函数中 x 是参变量，求积分时 x 可以任意取值，但相对于积分过程来说，x 是常数，积分结果是 x 的函数. 本题被积函数的原函数易求得，因此可直接利用牛顿 — 莱布尼茨公式求定积分.

解　由牛顿 — 莱布尼兹公式

$$\int_0^1 xt^3\,\mathrm{d}x = x\left[\frac{1}{4}t^4\right]_0^1 = x\cdot\frac{1}{4}(1^4-0^4) = \frac{1}{4}x$$

【例 7-3-4】　已知 $f(x) = \begin{cases} 2x, & x\geqslant 0 \\ \dfrac{1+x}{1-x}, & x<0 \end{cases}$，求 $\displaystyle\int_0^2 f(x-1)\,\mathrm{d}x$.

分析：当被积函数是分段函数时，则需在相应的区间上用对应的函数计算积分.

解法 1　由题设知

$$f(x-1) = \begin{cases} 2(x-1), & x-1\geqslant 0 \\ \dfrac{1+(x-1)}{1-(x-1)}, & x-1<0 \end{cases}$$

化简，得

$$f(x-1) = \begin{cases} 2x-2, & x\geqslant 1 \\ \dfrac{x}{2-x}, & x<1 \end{cases}$$

于是有

$$\int_0^2 f(x-1)\,\mathrm{d}x = \int_0^1 \frac{x}{2-x}\,\mathrm{d}x + \int_1^2 (2x-2)\,\mathrm{d}x$$
$$= -x\Big|_0^1 - 2\ln(2-x)\Big|_0^1 + (x^2-2x)\Big|_1^2 = 2\ln 2$$

解法 2　令 $x-1=t$，则 $\mathrm{d}x=\mathrm{d}t$，于是有

$$\int_0^2 f(x-1)\,\mathrm{d}x = \int_{-1}^1 f(t)\,\mathrm{d}t = \int_{-1}^0 \frac{1+t}{1-t}\,\mathrm{d}t + \int_0^1 2t\,\mathrm{d}t = \int_{-1}^0 \left(-1+\frac{2}{1-t}\right)\mathrm{d}t + \int_0^1 2t\,\mathrm{d}t$$

$$= \left[-t - 2\ln(1-t) \right] \Big|_{-1}^{0} + t^2 \Big|_0^1 = 2\ln 2$$

【例 7-3-5】　求定积分 $\displaystyle\int_{-2}^{5} |x^2 - 2x - 3| \, \mathrm{d}x$.

分析：计算被积函数带有绝对值的积分,先设法去掉绝对值,将所求积分转化为分段函数的积分,再求定积分. 去掉绝对值的方法是先令绝对值内的式子等于"0",求出在积分区间内的根,再以此根为正负值的分界点将积分区间分成若干个段,各段上的被积函数的绝对值就可以去掉了.

解　令 $x^2 - 2x - 3 = 0$,则 $x_1 = -1, x_2 = 3$.

$$\int_{-2}^{5} |x^2 - 2x - 3| \, \mathrm{d}x = \int_{-2}^{-1} |x^2 - 2x - 3| \, \mathrm{d}x + \int_{-1}^{3} |x^2 - 2x - 3| \, \mathrm{d}x + \int_{3}^{5} |x^2 - 2x - 3| \, \mathrm{d}x$$

$$= \int_{-2}^{-1} (x^2 - 2x - 3) \, \mathrm{d}x - \int_{-1}^{3} (x^2 - 2x - 3) \, \mathrm{d}x + \int_{3}^{5} (x^2 - 2x - 3) \, \mathrm{d}x$$

$$= \left(\frac{1}{3}x^3 - x^2 - 3x \right) \Big|_{-2}^{-1} - \left(\frac{1}{3}x^3 - x^2 - 3x \right) \Big|_{-1}^{3} + \left(\frac{1}{3}x^3 - x^2 - 3x \right) \Big|_{3}^{5}$$

$$= \frac{71}{3}$$

7.3.5　同步练习

一、选择题

1. 设 e^{-x} 是 $f(x)$ 的一个原函数,则 $\displaystyle\int_a^b f(x) \, \mathrm{d}x = $ (　　).

A. $-\mathrm{e}^{-b} + \mathrm{e}^{-a}$ 　　　　B. $-\mathrm{e}^{-b} - \mathrm{e}^{-a}$ 　　　　C. $-\mathrm{e}^{b} - \mathrm{e}^{a}$ 　　　　D. $-\mathrm{e}^{a} - \mathrm{e}^{b}$

2. 已知 $F(x) = \displaystyle\int_1^x \ln t \, \mathrm{d}t$,则 $F'(\mathrm{e}^2) = $ (　　).

A. 2 　　　　　　B. $\dfrac{1}{2}$ 　　　　　　C. 1 　　　　　　D. $\ln x$

3. $\dfrac{\mathrm{d}}{\mathrm{d}x}\left[\displaystyle\int_1^a \dfrac{\sin x}{x} \, \mathrm{d}x \right] = $ (　　).

A. $\dfrac{\sin a}{a}$ 　　　　　B. $\sin 1$ 　　　　　C. 0 　　　　　D. $\dfrac{\sin x}{x}$

4. 若 $\Phi(x) = \displaystyle\int_x^{x^2} \mathrm{e}^t \, \mathrm{d}t$,则 $\Phi'(x) = $ (　　).

A. $\mathrm{e}^{x^2} - \mathrm{e}^x$ 　　　B. $2x\mathrm{e}^{x^2} - \mathrm{e}^x$ 　　　C. e^{x^2} 　　　D. $\mathrm{e}^x - \mathrm{e}^{x^2}$

5. 已知 $f(x) = \begin{cases} \dfrac{x^2}{2}, & x > 1 \\ x + 1, & x \leqslant 1 \end{cases}$,则 $\displaystyle\int_0^2 f(x) \, \mathrm{d}x = $ (　　).

A. $\dfrac{4}{3}$ 　　　　　　B. 6 　　　　　　C. $\dfrac{16}{6}$ 　　　　　　D. $\dfrac{6}{16}$

二、填空题

1. $\displaystyle\int_0^2 |x - 1| \, \mathrm{d}x = $ _____.

2. $\displaystyle\int_0^1 (\mathrm{e}^x + 1) \, \mathrm{d}x = $ _____.

3. $\left(\int_{-x}^{a} \sin t \mathrm{d}t \right)'_x = $ _____ .

4. $\int_{0}^{1} \dfrac{1}{\sqrt{1-x^2}} \mathrm{d}x = $ _____ .

5. $\lim\limits_{x \to +\infty} \dfrac{\displaystyle\int_{0}^{x} (\arctan t)^2 \mathrm{d}t}{\sqrt{1+x^2}} = $ _____ .

三、解答题

1. 求 $\displaystyle\int_{0}^{1} \dfrac{x^4}{1+x^2} \mathrm{d}x$.

2. 求 $\displaystyle\int_{0}^{2} (2\mathrm{e}^x - \mathrm{e}^{-x}) \mathrm{d}x$.

3. 已知 $\lim\limits_{x \to +\infty} \left(\dfrac{x+a}{x-a} \right)^x = \lim\limits_{b \to -\infty} \displaystyle\int_{b}^{a} t \mathrm{e}^{2t} \mathrm{d}t$,求 a 的值.

◆ 7.4　定积分的换元积分法与分部积分法 ◆

7.4.1　基本要求

1. 熟练掌握定积分的换元积分法与分部积分法.
2. 会利用被积函数的特点(如奇偶性、周期性、分段函数等)计算定积分.

7.4.2　知识要点

1. 定积分的换元积分法与分部积分法如表 7.4.1 所示.

表 7.4.1　定积分的换元积分法与分部积分法

方法	定理
换元积分法	设 $f(x)$ 在 $[a,b]$ 上连续,令 $x = \varphi(t)$,且满足: (1) $\varphi(\alpha) = a, \varphi(\beta) = b$; (2) 当 t 从 α 变化到 β 时, $\varphi(t)$ 单调地从 a 变化到 b ; (3) $\varphi'(t)$ 在 $[\alpha,\beta]$ (或 $[\beta,\alpha]$)上连续. 则有 $$\int_{a}^{b} f(x)\mathrm{d}x = \int_{\alpha}^{\beta} f[\varphi(t)] \varphi'(t) \mathrm{d}t$$
分部积分法	设 $u = u(x)$ 与 $v = v(x)$ 在 $[a,b]$ 上都有连续的导数,则 $$\int_{a}^{b} u(x)v'(x)\mathrm{d}x = u(x)v(x) \Big|_{a}^{b} - \int_{a}^{b} v(x)u'(x)\mathrm{d}x$$ 简写为 $\displaystyle\int_{a}^{b} uv'\mathrm{d}x = uv \Big|_{a}^{b} - \int_{a}^{b} vu'\mathrm{d}x$ 或 $\displaystyle\int_{a}^{b} u\mathrm{d}v = uv \Big|_{a}^{b} - \int_{a}^{b} v\mathrm{d}u$

2.定积分的常用公式如表 7.4.2 所示.

表 7.4.2 定积分的常用公式

对称区间上的积分	如果函数 $f(x)$ 在区间 $[-a,a]$ 上连续,则 (1) $\displaystyle\int_{-a}^{a} f(x)\mathrm{d}x = \int_{-a}^{a} [f(x) + f(-x)]\mathrm{d}x$; (2) $\displaystyle\int_{-a}^{a} f(x)\mathrm{d}x = \begin{cases} 0, & f(x) \text{ 为奇函数} \\ 2\displaystyle\int_{0}^{a} f(x)\mathrm{d}x, & f(x) \text{ 为偶函数} \end{cases}$
周期函数积分	设 $f(x)$ 是以 T 为周期的连续函数,则 $\displaystyle\int_{a}^{a+nT} f(x)\mathrm{d}x = n\int_{0}^{T} f(x)\mathrm{d}x$

7.4.3 答疑解惑

1.应用换元积分法时,应注意什么?

答:应注意:

(1) 变量替换要注意从被积函数的形式入手.有根式的先去掉根式.

(2) 被积函数是复合函数时,可以用类似不定积分的换元法来求.如果用新的变量表示,则积分的上、下限也要相应改变,即换元必"三换"(换积分变量、换被积函数、换积分的上下限),将原积分变换成一个积分值相等的新积分;用第一换元积分法(即凑微分法)求定积分时,因为没有引入新的变量,所以积分的上、下限不要改变.

(3) 注意新变量的取值范围(即保证引入函数的单调性).

(4) 积分结果一般不应将原函数里面的变量换回原来的变量,而是直接应用牛顿—莱布尼兹公式求解.

2.应用换元积分法时,为什么要保证引入函数的单调性?

答:请看计算 $\displaystyle\int_{0}^{1} \sqrt{1-x^2}\,\mathrm{d}x$ 的过程;令 $x = \sin t \left(0 \leqslant t \leqslant \dfrac{\pi}{2}\right)$,则 $\mathrm{d}x = \cos t\mathrm{d}t$.当 $x = 0$ 时,$t = 0$;当 $x = 1$ 时,$t = \dfrac{\pi}{2}$.故

$$\int_{0}^{1} \sqrt{1-x^2}\,\mathrm{d}x = \int_{0}^{\frac{\pi}{2}} \cos t \cdot \cos t\mathrm{d}t$$

$$= \frac{1}{2}\int_{0}^{\frac{\pi}{2}} (1 + \cos 2t)\mathrm{d}t$$

$$= \frac{1}{2}\left[t + \frac{1}{2}\sin 2t\right]\Big|_{0}^{\frac{\pi}{2}}$$

$$= \frac{\pi}{4}$$

假如不保证引入函数的单调性,如令 $x = \sin t (0 \leqslant t \leqslant 3\pi)$,当 $x = 0$ 时,$t = 0, \pi, 2\pi, 3\pi$;当 $x = 1$ 时,$t = \dfrac{\pi}{2}, \dfrac{5\pi}{2}$;积分区间就有 8 种选择,结果自然就有 8 种可能,如 $\dfrac{1}{2}\displaystyle\int_{0}^{\frac{5\pi}{2}} (1 + \cos 2t)\mathrm{d}t = $

$\dfrac{1}{2}\left[t + \dfrac{1}{2}\sin 2t\right]\Big|_{0}^{\frac{5\pi}{2}} = \dfrac{5\pi}{4}$.

而 $y = \sqrt{1-x^2}\,(0 \leqslant x \leqslant 1)$ 的几何意义是单位圆在第一象限的部分，积分结果只能是 $\dfrac{\pi}{4}$.

3.怎样用分部积分法计算定积分？

答：与不定积分的分部积分法一样，关键是恰当地选取 u 和 $\mathrm{d}v$，特别适用于当被积函数可看成两个函数的乘积时，其寻找 u 和 $\mathrm{d}v$ 的思路和不定积分相同.

4.如何利用被积函数的特点简化定积分计算？

答：(1) 如果被积函数 $f(x)$ 具有奇偶性且在对称区间上积分，直接利用奇偶函数的积分性质来计算：当被积函数为奇函数时，所求积分等于 0；当被积函数为偶函数时，所求积分等于 2 倍的一半区间的积分.

（2）如果被积函数不是奇偶函数但在对称区间上作积分，则作变换 $x = -u$，再进行计算.

（3）如果被积函数是周期函数和三角函数，首先要考虑利用周期函数积分的性质来计算定积分.

（4）如果被积函数是分段函数，则利用定积分对积分区间可加性先进行分段积分，再加起来即可.被积函数带有绝对值符号的，需先脱掉绝对值符号转化为分段函数后，再来计算积分.

（5）如果被积函数带有三角有理式，用换元法，常作的变量代换：积分限在 $[a, \pi]$，作 $a = \pi - x$；积分限在 $\left[a, \dfrac{\pi}{2}\right]$，作 $a = \dfrac{\pi}{2} - x$；积分限在 $\left[a, \dfrac{\pi}{4}\right]$，作 $U = \dfrac{\pi}{4} - x$.

（6）当被积函数是给定函数与单一复合函数而成时，通过变量代换进行定积分计算，积分限也要改变.

7.4.4　典型例题分析

题型 1　用第一换元积分法（即凑微分法）求定积分

【例 7-4-1】　计算 $\displaystyle\int_0^{\frac{\pi}{6}} \cos 2x\,\mathrm{d}x$.

分析：注意"三元统一"原则，求解过程与不定积分类似.

解　$\displaystyle\int_0^{\frac{\pi}{6}} \cos 2x\,\mathrm{d}x = \frac{1}{2}\int_0^{\frac{\pi}{6}} \cos 2x\,\mathrm{d}(2x) = \frac{1}{2}\big[\cos 2x\big]_0^{\frac{\pi}{6}} = \frac{1}{2}\left(\cos\frac{\pi}{3} - \cos 0\right) = -\frac{1}{4}$.

题型 2　用第二换元积分法求定积分

【例 7-4-2】　求定积分 $\displaystyle\int_1^4 \frac{\sin\sqrt{x}}{2\sqrt{x}}\,\mathrm{d}x$.

分析：被积函数中含有根式的，尽量去掉根式，去根式的方法一般为根式代换和三角代换.定积分换元法中引进新的积分变量后，定积分的上、下限必须随着发生变化.

解　被积函数含有根式，一般先设法去掉根式，这是第二换元积分法常用的情形.

解法 1　令 $\sqrt{x} = t$，即 $x = t^2\,(t > 0)$ 单调可导，且 $\mathrm{d}x = 2t\,\mathrm{d}t$，

当 $x = 1$ 时 $t = 1$，当 $x = 4$ 时 $t = 2$，

故 $\displaystyle\int_1^4 \frac{\sin\sqrt{x}}{2\sqrt{x}}\,\mathrm{d}x = \int_1^2 \frac{\sin t}{2t}\,2t\,\mathrm{d}t = \int_1^2 \sin t\,\mathrm{d}t = \big[-\cos t\big]_1^2 = \cos 1 - \cos 2$.

解法 2　由于 $\dfrac{1}{2\sqrt{x}}\,\mathrm{d}x = \mathrm{d}(\sqrt{x})$，故

$$\int_1^4 \frac{\sin\sqrt{x}}{2\sqrt{x}}\mathrm{d}x = \int_1^4 \sin\sqrt{x}\,\mathrm{d}(\sqrt{x}) = \left[-\cos\sqrt{x}\right]_1^4 = \cos 1 - \cos 2$$

该例既可以用第二换元积分法(解法 1)求解,也可以用第一换元积分法(解法 2)求解,由此可见,定积分的解法不是唯一的.

题型 3　用分部积分法求定积分

【例 7-4-3】　求定积分 $\int_0^{\frac{\pi}{4}} \frac{x}{1+\cos 2x}\mathrm{d}x$.

分析:恰当地选取 $u(x),v(x)$ 是分部积分法的关键,选取的一般规律与不定积分的分部积分类似.

解　$\int_0^{\frac{\pi}{4}} \frac{x}{1+\cos 2x}\mathrm{d}x = \int_0^{\frac{\pi}{4}} \frac{x}{2\cos^2 x}\mathrm{d}x = \frac{1}{2}\int_0^{\frac{\pi}{4}} x\,\mathrm{d}\tan x = \frac{1}{2}\left[x\tan x\right]_0^{\frac{\pi}{4}} - \frac{1}{2}\int_0^{\frac{\pi}{4}} \tan x\,\mathrm{d}x$

$= \frac{\pi}{8} - \frac{1}{2}\int_0^{\frac{\pi}{4}} \frac{\sin x}{\cos x}\mathrm{d}x = \frac{\pi}{8} + \frac{1}{2}\int_0^{\frac{\pi}{4}} \frac{1}{\cos x}\mathrm{d}(\cos x)$

$= \frac{\pi}{8} + \frac{1}{2}\left[\ln\cos x\right]_0^{\frac{\pi}{4}} = \frac{\pi}{8} - \frac{1}{4}\ln 2$

题型 4　利用被积函数特点计算定积分

【例 7-4-4】　求定积分 $\int_{-1}^1 (|x|+x)\mathrm{e}^{-|x|}\mathrm{d}x$.

分析:计算定积分时,如果积分区间是以零点为中心的对称区间,则需考察被积函数的奇偶性以简化计算.本题被积函数含有绝对值,也可以直接拆分区间,利用 $|x|$ 除去绝对值号后正负符号改变的性质.

解法 1　由于 $|x|\mathrm{e}^{|x|}$ 为偶函数,而 $x\mathrm{e}^{|x|}$ 为奇函数,所以

$$\int_{-1}^1 |x|\mathrm{e}^{-|x|}\mathrm{d}x = 2\int_0^1 |x|\mathrm{e}^{-|x|}\mathrm{d}x, \int_{-1}^1 x\mathrm{e}^{-|x|}\mathrm{d}x = 0$$

故　　原积分 $= \int_{-1}^1 |x|\mathrm{e}^{-|x|}\mathrm{d}x + \int_{-1}^1 x\mathrm{e}^{-|x|}\mathrm{d}x = 2\int_0^1 |x|\mathrm{e}^{-|x|}\mathrm{d}x = 2\int_0^1 x\mathrm{e}^{-x}\mathrm{d}x$

$= -2\int_0^1 x\mathrm{d}\mathrm{e}^{-x} = -2(x\mathrm{e}^{-x}+\mathrm{e}^{-x})\Big|_0^1 = -2\left[(1\cdot\mathrm{e}^{-1}+\mathrm{e}^{-1})-(0+1)\right]$

$= 2(1-2\mathrm{e}^{-1})$

解法 2　$\int_{-1}^1 (|x|+x)\mathrm{e}^{-|x|}\mathrm{d}x = \int_{-1}^0 (-x+x)\mathrm{e}^x\mathrm{d}x + \int_0^1 2x\mathrm{e}^{-x}\mathrm{d}x = 2\int_0^1 x\mathrm{e}^{-x}\mathrm{d}x$

$= -2x\mathrm{e}^{-x}\Big|_0^1 + 2\int_0^1 \mathrm{e}^{-x}\mathrm{d}x$

$= -2\mathrm{e}^{-1} - 2\mathrm{e}^{-x}\Big|_0^1 = 2(1-2\mathrm{e}^{-1})$

【例 7-4-5】　求定积分 $\int_0^{2\pi} \sqrt{1-\cos 2x}\,\mathrm{d}x$.

分析:计算定积分时,要注意观察被积函数 $f(x)$ 的形式,从而选择恰当的积分方法.被积函数含偶次方根,开方时一般要取绝对值,然后将绝对值符号去掉,表示成分段函数,再求定积分.被积函数是周期函数和三角函数,首先要考虑利用周期函数积分的性质来计算定积分,注意到本题被积函数是以 π 为周期的函数,其在任意周期区间上的积分值等于在 $[0,\pi]$ 区间上的积分值.

解法 1

$$\int_0^{2\pi} \sqrt{1-\cos 2x}\, \mathrm{d}x = \int_0^{2\pi} \sqrt{2\sin^2 x}\, \mathrm{d}x = \sqrt{2} \int_0^{2\pi} |\sin x|\, \mathrm{d}x$$

$$= \sqrt{2} \left[\int_0^{\pi} \sin x\, \mathrm{d}x + \int_{\pi}^{2\pi} (-\sin x)\, \mathrm{d}x \right]$$

$$= \sqrt{2} \left(-\cos x \Big|_0^{\pi} + \cos x \Big|_{\pi}^{2\pi} \right) = 4\sqrt{2}$$

解法 2

$$\int_0^{2\pi} \sqrt{1-\cos 2x}\, \mathrm{d}x = 2 \int_0^{\pi} \sqrt{1-\cos 2x}\, \mathrm{d}x = 2 \int_0^{\pi} \sqrt{2\sin^2 x}\, \mathrm{d}x = 2\sqrt{2} \int_0^{\pi} |\sin x|\, \mathrm{d}x$$

$$= 2\sqrt{2} \int_0^{\pi} \sin x\, \mathrm{d}x = 2\sqrt{2}(-\cos x) \Big|_0^{\pi} = 4\sqrt{2}$$

7.4.5　同步练习

一、选择题

1. 设 $I = \int_0^{\frac{\pi}{6}} \sin^3 x \cos x\, \mathrm{d}x$，则 $I = ($　　$)$.

A. $\dfrac{1}{2}$　　　　　　　B. $\dfrac{9}{64}$　　　　　　　C. $\dfrac{1}{64}$　　　　　　　D. $\dfrac{1}{16}$

2. 积分 $\int_0^1 \mathrm{e}^{2x}\, \mathrm{d}x$ 的值为 $($　　$)$.

A. $\dfrac{\mathrm{e}^2 - 1}{2}$　　　　　B. $\mathrm{e}^2 - 1$　　　　　C. $\mathrm{e}^2 - \mathrm{e}$　　　　　D. e

3. 积分 $\int_1^3 \dfrac{1}{x+1}\, \mathrm{d}x$ 的值为 $($　　$)$.

A. $\ln 4$　　　　　B. $\ln 4 - \ln 2$　　　　　C. $\ln 2$　　　　　D. $\ln 2 - 1$

4. $\int_{-a}^a \sqrt{a^2 - x^2}\, \mathrm{d}x = ($　　$)$.

A. $\dfrac{\pi}{2}$　　　　　　B. $\dfrac{\pi a^2}{2}$　　　　　　C. πa^2　　　　　　D. πa

5. 积分 $\int_0^1 \sqrt{x\sqrt{x}}\, \mathrm{d}x$ 的值为 $($　　$)$.

A. 1　　　　　　B. $\dfrac{1}{2}$　　　　　　C. $\dfrac{3}{4}$　　　　　　D. $\dfrac{4}{7}$

二、填空题

1. 已知 $\int_{-a}^a (2x+1)\, \mathrm{d}x = 4$，则 $a =$ _____.

2. $\int_1^3 2^x \mathrm{e}^x\, \mathrm{d}x =$ _____.

3. 设 $f(x)$ 的一个原函数是 $\sin x$，则 $\int_0^{\pi} x f(x)\, \mathrm{d}x =$ _____.

4. $\int_{\mathrm{e}}^{\mathrm{e}^3} \dfrac{1}{x \ln x}\, \mathrm{d}x =$ _____.

5. $\int_0^4 \dfrac{1}{1+\sqrt{x}}\, \mathrm{d}x =$ _____.

三、解答题

1. 求 $\int_0^1 \dfrac{\arctan \sqrt{x}}{\sqrt{x}(1+x)}\,dx.$

2. 计算 $\int_{-1}^1 (x+\sqrt{4-x^2})^2\,dx.$

3. 计算 $\int_0^{\frac{\pi}{4}} x\tan x\sec^2 x\,dx.$

◆◆ 7.5 定积分在几何上的应用举例 ◆◆

7.5.1 基本要求

1. 熟练掌握用定积分表达和计算平面图形的面积.
2. 理解微元法,会用此法求旋转体体积.

7.5.2 知识要点

利用定积分求解平面图形和旋转体体积的方法如表 7.5.1 和表 7.5.2 所示.

表 7.5.1 利用定积分求解平面图形的方法

图形的面积	方法		
曲线 $y=f(x)$ 与直线 $x=a,x=b,y=0$ 所围图形的面积	$f(x)\geqslant 0$		$A=\int_a^b f(x)\,dx$
	$f(x)\leqslant 0$		$A=-\int_a^b f(x)\,dx$
	一般情形		$A=\int_a^b \lvert f(x)\rvert\,dx$
曲线 $x=\varphi(y)$ 与直线 $y=a,y=b,x=0$ 所围图形的面积	与上述三种情形类似,相当于把 x 换成了 y		$A=\int_a^b \lvert \varphi(y)\rvert\,dy$

图形的面积	方法		
曲线 $y=f(x)$, $y=g(x)$ 与直线 $x=a$, $x=b$ 所围成图形的面积	$f(x) \geqslant g(x)$ 时		$A=\int_a^b[f(x)-g(x)]\mathrm{d}x$
	一般情形		$A=\int_a^b\|f(x)-g(x)\|\mathrm{d}x$
曲线 $x=\varphi(y)$, $x=\Psi(y)$ 与直线 $y=a$, $y=b$ 所围成图形的面积	与上述三种情形类似,相当于把 x 换成了 y		$A=\int_a^b\|\varphi(y)-\Psi(y)\|\mathrm{d}y$

表 7.5.2　利用定积分求解旋转体体积的方法

旋转体	(1) $y=f(x)$ 为 $[a,b]$ 上单值连续函数,$a\leqslant x\leqslant b,0\leqslant y\leqslant f(x)$,曲线 $y=f(x)$ 绕 x 轴旋转所成旋转体的体积 $$V_x=\pi\int_a^b f^2(x)\mathrm{d}x$$	
	(1) $x=\varphi(y)$ 为 $[a,b]$ 上单值连续函数,$a\leqslant y\leqslant b,0\leqslant x\leqslant\varphi(y)$,曲线 $x=\varphi(y)$ 绕 y 轴旋转所成旋转体的体积 $$V_y=\pi\int_a^b\varphi^2(y)\mathrm{d}y$$	

7.5.3　答疑解惑

1.利用定积分求平面图形的面积时,需要注意什么?

答:在计算面积是应该注意正负,定积分是有正负的,但是面积都是正的,在理解了定积分的含义之后,要明白计算面积时要加绝对值,或者在负的定积分前加负号,保证计算出来的面积是正的.

2.应用定积分求旋转体体积时,如何确定积分区间和被积函数?

答:积分区间就是旋转图形原函数的区间,被积函数需要判断旋转体是绕哪个坐标轴旋转而确定的.

3.怎样用"微元法"求旋转体体积?

答:设一个旋转体在 $[a,b]$ 上是非均匀变化的,其截面积为 $S(x)$,该体积 V 可以在 $[a,b]$ 区间内任取一小区间 $[x,x+\mathrm{d}x]$,在此小区间内,我们用一种"以直代曲、以不变代变"近似处理办法求分量 $\mathrm{d}V$,则总量就是分量 $\mathrm{d}V=S(x)\mathrm{d}x$ 在 $[a,b]$ 区间上的积分,即 $V=\int_a^b S(x)\mathrm{d}x$.这种求体积的方法称为体积微元法,其步骤为:

(1)用近似方法确定体积微元:$\mathrm{d}V=S(x)\mathrm{d}x$.

(2)写出定积分式:$V=\int_a^b S(x)\mathrm{d}x$.

7.5.4　典型例题分析

题型 1　求平面图形的面积

这类题型一般解题程序为:

(1)根据已知条件画出草图.

(2)根据图形的特征,选择积分变量并确定相应的积分限(积分区域):直接判定和解方程组确定曲线的交点.

注意:计算面积选择积分变量时,一般情况下以图形不分块或少分块为好.

(3)用相应的公式写出面积的积分表达式再进行计算.

【例 7-5-1】　求由曲线 $y=\ln x$ 与直线 $y=e+1-x$ 及 $y=0$ 所围成的图形的面积.

分析:平面图形如图 7.5.1 所示,选择 y 作为积分变量.

解　解方程组 $\begin{cases} y=\ln x \\ y=e+1-x \end{cases}$,得唯一交点为 $(e,1)$,所给曲线与直线分别交 x 轴于 $x=1$ 及 $x=e+1$,围成的图形如图 7.5.1 所示,其面积

$$S=\int_0^1 (e+1-y-e^y)\mathrm{d}y=\left[(e+1)y-\frac{1}{2}y^2-e^y\right]_0^1=\frac{3}{2}$$

【例 7-5-2】　求由曲线 $y=x(x-1)(2-x)$ 与 x 轴围成平面图形的面积.

分析:平面图形如图 7.5.2 所示,选择 x 作为积分变量.

解　曲线 $y=x(x-1)(2-x)$ 与 x 轴的交点是 $x=0,1,2.0<x<1$ 时,$y<0$;$1<x<2$ 时,$y>0$,如图 7.5.2 所示,因此平面图形的面积为

$$S=\int_0^2 |x(x-1)(2-x)|\mathrm{d}x=-\int_0^1 x(x-1)(2-x)\mathrm{d}x+\int_1^2 x(x-1)(2-x)\mathrm{d}x$$
$$=-\left[-\frac{1}{4}x^4+x^3-x^2\right]_0^1+\left[-\frac{1}{4}x^4+x^3-x^2\right]_1^2=\frac{1}{2}$$

【例 7-5-3】　求曲线 $xy=1$ 和直线 $y=x,y=3$ 所围成的图形的面积.

分析:选择合适的积分变量可简化计算,本题既可以选择 x 也可选择 y 作为积分变量.

解　作出示意图,如图 7.5.3 所示.若以 x 为积分变量,应先求出相应的交点坐标:

由 $\begin{cases} xy=1 \\ y=3 \end{cases}$ 得 $\begin{cases} x=\dfrac{1}{3} \\ y=3 \end{cases}$;

由 $\begin{cases} xy = 1 \\ y = x \end{cases}$ 得 $\begin{cases} x_1 = 1 \\ y_1 = 1 \end{cases}$ 和 $\begin{cases} x_2 = -1 \\ y_2 = -1 \end{cases}$;

由 $\begin{cases} y = 3 \\ y = x \end{cases}$ 得 $\begin{cases} x = 3 \\ y = 3 \end{cases}$.

故所求的面积为

$$A = \int_{\frac{1}{3}}^{1} \left(3 - \frac{1}{x}\right) dx + \int_{1}^{3} (3 - x) dx$$

$$= \left[3x - \ln x\right]_{\frac{1}{3}}^{1} + \left[3x - \frac{x^2}{2}\right]_{1}^{3} = 4 - \ln 3$$

若以 y 为积分变量,则所求的面积为

$$A = \int_{1}^{3} \left(y - \frac{1}{y}\right) dy$$

$$= \left[\frac{y^2}{2} - \ln y\right]_{1}^{3} = 4 - \ln 3$$

【小结】 求平面图形面积时,正确选择积分变量至关重要,选择得当,可简化计算.

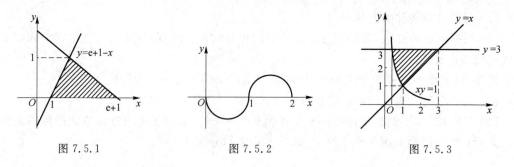

图 7.5.1   图 7.5.2   图 7.5.3

题型 2　求旋转体体积

【例 7-5-4】 求由曲线 $x = a(t - \sin t)$,$y = a(1 - \cos t)(0 \leqslant t \leqslant 2\pi)$,$y = 0$ 所围图形绕 Ox 轴旋转所成立体的体积.

分析:由题意知,曲线 $x = a(t - \sin t)$,$y = a(1 - \cos t)(0 \leqslant t \leqslant 2\pi)$ 所围成的图形绕 x 轴旋转,所以本题选取变量 x 作为积分变量,并选用相应的旋转体积公式 $V_x = \pi \int_a^b f^2(x) dx$ 进行求解.

解　由已知的体积公式,得

$$V = \int_{0}^{2\pi a} \pi y^2 dx$$

由 $x = a(t - \sin t)$,$x \in [0, 2\pi a]$,$t \in [0, 2\pi]$ 得

$$V = \int_{0}^{2\pi a} \pi a^2 (1 - \cos t)^2 \left[a(t - \sin t)\right]' dt = \int_{0}^{2\pi a} \pi a^3 (1 - \cos t)^3 dt$$

$$= \pi a^3 \int_{0}^{2\pi a} (1 - 3\cos t + 3\cos^2 t - \cos^3 t) dt$$

$$= \pi a^3 \left[2\pi + 3\pi - \int_{0}^{2\pi a} (1 - \sin^2 t) d(\sin t)\right] = 5\pi^2 a^3$$

7.5.5 同步练习

一、选择题

1. 曲线 $y = \dfrac{1}{x}$ 与直线 $y = x$ 及 $x = 2$ 所围成的图形的面积为(   ).

A. $\dfrac{1}{2} - \ln 2$ B. $\dfrac{1}{2} + \ln 2$ C. $\dfrac{3}{2} - \ln 2$ D. $\dfrac{3}{2} + \ln 2$

2. 曲线 $y = e^x, y = e^{-x}$ 与直线 $x = 2$ 所围成的图形的面积为(   ).

A. $e^2 + \dfrac{1}{e^2} - 2$ B. $e^2 - \dfrac{1}{e^2} - 2$ C. $e^2 + \dfrac{1}{e^2} + 2$ D. $e^2 - \dfrac{1}{e^2} + 2$

3. 求直线 $y = 4 - 2x$ 与曲线 $y^2 = 2(x-1)$ 所围成图形的面积为(   ).

A. 2 B. $\dfrac{9}{4}$ C. $\dfrac{1}{3}$ D. $\dfrac{1}{2}$

4. 设由抛物线 $y^2 = 4x$ 与直线 $x + y = 3$ 所围成的平面图形为 D,则 D 的面积 S 为(   ).

A. 2 B. $\dfrac{16}{4}$ C. $\dfrac{16}{3}$ D. $\dfrac{4}{3}$

5. 设由抛物线 $y^2 = 2px (p > 0)$ 与直线 $x + y = \dfrac{3}{2}p$ 所围成平面图形为 D,D 的面积 S 为(   ).

A. $\dfrac{16}{3}p^2$ B. $\dfrac{14}{3}p^2$ C. $\dfrac{4}{3}p^2$ D. $\dfrac{16}{5}p^2$

二、填空题

1. 由抛物线 $y = x^2$ 及 $y^2 = x$ 所围成图形的面积为＿＿＿＿＿＿＿＿＿＿.

2. 由曲线 $y = \dfrac{1}{x}$ 与直线 $y = x$ 及 $x = 4$ 所围成的图形的面积为＿＿＿＿＿＿＿＿＿＿.

3. 由 $y = x$ 与 $y = x^3$ 所围成的图形的面积为＿＿＿＿＿＿＿＿＿＿.

4. 设由抛物线 $y^2 = 2x$ 与直线 $x + y = \dfrac{3}{2}$ 所围成的平面图形为 D,D 的面积 $S = $ ＿＿＿＿＿＿＿＿＿＿.

5. 由曲线 $y = 2\sin x (\pi \geqslant x \geqslant 0), y = 2$ 以及直线 $x = \pi$ 所围成的图形的面积为＿＿＿＿＿＿＿＿＿＿.

三、解答题

1. 求由曲线 $y = \sin x$、$y = 2$、$x = \dfrac{\pi}{2}$ 以及直线 $x = \pi$ 所围成的图形的面积.

2. 求曲线 $y = x^2 - 2x + 4$ 在点 $M(0,4)$ 处的切线 MT 与曲线 $y^2 = 2(x-1)$ 所围成图形的面积.

3. 求由曲线 $y = 3 - |x^2 - 1|$ 与 x 轴围成封闭图形绕直线 $y = 3$ 旋转而成的旋转体.

◆ 本章总复习 ◆

一、重点

1. 定积分的概念及定积分的性质

定积分的基本概念和性质主要是用于计算定积分,也可用来解决有关积分的不等式和等式的证明问题,其中定积分的定义常用于求无穷和式的极限.

2. 微积分基本定理及定积分基本公式

设 $f(x)$ 在 $[a,b]$ 上连续,$F(x)$ 是 $f(x)$ 的一个原函数,即 $F'(x) = f(x)$,则有

$$\int_a^b F'(x)\mathrm{d}x = \int_a^b f(x)\mathrm{d}x = F(b) - F(a)$$

简记为 $F(x)\Big|_a^b$.

对于牛顿 — 莱布尼茨公式做几点说明:

(1) 定积分是一个确定的数值,它不依赖于对原函数的选取,即若 $G(x)$,$F(x)$ 均为的原函数,则 $\int_a^b f(x)\mathrm{d}x = F(x)\Big|_a^b = G(x)\Big|_a^b$;

(2) 定积分与积分变量选取的字母无关 $\int_a^b f(x)\mathrm{d}x = \int_a^b f(t)\mathrm{d}t$;

(3) 把 b 换成 x,就是一个变上限定积分 $\int_a^x f(t)\mathrm{d}t = F(t)\Big|_a^b = F(b) - F(a)$;

(4) 性质:$\int_a^b f(x)\mathrm{d}x = -\int_b^a f(x)\mathrm{d}x$,$\int_a^a f(x)\mathrm{d}x = 0$.

3. 定积分的换元积分法和分部积分法

(1) 第一换元积分法(凑微分法):设 $f(x)$ 在 $[a,b]$ 上连续,令 $x = \varphi(t)$,且满足:

① $\varphi(\alpha) = a,\varphi(\beta) = b$;

② 当 t 从 α 变化到 β 时,$\varphi(t)$ 单调地从 a 变化到 b;

③ $\varphi'(t)$ 在 $[\alpha,\beta]$(或 $[\beta,\alpha]$)上连续,则有 $\int_a^b f(x)\mathrm{d}x = \int_\alpha^\beta f[\varphi(t)]\varphi'(t)\mathrm{d}t$.

(2) 分部积分法:设 $u = u(x)$ 与 $v = v(x)$ 在 $[a,b]$ 上都有连续的导数,则

$$\int_a^b u(x)v'(x)\mathrm{d}x = u(x)v(x)\Big|_a^b - \int_a^b v(x)u'(x)\mathrm{d}x$$

或简写为

$$\int_a^b uv'\mathrm{d}x = uv\Big|_a^b - \int_a^b vu'\mathrm{d}x$$

4.利用定积分求平面图形的面积

求由曲线围成的平面图形的面积的一般步骤：

（1）画草图；

（2）求曲线的交点以确定定积分的上、下限；

（3）确定被积函数，但要保证求出的面积是非负的；

（4）写出定积分并计算得出结果.

二、难点

1.利用定积分的定义求定积分

在利用定积分定义求积分时，一般按照"分割 — 近似 — 求和 — 取极限"四个步骤进行求解.

2.积分上限函数的性质及应用

积分 $\int_0^x f(t)\mathrm{d}t$ 是上限变量为 x 的函数，也是 $f(x)$ 的一个原函数，主要有以下类型的题目：

（1）变上（下）限积分的导数运算.

当定积分或变上限积分的被积函数含有参变量时，需要通过适当变形或换形，使被积函数不含参变量，然后才可对参变量求导.

如题目：求可导函数 $f(x)$，使它满足 $\int_0^1 f(tx)\mathrm{d}t = f(x) + x\sin x$.

（2）变上限积分的极限.

对于被积函数含有抽象函数的变上限积分的极限问题，尤其要注意根据所给函数的条件，逐次判定极限是否为 $\left(\dfrac{0}{0}\right)$ 型或 $\left(\dfrac{\infty}{\infty}\right)$ 型以及可否是用洛必达法则.应避免出现计算结果虽然正确，但过程错误的情形.

3.通过换元积分法和分部积分法求定积分

（1）第一换元积分法（凑微分法）.

说明：积分法与不定积分的凑微分法类似.不同之处在于定积分的计算结果是一个具体的数值，与上、下限有关，所以关于定积分的第一换元积分法要遵循"换元变限，不换元不变限"的原则.

（2）分部积分法.

说明：分部积分法与不定积分的分部积分法除了有上、下限外，形式上是一样的.

4.用定积分求旋转体的体积

由连续曲线 $y = f(x)$ 与直线 $x = a, x = b, y = 0$ 围成的曲边梯形绕 x 轴旋转一周，所得的旋转体的体积为 $V = \int_a^b \pi\big[f(x)\big]^2\mathrm{d}x$.

三、知识图解

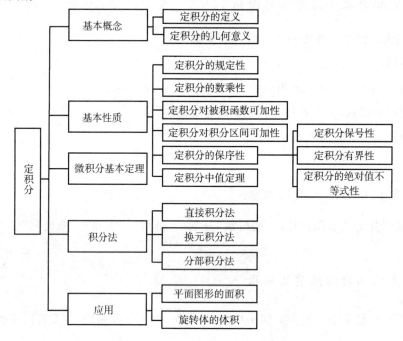

四、自测题

自测题 A(基础型)

一、选择题(每题 3 分,共 24 分)

1. 设 $f(x) = \dfrac{1}{x}$,则 $\displaystyle\int_a^b f(x)\mathrm{d}x = ($ $)$.

A. $\ln|x| + C$ B. $\ln|b| - \ln|a|$ C. $\dfrac{1}{b} - \dfrac{1}{a}$ D. $\ln|a| - \ln|b|$

2. 关于定积分的表示,下列正确的是(   ).

A. $\displaystyle\int_a^b f(x)\mathrm{d}x$ B. $\displaystyle\int f(x)\mathrm{d}x$ C. $\displaystyle\int_a^b f(x)$ D. $f(x)\mathrm{d}x$

3. 已知 $\displaystyle\int_0^a 2x\,\mathrm{d}x = 4$,则 $a = ($ $)$.

A. 3   B. 2   C. 0   D. -3

4. $\displaystyle\int f(x)\mathrm{d}x = 2x + C$,则 $\displaystyle\int_a^b f(x)\mathrm{d}x = ($ $)$.

A. $b^2 - a^2$ B. $2(b-a)$ C. $b - a$ D. $2(a-b)$

5. 设 $f(x) = \begin{cases} x^2, & 1 \leqslant x \leqslant 2 \\ x, & 0 \leqslant x < 1 \end{cases}$,则 $\varphi(x) = \displaystyle\int_0^x f(t)\mathrm{d}t$ 在区间 $(0,2)$ 内(   ).

A. 连续   B. 有可去间断点   C. 有第一类间断点   D. 有第二类间断点

6. $\displaystyle\int_a^b (\sin x)'\mathrm{d}x = ($ $)$.

A. $\cos b - \cos a$ B. $\cos a - \cos b$ C. $\sin b - \sin a$ D. $\sin a - \sin b$

7. 若 $f(0) = 1, f(2) = 3, f'(2) = 5$,则 $\int_0^1 x f''(2x) \mathrm{d}x = ($　　$)$.

A. 4　　　　　　B. 3　　　　　　C. 2　　　　　　D. 1

8. 设 $\sin x = \int_\pi^x f(t) \mathrm{d}t$,则 $f'(x) = ($　　$)$.

A. $-\sin x$　　　　B. $\cos x$　　　　C. $-\cos x$　　　　D. $\sin x$

二、填空题(每题 3 分,共 24 分)

1. $\int_{-2}^2 x^3 \mathrm{d}x = $ ＿＿＿＿＿＿＿＿＿.

2. $\int_{-2}^1 5\mathrm{d}x = $ ＿＿＿＿＿＿＿＿＿.

3. $\int_3^3 \dfrac{\ln x}{x} \mathrm{d}x = $ ＿＿＿＿＿＿＿＿＿.

4. $\int_0^1 \dfrac{1}{1 + x^2} \mathrm{d}x = $ ＿＿＿＿＿＿＿＿＿.

5. 已知 $\int_{-a}^a (4x + 1)\mathrm{d}x = 4$,则 $a = $ ＿＿＿＿＿＿＿＿＿.

6. $F(x) = \int_0^x f(3t - 2) \mathrm{d}t$ 的导数是＿＿＿＿＿＿＿＿＿.

7. 若 $x\mathrm{e}^x$ 是 $f(x)$ 的一个原函数,则 $\int_1^2 f(x)\mathrm{d}x = $ ＿＿＿＿＿＿＿＿＿.

8. $\dfrac{\mathrm{d}}{\mathrm{d}x}\left(\int_1^x t\ln t\mathrm{d}t\right) = $ ＿＿＿＿＿＿＿＿＿.

三、解答题(第 1 题 7 分,其余每题 9 分,共 52 分)

1. 求 $\int_1^2 \mathrm{e}^{\frac{1}{x}} x^{-2} \mathrm{d}x$.

2. 求 $\int_1^4 x\left(\sqrt{x} + \dfrac{1}{x^2}\right)\mathrm{d}x$.

3. 计算 $\int_0^{\frac{\pi}{4}} \tan x\sec^2 x\mathrm{d}x$.

4. 求由曲线 $y = \dfrac{1}{x}$ 与直线 $y = x$ 及 $x = 3$ 所围成的图形的面积.

5. 求 $\int_{-1}^1 |x^2 - x|\mathrm{d}x$.

6. 设由抛物线 $y^2 = 4x$ 与直线 $x + y = 3$ 所围成的平面图形为 D,求 D 的面积 S.

自测题 B(提高型)

一、选择题(每题 3 分,共 24 分)

1. 设 $F(x)$ 是 $f(x)$ 的一个原函数,则(　　)成立.

A. $\int_a^b F(x)\mathrm{d}x = f(b) - f(a)$　　　　B. $\int_a^b \mathrm{d}f(x) = F(b) - F(a)$

C. $\left(\int_a^b f(x)\mathrm{d}x\right)' = F(a) - F(b)$　　　　D. $\int_a^b f(x)\mathrm{d}x = F(a) - F(b)$

2. 若 $\int_0^1 (2x+b)\mathrm{d}x = 2$, 则 $b = ($　　$)$.

　　A. 2　　　　　　　B. 1　　　　　　　C. -1　　　　　　　D. 0

3. 设 $\log_a x$ 是 $f(x)$ 的一个原函数, 则 $\int_a^b 2f(x)\mathrm{d}x = ($　　$)$.

　　A. $b-a$　　　　B. $\log_a b - 1$　　　C. $2(1-\log_a b)$　　　D. $2(\log_a b - 1)$

4. 由曲线 $y = \mathrm{e}^x$ 与直线 $x = -1, x = 2$ 及 x 轴所围成的曲边梯形面积, 用定积分表示为 ($　　$).

　　A. $\int_{-1}^2 \mathrm{e}^x \mathrm{d}x$　　　　B. $\int_2^{-1} \mathrm{e}^x \mathrm{d}x$　　　　C. $\int_{-1}^2 x\mathrm{d}x$　　　　D. $\int_2^{-1} x\mathrm{d}x$

5. 函数 $f(x)$ 在区间 $[a,b]$ 上连续是定积分 $\int_a^b f(x)\mathrm{d}x$ 存在的 ($　　$).

　　A. 必要条件　　　B. 充要条件　　　C. 充分条件　　　D. 非充分非必要条件

6. $\lim\limits_{x \to 0^+} \left(x^{-1} \int_0^x \cos^2 t\, \mathrm{d}t \right) = ($　　$)$.

　　A. 0　　　　　　　B. 1　　　　　　　C. π　　　　　　D. 不存在

7. 已知连续函数 $f(x)$ 满足 $f(-x) = f(x)$, $\varphi(x) = \int_a^x f(t)\mathrm{d}t$ 是 ($　　$).

　　A. 偶函数　　　　B. 奇函数　　　C. 非奇非偶函数　　　D. 复合函数

8. 若 $\Phi(x) = \int_x^{x^2} \mathrm{e}^t \mathrm{d}t$, 则 $\Phi'(x) = ($　　$)$.

　　A. $\mathrm{e}^{x^2} - \mathrm{e}^x$　　　B. $2x\mathrm{e}^{x^2} - \mathrm{e}^x$　　　C. e^{x^2}　　　D. $\mathrm{e}^x - \mathrm{e}^{x^2}$

二、填空题(每题 3 分, 共 24 分)

1. $\int_0^{\frac{\pi}{9}} \sin 3x\, \mathrm{d}x = $ _____.

2. $\int_0^{\frac{\pi}{3}} \left(\dfrac{1}{\cos^2 x} + 3 \right) \mathrm{d}\cos x = $ _____.

3. $\left(\int_0^{2x} \sin 5t\, \mathrm{d}t \right)'_x = $ _____.

4. 设 $f(x)$ 的一个原函数是 $\ln x$, 则 $\int_0^2 xf(x)\mathrm{d}x = $ _____.

5. 设 $f(x) = \cos x$, 则 $\int_0^{\frac{\pi}{2}} \mathrm{d}f(2x) = $ _____.

6. 已知 $f(x)$ 是连续函数, 且 $\int_0^3 f(x)\mathrm{d}x = 3$, $\int_0^4 f(x)\mathrm{d}x = 7$, 则 $\int_3^4 f(x)\mathrm{d}x = $ _____.

7. 若 $f(x)$ 的一个原函数是 $F(x)$, 则 $\int_a^b f(2x+1)\mathrm{d}x = $ _____.

8. 已知 $\int_0^x f(t)\mathrm{d}t = \dfrac{x^2}{4}$, 则 $\int_0^4 \dfrac{1}{\sqrt{x}} f(\sqrt{x})\mathrm{d}x = $ _____.

三、解答题(第 1 题 7 分, 其余每题 9 分, 共 52 分)

1. 求 $\int_{\frac{1}{\sqrt{3}}}^1 \dfrac{1+2x^2}{x^2(1+x^2)}\mathrm{d}x$.

2. 求 $\int_0^{2\pi} \sqrt{\dfrac{1-\cos 2x}{2}}\mathrm{d}x$.

3. 设 $f(x)$ 连续, 求 $\dfrac{\mathrm{d}}{\mathrm{d}x}\displaystyle\int_0^x tf(x^2-t^2)\mathrm{d}t$.

4. 求 $\displaystyle\int_0^3 \mathrm{e}^{|2-x|}\mathrm{d}x$.

5. 求由曲线 $y=\sin x(\pi\geqslant x\geqslant 0)$ 和它在 $x=\dfrac{\pi}{2}$ 处的切线以及直线 $x=\pi$ 所围成的图形的面积.

6. 求由曲线 $y=x^2$、直线 $y=2$ 以及 $x=0$ 所围成的图形绕 y 轴旋转得到的旋转体的体积.

◆◆ 参考答案与提示 ◆◆

7.1.5 同步练习

一、BCCBA

二、1. 0；2. 0；3. 充分；4. $\displaystyle\int_e^{3e}\ln x\mathrm{d}x$；5. $\displaystyle\int_0^a x^2\mathrm{d}x$.

三、1. $-\dfrac{3}{2}$. 提示：由函数 $y=-x$ 的图像, 易得

$$S=\int_{-1}^2 (-x)\mathrm{d}x=\frac{1}{2}(1\times 1)-\frac{1}{2}(2\times 2)=-\frac{3}{2}$$

2. $\dfrac{3}{2}$. 提示：根据定积分的几何意义, 得 $S=\dfrac{1}{2}\times 3\times 1=\dfrac{3}{2}$；

用 x 为积分变量表示为 $S=1\times 3-\displaystyle\int_0^1 3x\mathrm{d}x$, 用 y 为积分变量表示为 $S=\displaystyle\int_0^3 \dfrac{y}{3}\mathrm{d}y$.

3. 1；用定积分定义. 提示：参考 7.1.4 典型例题分析题型 1【例 7-1-1】.

利用定积分的几何意义, 得 $S=\displaystyle\int_0^1 2x\mathrm{d}x=\dfrac{1}{2}\times 1\times 2=1$.

7.2.5 同步练习

一、ADBCC

二、1. -4；2. $>$；3. $<$；4. $\dfrac{1}{3}+\sqrt{e}$；5. 1.

三、1. $-A-3B$. 提示：因为 $\displaystyle\int_1^2 f(x)\mathrm{d}x=A$, $\displaystyle\int_1^2 g(x)\mathrm{d}x=B$,

$\displaystyle\int_2^1 [f(x)+3g(x)]\mathrm{d}x=-\int_1^2 [f(x)+3g(x)]\mathrm{d}x=-\int_1^2 f(x)\mathrm{d}x-3\int_1^2 g(x)\mathrm{d}x=-A-3B$.

2. 提示：利用定积分的定义证.

3. 提示：当 $t\leqslant 0$ 时, 原式 $=\displaystyle\int_0^1 (x-t)x\mathrm{d}x=\dfrac{1}{3}-\dfrac{t}{2}$；

当 $t \geqslant 1$ 时,原式 $= \int_0^1 (t-x)x \mathrm{d}x = \dfrac{t}{2} - \dfrac{1}{3}$;

当 $0 < t < 1$ 时,原式 $= \int_0^t (t-x)x \mathrm{d}x + \int_t^1 (x-t)x \mathrm{d}x = \dfrac{1}{3} - \dfrac{t}{2} + \dfrac{t^3}{3}$.

7.3.5 同步练习

一、BACBC

二、1. 1; 2. e; 3. $-\sin x$; 4. $\dfrac{\pi}{2}$; 5. $\dfrac{\pi^2}{4}$.

三、1. $\dfrac{\pi}{4} - \dfrac{2}{3}$.

提示:原式 $= \int_0^1 \dfrac{x^4 - 1 + 1}{1 + x^2} \mathrm{d}x = \int_0^1 \left(x^2 - 1 + \dfrac{1}{1+x^2} \right) \mathrm{d}x = \left[\dfrac{1}{3}x^3 + \arctan x - x \right]_0^1$

$\qquad = \dfrac{\pi}{4} - \dfrac{2}{3}$.

2. $2e^2 + \dfrac{1}{e^2} - 3$. 提示:$\int_0^2 (2e^x - e^{-x}) \mathrm{d}x = \left[2e^x + e^{-x} \right]_0^2 = 2e^2 + \dfrac{1}{e^2} - 3$.

3. $a = \dfrac{5}{2}$. 提示:由条件有 $\displaystyle\lim_{x \to \infty} \left(\dfrac{1 + \dfrac{a}{x}}{1 - \dfrac{a}{x}} \right)^x = \dfrac{1}{2} \lim_{b \to -\infty} \int_b^a t \mathrm{d}e^{2t}$.

即 $e^{2a} = \left[\dfrac{1}{2}te^{2t} - \dfrac{1}{4}e^{2t} \right]_{-\infty}^a = \dfrac{1}{2}ae^{2a} - \dfrac{1}{4}e^{2a}$,所以 $a = \dfrac{5}{2}$.

7.4.5 同步练习

一、CABBD

二、1. 2; 2. $\dfrac{8e^3 - 2e}{1 + \ln 2}$; 3. -2; 4. $\ln 3$; 5. $4 - 2\ln 3$.

三、1. $\dfrac{\pi^2}{16}$.

提示:原式 $= 2\int_0^1 \dfrac{\arctan \sqrt{x}}{1 + (\sqrt{x})^2} \mathrm{d}\sqrt{x} = 2\int_0^1 \arctan \sqrt{x} \, \mathrm{d}\arctan \sqrt{x} = (\arctan \sqrt{x})^2 \big|_0^1 = \dfrac{\pi^2}{16}$.

2. 8.

提示:$\int_{-1}^1 (x + \sqrt{4 - x^2})^2 \mathrm{d}x = \int_{-1}^1 (4 + 2x\sqrt{4 - x^2}) \mathrm{d}x = \int_{-1}^1 4 \mathrm{d}x + 0 = 8$.

3. $\dfrac{\pi}{4} - \dfrac{1}{2}$.

提示:原式 $= \int_0^{\frac{\pi}{4}} x\tan x \mathrm{d}(\tan x) = \dfrac{1}{2}\int_0^{\frac{\pi}{4}} x \mathrm{d}(\tan^2 x) = \left[\dfrac{1}{2}x\tan^2 x \right]_0^{\frac{\pi}{4}} - \dfrac{1}{2}\int_0^{\frac{\pi}{4}} \tan^2 x \mathrm{d}x$

$\qquad = \dfrac{\pi}{8} - \dfrac{1}{2}\int_0^{\frac{\pi}{4}} (\sec^2 x - 1) \mathrm{d}x = \dfrac{\pi}{8} - \dfrac{1}{2}\left[\tan x - x \right]_0^{\frac{\pi}{4}} = \dfrac{\pi}{4} - \dfrac{1}{2}$.

7.5.5 同步练习

一、CABDA

二、1. $\dfrac{1}{3}$；2. $\dfrac{15}{2}-\ln 4$；3. $\dfrac{1}{2}$；4. $\dfrac{16}{3}$；5. $\pi-2$.

三、1. $\pi-1$. 提示：所围成的图形的面积 $\displaystyle\int_{\frac{\pi}{2}}^{\pi}(2-\sin x)\mathrm{d}x=\Big[2x+\cos x\Big]_{\frac{\pi}{2}}^{\pi}=\pi-1$.

2. $\dfrac{9}{4}$. 提示：切线 $MT:y=4-2x$，切线 MT 与曲线 $y^2=2(x-1)$ 的交点坐标为 $\left(\dfrac{3}{2},1\right)$，

$(3,-2)$；故 $A=\displaystyle\int_{-2}^{1}\left(\dfrac{4-y}{2}-\dfrac{y^2}{2}-1\right)\mathrm{d}y=\dfrac{9}{4}$.

3. $\dfrac{448}{15}\pi$.

提示：曲线 $y=3-|x^2-1|$ 与 x 轴的交点是 $(-2,0)$、$(2,0)$. 因为是曲线 $y=f(x)=3-|x^2-1|$ 与 x 轴围成的平面图形，所以作垂直分割方便. 任取 $[x,x+\mathrm{d}x]\subset[-2,2]$，相应地，小竖条绕 $y=3$ 旋转而成的立体体积 $\mathrm{d}V=\pi\{3^2-[3-f(x)]^2\}\mathrm{d}x=\pi(9-|x^2-1|^2)\mathrm{d}x$，

于是 $V=\pi\displaystyle\int_{-2}^{2}[9-(x^2-1)^2]\mathrm{d}x=2\pi\displaystyle\int_{0}^{2}[9-(x^4-2x^2+1)]\mathrm{d}x$

$$=2\pi\left[18-\left(\dfrac{1}{5}\times 2^5-\dfrac{2}{3}\times 2^3+2\right)\right]=\dfrac{448}{15}\pi$$

自测题 A

一、BABBA CCA

二、1. 0；2. 15；3. 0；4. $\dfrac{\pi}{4}$；5. 2；6. $f(3x-2)$；7. $2\mathrm{e}^2-\mathrm{e}$；8. $x\ln x$.

三、1. $-\mathrm{e}^{\frac{1}{2}}+\mathrm{e}$. 提示：原式 $=-\displaystyle\int_{1}^{2}\mathrm{e}^{\frac{1}{x}}\mathrm{d}\dfrac{1}{x}=-\mathrm{e}^{\frac{1}{x}}\Big|_{1}^{2}=-\mathrm{e}^{\frac{1}{2}}+\mathrm{e}$.

2. $\dfrac{62}{5}+\ln 4$.

3. $\dfrac{\pi}{8}$. 提示：原式 $=\displaystyle\int_{0}^{\frac{\pi}{4}}\tan x\,\mathrm{d}(\tan x)=\dfrac{1}{2}\tan^2 x\Big|_{0}^{\frac{\pi}{4}}=\dfrac{\pi}{8}$.

4. $4-\ln 3$.

提示：由 $y=\dfrac{1}{x}$ 与 $y=x$ 得交点 $(1,1)$，$A=\displaystyle\int_{1}^{3}\left(x-\dfrac{1}{x}\right)\mathrm{d}x=\left[\dfrac{x^2}{2}-\ln x\right]_{1}^{3}=4-\ln 3$.

5. 1.

提示：原式 $=\displaystyle\int_{-1}^{0}(x^2-x)\mathrm{d}x+\int_{0}^{1}(x-x^2)\mathrm{d}x=\left[\dfrac{1}{3}x^3-\dfrac{1}{2}x^2\right]_{-1}^{0}+\left[\dfrac{1}{2}x^2-\dfrac{1}{3}x^3\right]_{0}^{1}=$

$\dfrac{5}{6}+\dfrac{1}{6}=1$.

6. $\dfrac{64}{3}$.

提示：抛物线与直线交点坐标为 $(1,2)$，$(9,-6)$，$S=\displaystyle\int_{-6}^{2}\left(3-y-\dfrac{y^2}{4}\right)\mathrm{d}y=\dfrac{64}{3}$.

自测题 B

一、BBDAC　BBB

二、1. $\dfrac{1}{6}$；2. $-\dfrac{5}{2}$；3. $2\sin 10x$；4. 2；

5. -2；6. 4；7. $\dfrac{1}{2}\big[F(2b+1)-F(2a+1)\big]$；8. 2.

三、1. $\dfrac{\pi}{12}-1+\sqrt{3}$.

提示：原式 $=\displaystyle\int_{\frac{1}{\sqrt{3}}}^{1}\dfrac{1+x^2+x^2}{x^2(1+x^2)}\mathrm{d}x=\int_{\frac{1}{\sqrt{3}}}^{1}\left(\dfrac{1}{x^2}+\dfrac{1}{1+x^2}\right)\mathrm{d}x=\dfrac{\pi}{12}-1+\sqrt{3}.$

2. 4.

提示：原式 $=\displaystyle\int_{0}^{2\pi}|\sin x|\,\mathrm{d}x=\int_{0}^{\pi}\sin x\mathrm{d}x-\int_{\pi}^{2\pi}\sin x\mathrm{d}x=-\cos x\,\Big|_{0}^{\pi}+\cos x\,\Big|_{\pi}^{2\pi}=4.$

3. $xf(x^2)$.

提示：由条件有 $\displaystyle\int_{0}^{x}tf(x^2-t^2)\mathrm{d}t=\dfrac{1}{2}\int_{0}^{x}f(x^2-t^2)\mathrm{d}t^2$

$$=-\dfrac{1}{2}\int_{0}^{x}f(x^2-t^2)\mathrm{d}(x^2-t^2)\quad(\text{令 }s=x^2-t^2)$$

$$=-\dfrac{1}{2}\int_{x^2}^{0}f(s)\mathrm{d}s=\dfrac{1}{2}\int_{0}^{x^2}f(s)\mathrm{d}s.$$

求导，得 $\dfrac{\mathrm{d}}{\mathrm{d}x}\displaystyle\int_{0}^{x}tf(x^2-t^2)\mathrm{d}t=\dfrac{\mathrm{d}}{\mathrm{d}x}\left[\dfrac{1}{2}\int_{0}^{x^2}f(s)\mathrm{d}s\right]=\dfrac{1}{2}f(x^2)\,(x^2)'=xf(x^2).$

4. $\mathrm{e}^2+\mathrm{e}-2$.

提示：原式 $=-\displaystyle\int_{0}^{2}\mathrm{e}^{2-x}\mathrm{d}(2-x)+\int_{2}^{3}\mathrm{e}^{x-2}\mathrm{d}(x-2)=-\mathrm{e}^{2-x}\,|_{0}^{2}+\mathrm{e}^{x-2}\,|_{2}^{3}=\mathrm{e}^2+\mathrm{e}-2.$

5. $\dfrac{\pi}{2}-1$.

提示：所围成的图形的面积为 $\displaystyle\int_{\frac{\pi}{2}}^{\pi}(1-\sin x)\mathrm{d}x=\Big[x+\cos x\Big]_{\frac{\pi}{2}}^{\pi}=\dfrac{\pi}{2}-1.$

6. 2π.

提示：因为所围成的图形绕 y 轴旋转，故 $y\in[0,2]$，体积元素为

$$\mathrm{d}V(y)=\pi x^2\mathrm{d}y=\pi\,(\sqrt{y})^2\mathrm{d}y=\pi y\mathrm{d}y$$

于是，所求旋转体的体积为 $V=\displaystyle\int_{0}^{2}\pi y\mathrm{d}y=\left[\dfrac{\pi}{2}y^2\right]_{0}^{2}=2\pi.$

◆ 参 考 文 献 ◆

[1]黄永彪,杨社平.一元函数微积分[M].北京:北京理工大学出版社,2021.

[2]黄永彪,杨社平.微积分基础[M].北京:北京理工大学出版社,2012.

[3]杨社平,黄永彪.微积分导学与能力训练[M].北京:北京理工大学出版社,2016.

[4]沈彩霞,黄永彪.简明微积分[M].北京:北京理工大学出版社,2020.

[5]沈彩霞,黄永彪.微积分学习指导教程[M].北京:北京理工大学出版社,2021.

[6]李正元.高等数学辅导[M].北京:中国政法大学出版社,2015.

[7]张天德.高等数学辅导及习题精解(同济 第七版上册)[M].杭州:浙江教育出版社,2018.

[8]毛纲源.高等数学解题方法技巧归纳(上册)[M].武汉:华中科技大学出版社,2017.

[9]滕兴虎,张燕,滕加俊,等.微积分全程学习指导与习题精解[M].南京:东南出版社,2010.

[10]孙怀东,杨云富.微积分辅导[M].成都:电子科技大学出版社,2006.

[11]潘吉勋.简明微积分教程(上册)[M].广州:华南理工大学出版社,2007.

[12]陈启浩.微积分精讲精练[M].北京:北京师范大学出版社,2009.

[13]华中科技大学微积分课题组编.微积分学同步辅导[M].武汉:华中科技大学出版社,2009.

[14]刘秀君,李秀敏.高等数学同步辅导(上册)[M].北京:清华大学出版社,2018.

[15]袁学刚,张友.高等数学学习指导(上册)[M].北京:清华大学出版社,2017.

[16]河北科技大学理学院数学系.高等数学同步学习指导[M].北京:清华大学出版社.2017.

[17]谢寿才,唐孝.高等数学(上册)[M].北京:科学出版社.2017.

[18]华东师范大学数学系.数学分析[M].北京:高等教育出版社,2018.

[19]邱小丽.微积分学基础学习指导[M].合肥:中国科学技术大学出版社,2017.

[20]张明军,党高学.微积分学习指导[M].北京:科学出版社,2015.

[21]王培.微积分(文)习题解析[M].南京:南京大学出版社,2017.

[22]邵剑,李大侃.微积分专题梳理与解读[M].上海:同济大学出版社,2011.

[23]刘书田,孙惠玲,阎双伦.微积分解题方法与技巧[M].北京:北京大学出版社,2006.

[24]滕兴虎,张燕,滕加俊,等.微积分全程学习指导与习题精解[M].南京:东南出版社,2010.